高职高专系列教材

油库电工
技术应用与电气安全

杨柳春　编著

中国石化出版社

内 容 提 要

　　本书系统地介绍了油库电工技术基本知识、直流电路、单相交流电路和三相交流电路的分析计算。在油库电工技术应用方面从实用角度出发，具体介绍了变压器、交流电机、常用电气控制电路的工作原理与使用方法，以及油库设施及电气设备防火防爆技术、PLC控制技术和变频调速技术在油库生产中的技术应用。在油库安全技术方面从生产管理角度出发，重点介绍了油库防静电、防雷电的接地技术，以及电气接地接零保护等方面的安全技术。本书内容翔实、阐述新颖、图文并茂、通俗易懂，具有较强的实用性。

　　本书特别适合中高等职业院校油库电工、油气储运工程、油料储运自动化、油料管理工程等相关专业开设电工技术应用与安全课程的教学用书，也可供油库设计和技术管理的工程技术人员业务学习和岗位培训所用。

图书在版编目(CIP)数据

　　油库电工技术应用与电气安全／杨柳春编著 . —北京：
中国石化出版社,2013. 1
　　高职高专系列教材
　　ISBN 978 - 7 - 5114 - 1893 - 7

　　Ⅰ . ①油… Ⅱ . ①杨… Ⅲ . ①油库 - 电工 - 安全技术 -
高等职业教育 - 教材 ②油库 - 电气安全 - 高等职业教育
- 教材 Ⅳ. ①TE972

　　中国版本图书馆 CIP 数据核字(2012)第 292533 号

中国石化出版社出版发行

地址:北京市东城区安定门外大街 58 号
邮编:100011　电话:(010)84271850
读者服务部电话:(010)84289974
http://www. sinopec-press. com
E-mail:press@ sinopec. com
北京科信印刷有限公司印刷
全国各地新华书店经销

*

787 × 1092 毫米 16 开本 19.5 印张 480 千字
2013 年 1 月第 1 版　2013 年 1 月第 1 次印刷
定价:48.00 元

前　言

　　随着我国石油、化工行业的迅速发展，越来越多的新技术、新工艺、新设备和新材料广泛用于油库生产中，特别是电工技术在油库中的应用更加高标准严要求，为此，学习掌握电工技术应用是保证油库安全、高效运行以及人身与财产安全的关键因素。

　　目前，在中高等职业院校开设的油库电工、油气储运工程、油料储运自动化、油料管理工程等专业有关电工技术应用与安全方面的专业教材甚少，油库生产以实用技术为主体内容的专著尤为少见。因此，针对油气储运专业编写一本适用于油库方面电工技术应用的教材是十分必要的；能够在有限电学知识上，将油库生产中需要电工技术才能完成的工作任务经过"教学化处理"后再变成本教材的教学内容，使课程教学内容由工学分离变为工学融合。随着现代企业和社会进入到以过程为导向的综合化运作时代，技术和工作高度渗透，任何技术问题的解决，在很大程度上都是一种技术和社会相结合的过程。劳动者的职业迁移能力直接受专业能力、关键能力和个性特征方面的综合素质的影响。本书打破传统学科体系课程模式，以职业岗位实际工作任务为载体设置学习情境，体现工作过程系统化教学理念，以行动导向的教学方法进行设计，融理论、实践为一体，力图在培养学生专业能力的同时，促进其综合职业能力的形成。

　　本书注意结合我国石化行业实际情况，在广泛收集材料的基础上，立足油库现状，尽可能依据新标准、新规范进行阐述。编写中力求结合生产实际，突出应用，引入国外编写职业教育教材的先进做法，使用大量的插图，体现本课程的特征，做到图文并茂，通俗易懂，使学生看得懂，学得会，符合中高职学生的认知能力。教材中各章附有丰富的习题，便于学生自学练习、掌握和巩固所学知识。全书共分十二章，由三个功能模块组成。

　　前4章为电工基础理论知识模块，介绍油库电工技术的基本概念，是从油库应急灯如何发光说起，电流的通路、使电流流通的电压、电流和电压的测量方法、电流和电压的关系、物质具有电阻属性和对电阻器的认识以及对电池应用的了解。介绍油库直流电路的分析计算，包括电阻的连接方法、串并联混接电路分析、电流表和电压表的量程扩大、电流的热效应和功率、电功率、用电量(电能)的计算、油库电气设备的额定值、电压源和电流源、电源的效率和匹配，基尔霍夫定律框架下的支路电流法、叠加原理和戴维南定理。介绍油库单相交流电路的分析计算，主要包括正弦交流电的基本概念、线圈中电流的相位滞后、交流电流的有效值与平均值、电容器中的电流和容抗、正弦波交流电的相量法、RLC 串联交流电路、单相设备连接时的等效阻抗、交流电路中的谐振、有功功率、无功功率与视在功率，功率因数改善。介绍油库三相交流电路的分析计算，是从三相交流电源谈起，三相交流电压和电流、三相功率及其测量方法。

第 5 章~第 10 章为油库电工技术应用模块，介绍油库变压器原理及应用，包括变压器结构、原理及功能，变压器的运行性能和自耦变压器及互感器等内容。介绍油库交流电动机原理及应用，重点是油泵用电动机的结构、原理及铭牌、油泵用电动机的转矩特性与机械特性、油库用电动机的选择及导线选配、油库用电动机的启动、调速和制动，以及油库特种电机等内容。介绍油库电气典型控制电路应用，对通断控制电器、油泵电机的基本控制电路、油泵电机的起动控制电路、油库电机的制动控制电路和油库特殊用控制电路作了较为详尽的阐述。油库设施及电气设备防火防爆技术的应用，重点介绍油库爆炸性危险物资的特性及分类、油库爆炸性危险区域及范围等级划分、油库电气设备的防火防爆和油库电气设备的安全选用。介绍油库 PLC 控制技术应用，包括油库 PLC 基础知识、油库 PLC 基本指令及应用以及油库 PLC 的操作应用。介绍油库变频调速技术应用，包括油库变频器的基础知识、变频器在油库中的应用、油库变频器控制油泵的实例。

第十一章和第十二章为油库防静电接地和防雷电及电气接地接零安全技术应用模块，介绍油库防静电接地是从静电的产生、静电的流散与积累谈起，对油罐装油时的静电和防静电的基本途径具体介绍，列举油库作业防静电的技术要求和安全技术规定。油库防雷电和电气接地接零方面的介绍，包括油库雷电形成与危害、油库雷电防护装置、油库储油罐防雷、油库电气接地接零。

本书由兰州石化职业技术学院杨柳春教授编著并统稿。其中第 3 章、第 4 章、第 5 章由邓炳成编写，第 1 章、第 8 章、第 11 章由贾如磊编写，书中所有插图由刘剑云编绘，整个插图篇幅占全书的 1/4，相当 8 万多字。其他章节全部由杨柳春教授完成。在本书的编著过程中，得到了中国石油西北销售公司蒋文庆高级工程师和中国石油兰州石化公司彭贞祥高级工程师和王新辉工程师等许多同志的大力支持与协助，在此表示感谢。由于时间所限，书中难免存在不足之处，恳请读者提出宝贵意见。

编者

2013 年 1 月

目　　录

第1章　油库电工技术基本知识

什么是"电"？这是一个很难用几句话讲清的问题，通过电的各种作用利用电流来说明应该是较为简明的。从油库应急灯着手，追究一下电流的路径和它的来源。为了表示电流的路径，就得使用电路。电路按一定的规律工作。

电流是在电压的作用下产生的，电流和电压虽不能直接用眼看到、用手触摸，但可用电流表和电压表测量，用这些仪表研究电压和电流的关系，电压和电流的关系由欧姆定律表达，欧姆定律在电路计算方面是很重要的基本定律。对物质的电阻属性用电阻率讨论，区分导体、绝缘体及二者间的半导体。列举电阻器的种类和电池的连接方法，在应用中懂得基本的电工常识。

1.1　从油库应急灯如何发光说起

1.1.1　应急灯不亮时

当好久没用的应急灯合上开关后不亮，怎么办？可按如下步骤检查测试，如图1-1所示。

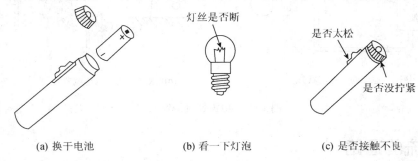

(a) 换干电池　　　　　(b) 看一下灯泡　　　　　(c) 是否接触不良

图1-1　应急灯的检查

（1）充电电池是否寿命到头了？需更换电池；

（2）看灯泡的灯丝是否断了？需更换灯泡；

（3）开关接触部件是否太松或生锈引起接触不良？需维修。

1.1.2　各部件的作用

应急灯是由几个部件组成的。对发光起作用的主要部件功能见表1-1。

表1-1　各部件的功能

零　件	功　　能	零　件	功　　能
电　珠	发光，发出的光靠透镜和反射板在前方加强	金属片	用于连接灯泡和电池
电　池	使灯泡发光的电源	开　关	点亮和熄灭灯泡

1.1.3 应急灯发光的原因

合上应急灯的开关就发光，关断开关就熄灭。光靠什么产生的呢？现将应急灯里与发光有关的部件取出来看一下，如图1-2(a)所示。

充电电池和小灯泡用电线连接，连线中间接入开关。为了弄清应急灯工作原理，用图1-2(b)所示的置于水龙头下的水车来做比喻。水龙头的阀门关上时水不流，水车不转。阀门打开时水流下来，使水车转动。水车转动是靠水流的作用。把开关断开状态看作是水龙头阀门关闭的状态，与水车靠水流而转动的原理相同，灯泡点亮也是靠某种"流"的作用。这种"流"就叫做电流。灯泡之所以发光是由于电流通过的缘故。靠电流通过而发光的作用称为电流发光效应。表示电流的符号用字母 I 表示。

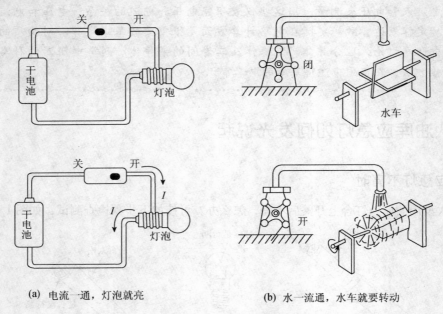

(a) 电流一通，灯泡就亮   (b) 水一流通，水车就要转动

图1-2 电流使灯泡发光

1.2 电流的通路

1.2.1 电流的流向

当日光灯的灯管中通有电流时就发光，但并不只是日光灯管中有电流。电流从电源"+"极流出，经过闭合开关、镇流器、日光灯管再回到电源"-"极。这样电流是从正极"+"流向负极"-"，从正极流出的电流必定回到负极。如果中途导线或开关断开，电流将不通。电流的通路必定形成回路，即转一圈的环路。

1.2.2 电流的流通路径

为了知道油库电器及电泵的工作原理，就需搞清电流的流向和其流通的路。因此，把电流流通的路径叫做电路。电路由使电流流通的电源、使电流的作用转变成光和热等各种效应的负载、连接电源和负载的导线以及起调节负载作用的调节器组成。如图1-3所示。

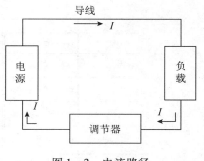

图1-3 电流路径

1.2.3 电流的单位

电路中电荷沿着电路作定向运动形成电流，其方向规定为正电荷流动的方向（或负电荷流动的反方向），其大小等于在单位时间内通过导体横截面的电量，称为电流，用符号I或$i(t)$表示。设在$\Delta t = t_2 - t_1$时间内，通过某导体横截面的电荷量为$\Delta q = q_2 - q_1$，则在Δt时间内的电流可用数学公式表示为$i(t) = \dfrac{\Delta q}{\Delta t}$或$i(t) = \dfrac{\mathrm{d}q}{\mathrm{d}t}$。

式中，Δt为很小的时间间隔，时间的国际单位制为秒（s）；电量Δq的国际单位制为库仑（C）；电流$i(t)$的国际单位制为安培（A）。

常用的电流单位还有毫安 mA、微安 μA、千安 kA 等，它们与安培的换算关系为：
$$1\mathrm{mA} = 10^{-3}\mathrm{A}; \qquad 1\mu\mathrm{A} = 10^{-6}\mathrm{A}; \qquad 1\mathrm{kA} = 10^{3}\mathrm{A}$$

1.2.4 电流的定义

如果电流的大小及方向都不随时间变化，即在单位时间内通过导体横截面的电量相等，则称之为恒定电流，简称为直流，记为 DC 或 dc，用大写字母I表示。

$$I = \frac{\Delta q}{\Delta t} = \frac{Q}{t} = 常数$$

如果电流的大小及方向均随时间变化，则为交替变化的电流。其大小及方向均随时间按正弦规律作周期性变化，简称为交流，记为 AC 或 ac，交流电流的瞬时值用小写字母i或$i(t)$表示。

1.2.5 电流正方向的规定

在分析与计算电路时，常可任意规定某一方向作为电流的正方向（或参考方向）。如图1-4所示。在正方向条件下，当电流的实际方向与其正方向相同时，电流为正值；反之，当电流的实际方向与正方向相反时，则电流为负值。

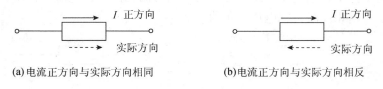

(a)电流正方向与实际方向相同   (b)电流正方向与实际方向相反

图1-4 电流的正方向

1.2.6 电路的图形符号

电路中的电器如果用原形来表示，画起来太麻烦，因此使用图形符号。规定图形符号对谁都有相同意义。如图1-5所示。

3

名称	符号	名称	符号
电阻	○─▭─○	电压表	○─Ⓥ─○
电池	○─┤├─○	接地	⏚ 或 ⊥
电灯	○─⊗─○	熔断器	○─▭─○
开关	○─╱ ○	电容	○─┤├─○
电流表	○─Ⓐ─○	电感	○─⌒⌒⌒─○

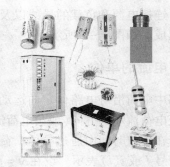

图 1-5 电器原形与图形符号

1.3 使电流流通的电压

1.3.1 电压的单位

电压是指电路中两点 A、B 之间的电位差,其大小等于单位正电荷因受电场力作用从 A 点移动到 B 点所作的功,电压的方向规定为从高电位指向低电位的方向。用数学公式表示为:

$$u_{AB} = \lim_{\Delta q \to 0} \frac{\Delta W_{AB}}{\Delta q} = \frac{dW_{AB}}{dq}$$

式中,Δq 为由 A 点移动到 B 点的电荷量;ΔW_{AB} 为移动过程中电荷所减少的电能。

1.3.2 电压的定义

如果电压的大小及方向都不随时间变化,则称之为恒定电压,简称为直流电压,用大写字母 U 表示。

如果电压的大小及方向随时间变化,则称为交变电压(简称交流电压),其大小及方向均随时间按正弦规律作周期性变化。交流电压的瞬时值要用小写字母 u 或 $u(t)$ 表示。

1.3.3 电压的正方向

电压的实际方向是使正电荷电能减少的方向,在电路中由高电位指向低电位。

在电路分析与计算中,任意规定某一方向作为电压的正方向(或参考方向),如图 1-6 所示。在正方向条件下,当电压的实际方向与其正方向相同时,电压为正值;反之,当电压的实际方向与正方向相反时,则电压为负值。

(a) U 正方向与实际方向相同   (b) U 正方向与实际方向相反

图 1-6 电压的正方向

1.3.4 关联正方向

对一个元件,电流正方向和电压正方向可以相互独立地任意确定,但为了分析计算电路方便起见，元件的电压正方向与电流正方向应选取一致，称为关联正方向；如不一致称非关联正方向。如图1-7所示。

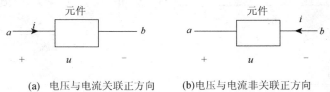

(a) 电压与电流关联正方向   (b) 电压与电流非关联正方向

图1-7　关联正方向

1.3.5　靠电压作用产生电流

我们知道，把灯泡一接到充电电池上就产生电流。为什么会有电流？现将此问题和水流进行对比。如图1-8所示，水从高处流向低处，即两地间有水压时，水就流动。按同样思路考虑电流，可认为电流是在电气压力作用下产生的，这一压力就称为电压。电流从电压高点流向电压低点。因为电流靠电压作用，所以电压为零时没有电流。

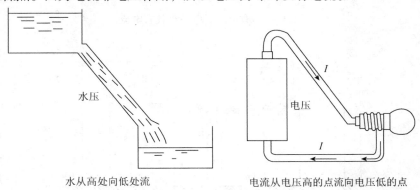

水从高处向低处流　　　　电流从电压高的点流向电压低的点

图1-8　电压的概念

1.3.6　电动势

如图1-9(a)所示，为了使水从上水池一直流向下水池，需用泵将下水池的水打到上水池。图1-9(b)对电流持续循环起泵的作用的是充电电池，充电电池有持续产生电压的能力，充电电池等产生的电压称为电动势。

1.3.7　电压的单位

电压的国际单位制为伏特(V)，常用的单位还有毫伏(mV)、微伏(μV)、千伏(kV)等，它们与伏特之间的换算关系为：
$$1mV = 10^{-3}V; \qquad 1\mu V = 10^{-6}V; \qquad 1kV = 10^{3}V$$

1.3.8　电位

将测得的图1-10(a)中距基准点水的高度称为水位，两点间的水位的差称为水位差。用相似的方法看电路上的情况。

电位是指电场中某一点单位正电荷所具有的位能，电位与参考点有关。

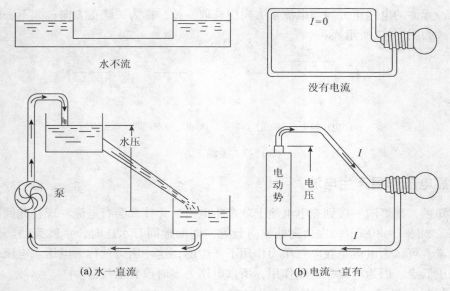

水不流

没有电流

$I=0$

水压

泵

电动势

电压

I

I

(a) 水一直流

(b) 电流一直有

图 1 - 9 有电压、电动势就有电流

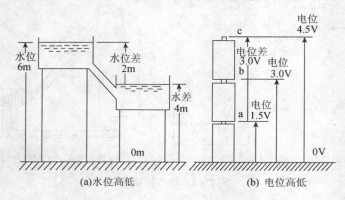

水位 6m

水位差 2m

水差 4m

0m

电位 4.5V

电位差 3.0V

电位 3.0V

电位 1.5V

c

b

a

0V

(a) 水位高低

(b) 电位高低

图 1 - 10 水位和电位

1.3.9 电位差

电位是对基准点的电压。任意两点间的电压，如图 1 - 11（b）中 a 点和 c 点间的电压为：

$$4.5 - 1.5 = 3(V)$$

把这两点间的电位的差叫做电位差，电位和电位差的单位也用伏特（V）。

1.3.10 电位与电压的区别

电位是与电压相关的概念。电压强调的电路中两点之间的电位差，这个两点是任意的。分析油库电路时，除了经常计算电路中的电压外，也会涉及电位的计算。在电子线路中，通常用电位的高低判断元件的工作状态。如：当二极管的阳极电位高于阴极电位时，管子才能导通；判断电路中一个三极管是否具有电流放大作用，需比较它的基极电位和发射极电位的高低。计算电路中各点电位时，一般选定电路中的某一点作参考点，一旦选定参考点，在分析计算过程中不得改变。规定参考点的电位为 0，并用符号 ⊥ 表示，称为接地（并非真与大地相接），电路中其他各点的电位等于该点与参考点之间的电压。

【例1-1】我们以图1-11为例来讨论油库电路中各点的电位。

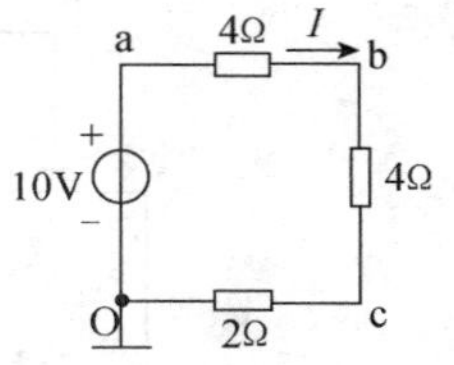

【解】电路以 O 点为参考点，则 $V_a = 10V$

$$I = \frac{10}{4+4+2} = 1(A)$$

则

$$V_b = U_{bc} + U_{co} = (2+4) \times 1 = 6(V)$$

$$V_c = 2 \times 1 = 2(V)$$

$$U_{bc} = V_b - V_c = 4(V)$$

若以 a 点为参考点，则 $V_a = 0V$

$$V_b = U_{ba} = -4V$$

$$V_c = U_{ca} = -8V$$

$$U_{bc} = V_b - V_c = 4V$$

图 1-11　电位计算

由以上计算可知，参考点选的不同，电路中各点的电位也不同，但任意两点间的电压是不变的。在电子线路中，通常将电路中的电动势符号省去，各端标以电位值。如图1-12(a)，可以简化为图1-12(b)。

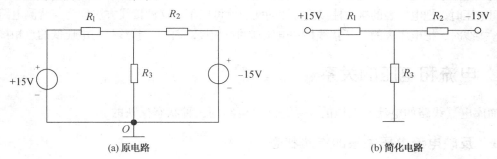

(a) 原电路　　　　　　　　　　　(b) 简化电路

图 1-12　电位电路的简化

1.4　电流和电压的测量方法

1.4.1　用什么测量电流

根据灯泡亮度在一定程度上知道通过灯泡的电流大小，但电流太大时会烧断灯丝，太小时灯泡不亮。为了确切测量电流，要使用电流表。用电流表可知电路中的电流是多少安。

1.4.2　电流表串联接入待测电路

用电流表测量电路中电流时，要断开被测电路一处把表接入，如图1-13所示。照这样连接电流表时，电路中的电流将原样不变地通过电流表。这种接线方法称为与待测电路串联连接。

电流表有"＋"接线柱和"－"接线柱。接线时，电流流入端接到"＋"接线柱，电流流出端接到"－"接线柱。反接时，表针向反方向摆，将会损坏电流表。

1.4.3　用什么测量电压

电池的电压为多少伏？用手摸也不会知道。为了准确测量电压，要使用电压表。电压表和电流表外形虽然相同，但电流表的刻度板上标有符号 A，而电压表上的标识符号为 V。

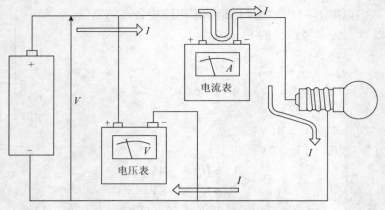

图 1 - 13　电流、电压的测量

1.4.4　电压表并联接入待测电路

使用电压表测量电路中电压时，不需像接电流表那样断开被测电路，如图 1 - 13 所示。测量两点间电压时，把电压表的接线柱接到待测的两点就可以了。这种接线方法称为与待测电路并联连接。接线时，把电压表的"＋"接线柱和电压高的点相接，而"－"接线柱与电压低的点相接。

1.5　电流和电压的关系

油库电气线路的电流和电压的关系是通过电路的三种状态反映的。

1.5.1　反映电流电压关系的电路状态

（1）通路（闭路）：电源与负载接通，油库电路中有电流通过，电气设备或元器件获得一定的电压和电能消耗，又称为工作状态。

（2）开路（断路）：电源与负载断开，油库电路中没有电流通过，电气设备或元器件上无电压也不消耗和转换电能，但是在断开处有电压，又称为空载状态。

（3）短路：电源两端的导线直接相连接，输出过大电流，但在短路处没有电压，对电源严重过载，如没有保护措施，电源或电器将被烧毁或引起火灾，又称为故障状态。因此，通常要在油库电路或电气设备中安装熔断器、保险丝等保险装置，以避免发生短路时出现严重后果。

1.5.2　欧姆定律

给负载施加电压后产生电流，这一电流大小与电压有一定关系。为了弄清电流与电压的关系，现进行图 1 - 14 的实验。

设负载不变，接上测负载电流的电流表和测负载电压的电压表。电压从零开始，每次升1.5V 时的电流见表 1 - 2。

表 1 - 2　欧姆定律的实验结果

电压/V	0	1.5	3.0	4.5	6.0
电流/mA	0	0.5	1.0	1.5	2.0
电阻 R/Ω	—	3	3	3	3

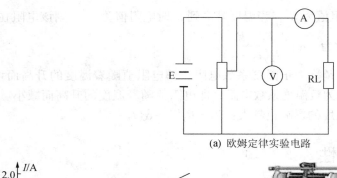

(a) 欧姆定律实验电路

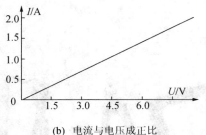

(b) 电流与电压成正比

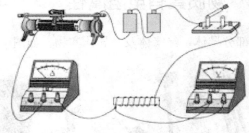

(c) 欧姆定律实验仪器

图 1-14　欧姆定律实验

把表 1-1 用曲线图表示就得到图 1-14(b)。表和曲线图表明：电压增至 2 倍，电流也增至 2 倍；电压增至 3 倍，电流也增至 3 倍。由此可知，电流与电压成正比，与 R 成反比。三者的关系称为欧姆定律。成为电路计算中基本的重要定律。

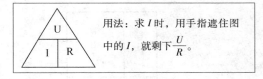

用法：求 I 时，用手指遮住图中的 I，就剩下 $\dfrac{U}{R}$。

$$I = \frac{U}{R}$$

1.5.3　电阻使电流难以通过

当实验电路中电压保持不变，而使电阻变化时，电流如图 1-15 所示。由该曲线可知，电流与电阻成反比。电阻越大，电流越难通过。

1.5.4　电阻的单位

若电阻器的两端加上 1V 的电压时，在这个电阻器中有 1A 的电流通过，则这个电阻器的阻值为 1Ω。经常用的电阻单位还有千欧(kΩ)、兆欧(MΩ)，它们与 Ω 的换算关系为：

$$1k\Omega = 10^3 \Omega; \qquad 1M\Omega = 10^6 \Omega$$

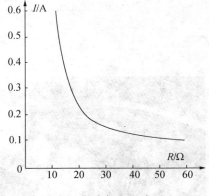

图 1-15　电流与电阻成反比

1.5.5　电阻与温度的关系

电阻值的大小一般与温度有关，衡量电阻受温度影响大小的物理量是温度系数，其定义为温度每升高 1℃时电阻值发生变化的百分数。

设一电阻在温度 t_1 时的电阻值为 R_1，当温度升高到 t_2 时电阻值为 R_2，则该电阻在 $t_1 \sim$ t_2 温度范围内的（平均）温度系数为：$\alpha = \dfrac{R_2 - R_1}{R_1(t_2 - t_1)}$。

如果 $R_2 > R_1$，则 $\alpha > 0$，将 R 称为正温度系数电阻，即电阻值随着温度的升高而增大；如果 $R_2 < R_1$，则 $\alpha < 0$，将 R 称为负温度系数电阻，即电阻值随着温度的升高而减小。显然 α 的绝对值越大，表明电阻受温度的影响也越大：$R_2 = R_1[1 + \alpha(t_2 - t_1)]$。

1.6 物质具有电阻属性

部分导体、绝缘体及半导体实物，如图 1-16 所示。

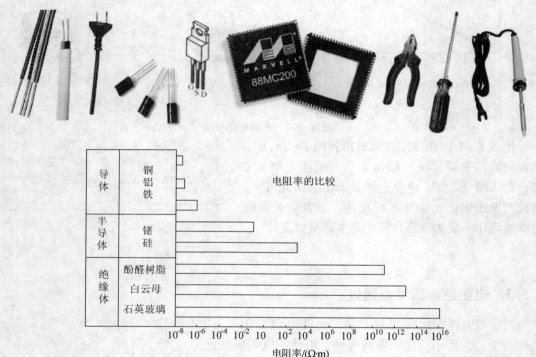

图 1-16 导体、半导体、绝缘体

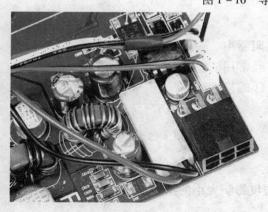

图 1-17 计算机内部

1.6.1 电气设备中使用的材料

图 1-17 是计算机的内部，在印刷电路板上插有电阻器和集成电路（IC）等许多元件。基板是环氧树脂和玻璃纤维做成的，其上粘有铜箔。元件和元件间由铜箔连接，电流容易导通，但环氧树脂几乎不通电流。电流容易导通的物质叫做导体，不通电流的物质叫做绝缘体。介于导体和绝缘体中间性质的物质叫做半导体。晶体管和 IC 是用半导体做成的。

1.6.2　各种物质的电阻属性

导体、半导体和绝缘体三者的区别由各物质的电阻大小而定。因为物质的电阻随其形状而变化，所以想出来用截面为 $1m^2$、长为 $1m$ 的电阻来比较，这就是物质的电阻率。电阻率的表示符号为 ρ，单位为欧·米（$\Omega \cdot m$）。电阻率在 $10^{-4}\Omega \cdot m$ 以下的物质称为导体，$10^4\Omega \cdot m$ 以上的物质是绝缘体，半导体的电阻率介于导体和绝缘体之间。

1.6.3　又粗又短的物体电阻小

相同材料的铜线，粗导线比细的电阻小，短导线比长的电阻小。这与水管的水流情况相似，粗水管比细水管的摩擦力小，水容易流通。

若有截面积为 $4m^2$、长为 $3m$ 的某物体的电阻，可看成图 $1-18$ 所示的截面积为 $1m^2$、长为 $1m$ 的立方体，每个立方体的电阻和电阻率相同，这样就可以认为相当于并联 4 个、串联 3 个阻值为 p 的电阻，如图 $1-18$(b)、图 $1-18$(c)。总电阻为 $R=\rho\dfrac{3}{4}$。

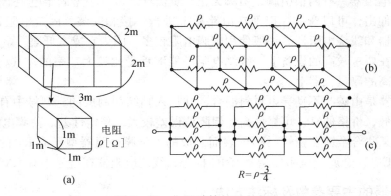

图 1 – 18　电阻计算的思考方法

一般情况下，截面积为 $S(m^2)$、长度为 $l(m)$、电阻率为 $\rho(\Omega \cdot m)$ 的电阻 R，电阻与长度 l 成正比，而与截面积 S 成反比。

电阻的计算公式为：
$$R = \rho\frac{l}{S}$$

式中　ρ——电阻的材料电阻率，国际单位制为欧姆·米（$\Omega \cdot m$）；

　　l——绕制成电阻的导线长度，国际单位制为米（m）；

　　S——绕制成电阻导线横截面积，国际单位制为平方米（m^2）；

　　R——电阻值，在国际单位制中，电阻单位为欧姆（Ω）。

1.7　对电阻器的认识

1.7.1　电阻器的作用

电阻器是利用一些材料对电流有阻碍作用的特性所制成的，它是一种最基本、最常用的电子元件。电阻器在电路里的用途很多，大致可以归纳为：降低电压、分配电压、限制电流、向各种元器件提供必要的工作条件（电压或电流）等，还作为负载电阻用。为了表述方便，通常将电阻器简称为电阻。

1.7.2 电阻器的分类

在电气设备的不同场合使用的电阻器种类很多。

（1）按电阻值是否可变分类：

① 固定电阻：电阻值固定不变。

② 可变电阻：电阻值可以变化。

（2）按电阻材料分类：

① 金属类：以铬、镍等金属作为材料。

② 碳类：以碳及碳与其他物质的混合物作为材料。

（3）按电阻材料的形状分类：

① 线绕式：将电阻材料作成细线，绕在绝缘物上。

② 薄膜式：在瓷表面上作一层电阻材料的薄膜。

③ 合成式：微细碳粉末和酚醛树脂混合并成型。

普通固定电阻器只有两根引脚，引脚无正、负极性之分。小型固定电阻器的两根引脚一般沿轴线方向伸出，可以弯曲，以便在电路板上进行焊接和安装。固定电阻器有实芯电阻器、薄膜电阻器和线绕电阻器。一般使用碳膜电阻较多，因为它成本低廉。金属膜电阻精度要高些，使用在要求较高的设备上。线绕电阻是能够承受比较大功率的，其精度也比较高，常用在要求很高的测量仪器上。

实芯电阻器是由碳与不良导电材料混合，并加入粘结剂制成的，型号中有 RS 标志。这种电阻器成本低，价格便宜，可靠性高，但阻值误差较大，稳定性差。薄膜电阻器是用蒸发的方法将碳或某些合金镀在瓷管（棒）的表面制成的，碳膜电阻器型号有 RT 的标志（小型碳膜电阻器为 RTX），金属膜电阻器型号有 RJ 标志，线绕电阻器在型号中有 RX 标志。

1.7.3 电阻器的主要参数及标注方法

电阻器的主要技术参数有标称阻值、允许偏差和额定功率。

国家规定了一系列的电阻值作为产品的标准，并在产品上标注清楚标准电阻值，称之为标称电阻。由于电阻器在生产过程中存在着误差，所以标称阻值并不是 100% 的等于电阻器的实际电阻。把电阻器的实际阻值和标称阻值间的差别，以差值与标称阻值的百分比数来表示，叫做允许偏差（或阻值误差）。电阻器产品根据允许偏差大小可以分为三个等级，即：Ⅰ级允许偏差为 ±5%；Ⅱ级允许偏差为 ±10%，Ⅲ级允许偏差为 ±20%。允许偏差值越小，表示电阻器的阻值精度越高。

电阻器是一种耗能元器件，当电流通过电阻器时，就会有一部分电能转换成热能，使电阻器温度升高。若使用时电阻器通过的电流太大或电阻器两端承受的电压过高，都会造成过热而损坏。因此，各种电阻器都规定了它的标称功率（又叫额定功率）。

使用中电阻器实际消耗的功率必须小于它的额定功率。如果低于额定功率使用，电阻器的寿命就长，工作安全；如果超负荷使用，轻者会缩短它的使用寿命，重者可能将电阻器烧坏。电阻器长期工作所允许承受的最大电功率即为额定功率，单位为瓦（W）。

1.7.4 电阻色标的读法

"色环标志法"是目前国际上惯用的电阻器标志方法。采用色环标志电阻器的标称阻值和允许偏差有很多好处：颜色醒目、标志清晰、不易褪色，并且从电阻器的各个方向都能看清阻值和允许误差。使用这种电阻器装配整机时，不需注意电阻器的标志方向，有利于自动化生产。在整机调试和修理过程中，不用拨动电阻器就可看清阻值，给调试和修理带来方便。

采用色环标志法的电阻器，在电阻器上印有4道或5道色环表示阻值等，阻值的单位为欧姆(Ω)。

（1）四色环：如图1－19所示。黑0、棕1、红2、橙3、黄4、绿5、蓝6、紫7、灰8、白9，金、银表示误差。

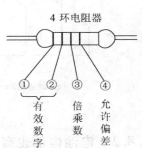

图1－19　电阻四色环标志

各色环表示意义如下：

第一条色环：阻值的第一位数字；

第二条色环：阻值的第二位数字；

第三条色环：倍乘数；

第四条色环：误差表示。

【例1－2】电阻色环：棕绿红金。

【解】第一位：1；第二位：5；第三位：倍乘数为2（即100）；误差为5%。即阻值为：

$$15 \times 100 = 1500\Omega = 1.5\text{k}\Omega$$

（2）五色环：如图1－20所示。

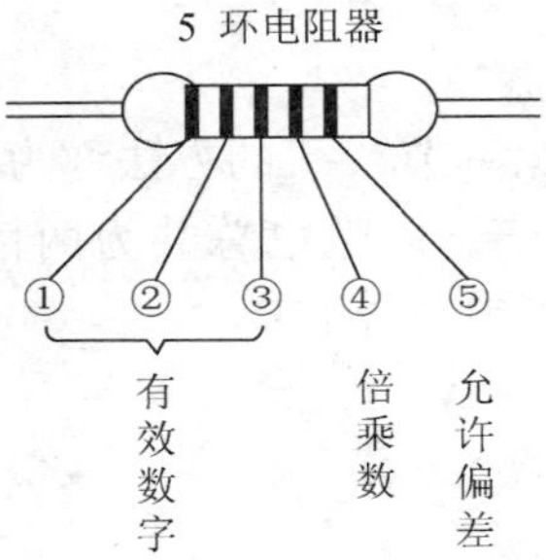

图1－20　电阻五色环标

精确度更高的"五色环"电阻，用五条色环表示电阻的阻值大小，具体如下：

第一条色环：阻值的第一位数字；

第二条色环：阻值的第二位数字；

第三条色环：阻值的第三位数字；

第四条色环：阻值的倍乘数；

第五条色环：误差（常见是棕色，误差为1%）。

两种色环表示，其差异就是精度。四色环电阻误差为5% ~ 10%，五色环常为1%，精度比四色环提高了。

【例1－3】电阻：黄紫红橙棕。

【解】前三位数字是：472；第四位表示倍乘数为3，即1000；阻值为：

$$472 \times 1000\Omega = 472\text{k}\Omega$$

1.8　对电池应用的了解

电池种类很多，常见和常用的有干电池、手机电池、蓄电池以及充电电池等。

1.8.1　电池的电压

从理论上来说电池产生的电压可认为不变，但实际中，电池端电压U（"＋"电极和"－"电极间的电压）是随负载电流而变的。

如图1－21（a）所示的电池连接负载R时的电池端电压U和负载电流I的关系。开始时R值较大，然后渐渐减小，电流随之增加，电压减小。负载电流和端电压的关系可用图1－21（b）所示。

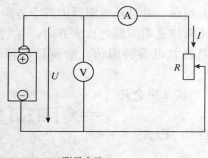

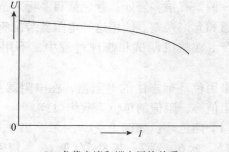

(a) 测量电路

(b) 负载电流和端电压的关系

图 1 - 21　端电压的变化

1.8.2　电池内部也有电阻

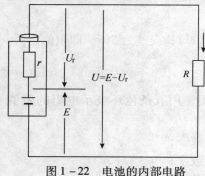

图 1 - 22　电池的内部电路

电池端电压下降虽然也可以认为是电动势减小，但因为端电压随负载电流成比例地减小，所以认为如图 1 - 22 所示的电池内部是不变的电动势 E 和内阻 r 串联。图中负载电流 I 为零时的端电压 U 和电动势 E 一致，但有负载电流时，将产生与电流成正比的内部电压降，端电压为 $U = E - U_r = E - Ir$。

1.8.3　电池的串联

将两节电池的一节" + "接另一节" - "的方法称为串联。这时总电动势是一节的两倍，内阻也总共为两倍。当用一节电池觉得电压小时，可串联若干节。

1.8.4　电池的并联

将两节电池的一节" + "接另一节" + "、一节" - "接另一节" - "的方法称为并联。此时总电动势和一节时相同，能供给负载的电流容量增至两倍，而总的内阻降至一半。

电动势和内阻完全相同时可以并联，但两者不相同时，电池间将有电流，使电池寿命缩短。

1.8.5　考虑内阻的电池

负载电阻大时忽略电池内阻并无大碍，但负载电阻小时一定不能忽略。

【例 1 - 4】在电动势 1.5V 的电池两端接上 2Ω 电阻，求不计内阻（$r = 0$）和内阻 $r = 0.2$ 时负载电阻上的电压和电流。

【解】(1) $r = 0$ 时

$$U = E = 1.5(\text{V})$$

$$I = \frac{U}{R} = 0.75(\text{V})$$

(2) $r = 0.2\Omega$ 时

$$I = \frac{U}{R + r} = \frac{1.5}{2 + 0.2} = 0.682(\text{V})$$

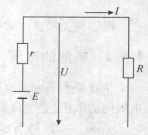

$$U = E - Ir = 1.5 - 0.682 \times 0.2 = 1.36 (\text{V})$$

【例 1 - 5】电动势 $E_1 = 9.3\text{V}$、内阻 $r_1 = 0.1\Omega$ 和电动势 $E_2 = 9.0\text{V}$、内阻 $r_2 = 0.2\Omega$ 的电池并联时，电池间的电流 I_0 为多少。

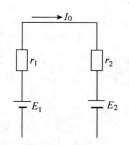

【解】$I = \dfrac{E_1 - E_2}{r_1 + r_2} = \dfrac{9.3 - 9.0}{0.1 + 0.2} = 1 (\text{A})$

本 章 小 结

电流：产生发光效应等各种电流效应。

电路：电流的通路，由电源、负载、调节器和导线组成。

电路的图形符号：为画电路图而规定的图形符号。

电压：成为电流起源的"电气压力"。

电阻：具有阻碍电流通过的性质。

欧姆定律：表示电压、电流和电阻的关系。

单位：

	电流	电压	电阻
单位	安	伏	欧
符号	A	V	Ω

名称	微	毫	千	兆
倍率	10^{-6}	10^{-3}	10^3	10^6
符号	μ	m	k	M

导体：容易通过电流。电阻率在 $10^{-4}\Omega \cdot \text{m}$ 以下。

绝缘体：几乎不通电流。电阻率在 $10^4\Omega \cdot \text{m}$ 以上。

半导体：具有导体和绝缘体之间的电阻。

电阻率：截面积 1m^2、长 1m 的各种物质的电阻。

各物质的电阻计算：$R = \rho \dfrac{l}{S}$

电阻器的种类：固定电阻器、可变电阻器、金属电阻器、碳电阻器、线绕电阻器、薄膜电阻器和合成电阻器等。

第 2 章　油库直流电路分析计算

像电池的电动势那样保持一定电压的电源称为直流电源。以直流电源作为电源的电路称为直流电路。用直流电路的地方有手电筒、应急灯和手机等使用电池的小型电器，也有像电瓶车那样的大型电器。

作为直流电路的电路元件只考虑电阻就可以了。电阻有各种连接情况，在此除了计算各种连接情况时电阻中的电流和电压，还要考虑电流流过电阻时产生的热效应，用电发热消耗的大小用功率表示，学习功率的意义及关于计算电费时用的电量，怎样使用供电电源最有效。当直流复杂电路应用欧姆定律计算无效时，可用基尔霍夫定律分析复杂电路，支路电流法、叠加原理可较好地计算复杂电路，但用起来较难。为了在电路中正确应用电源，对电压源和电流源两种形式进行等效互换。

2.1　电阻的连接方法

2.1.1　串联

串联是一个电阻的电流出口与另一个电阻的电流入口相连的方法，如图 2 - 1 所示。因此，两个电阻中的电流相同。

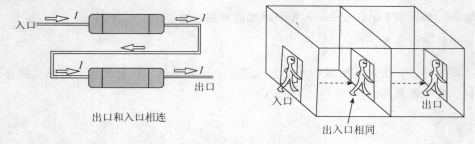

入口　出口　出口和入口相连　入口　出口　出入口相同

图 2 - 1　串联

2.1.2　并联

并联是两个电阻的电流入口与入口、出口与出口连在一起，如图 2 - 2 所示。这时两个电阻上所加的电压相同。

2.2　电阻的串联

2.2.1　电阻串联时电阻值增大

如图 2 - 3 所示，两个相同灯泡串联时，其亮度比只用一个时暗。两个灯泡串联的电路相当于两个电阻 $R(\Omega)$ 的串联，此电阻 $R(\Omega)$ 为一个灯泡的电阻。灯泡变暗是因为电流减小引起的。由欧姆定律知道，电源电压相同时，如果电流减小，就说明电阻变大了。

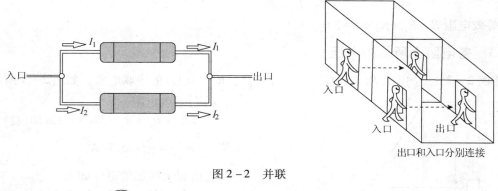

图 2-2　并联

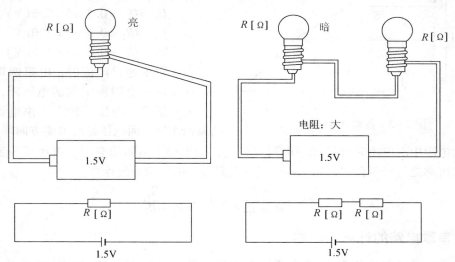

图 2-3　灯泡的串联

2.2.2　串联等效电阻

若一个串联电阻电路的端口电压、电流关系和另一个电阻电路的端口电压、电流关系完全相同，从而使连接到其同样的外部电路的作用效果是相同的，那这两个电阻电路对外部来说是等效的，如图 2-4 所示。

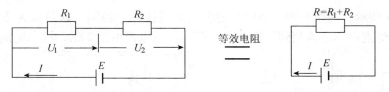

图 2-4　串联等效电阻

【例 2-1】R_1（2Ω）和 R_2（3Ω）两个电阻串联后加 5V 电压，如图 2-4 所示。在此电路中流过的电流 I 及 R_1 和 R_2 上的电压为何值？

【解】
$$U_1 = R_1 I$$
$$U_2 = R_2 I$$
$$U = U_1 + U_2 = R_1 I + R_2 I = (R_1 + R_2) I$$

所以 $$I = \frac{U}{R_1 + R_2} = \frac{5}{2+3} = 1(\text{A})$$

等效电阻 $R = R_1 + R_2 = 2 + 3 = 5(\Omega)$

2.2.3 各电阻上所加的电压

【例2-2】三个电阻 $R_1 = 5(\Omega)$，$R_2 = 2(\Omega)$，$R_3 = 3(\Omega)$ 的串联电路，如图2-5所示。

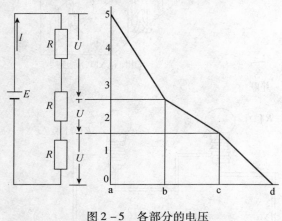

图2-5 各部分的电压

【解】等效电阻

$$R = R_1 + R_2 + R_3 = 5 + 2 + 3 = 10(\Omega)$$

电流 $I = \frac{U}{R} = \frac{5}{10} = 0.5(\text{A})$

各电阻上所加的电压如下

$$U_1 = IR_1 = 0.5 \times 5 = 2.5(\text{V})$$
$$U_2 = IR_2 = 0.5 \times 2 = 1.0(\text{V})$$
$$U_3 = IR_3 = 0.5 \times 3 = 1.5(\text{V})$$

在电阻中通过电流时，电阻两端出现电压。这是由于电阻所引起的电压降，所以也称为电阻压降。电压降的大小由电流和电阻的乘积而定，而电压是沿电流方向降落。

因为电阻中有电流时电压降与电阻成正比，如果两个电阻串联时，电压按一定比例分压。下式可称之为分压公式，用于两个串联电阻各自电压的分配计算。

$$U_1 = \frac{U \times R_1}{R_1 + R_2} \qquad U_2 = \frac{U \times R_2}{R_1 + R_2}$$

2.2.4 串联电路的计算

在计算串联电路的电流时，先计算等效电阻，再用等效电阻除电源电压就可求得。各电阻上的电压用电路电流乘电阻就可以了。

2.3 电阻的并联

2.3.1 电阻并联时电阻值减小

如图2-6所示，两个灯泡并联时灯泡亮度和只接一个相同。这是因为不管只接一个还是两个，每个灯泡中的电流相同。但两个并联时因总电流增至2倍，故总电流减至一半。

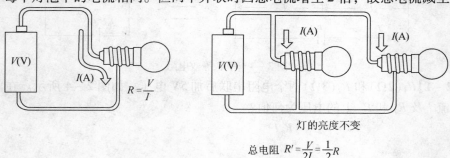

灯的亮度不变

总电阻 $R' = \frac{V}{2I} = \frac{1}{2}R$

图2-6 灯泡的并联

2.3.2 并联等效电阻

现求两个电阻 $R_1(\Omega)$、$R_2(\Omega)$ 并联时的等效电阻，如图 2-7 所示。

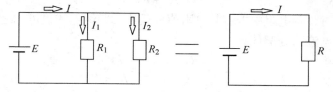

图 2-7 并联等效电阻

图 2-7 中，$I = I_1 + I_2 = \dfrac{U}{R_1} + \dfrac{U}{R_2} = U\left(\dfrac{1}{R_1} + \dfrac{1}{R_2}\right)$

因此，并联等效电阻：$R = \dfrac{1}{\dfrac{1}{R_1} + \dfrac{1}{R_2}} = \dfrac{R_1 R_2}{R_1 + R_2}$

三个电阻并联时，等效电阻为：$R = \dfrac{1}{\dfrac{1}{R_1} + \dfrac{1}{R_2} + \dfrac{1}{R_3}}$

2.3.3 各电阻中的电流

【例 2-3】求两个电阻并联时各电阻中电流的大小，如图 2-8 所示。

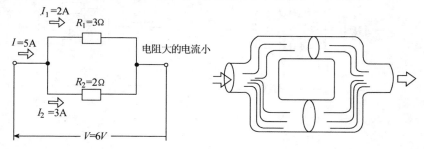

图 2-8 两个电阻中的电流

【解】图 2-8 的等效电阻 R 为：$R = \dfrac{1}{\dfrac{1}{R_1} + \dfrac{1}{R_2}} = \dfrac{R_1 \times R_2}{R_1 + R_2} = \dfrac{3 \times 2}{3 + 2} = 1.2(\Omega)$

电阻两端的电压 U 为：$U = I \times \dfrac{R_1 \times R_2}{R_1 + R_2} = 5 \times 1.2 = 6(\text{V})$

各电阻中电流 I_1 和 I_2 为：

$$I_1 = \dfrac{U}{R_1} = \dfrac{I \times \dfrac{R_1 R_2}{R_1 + R_2}}{R_1} = I \times \dfrac{R_2}{R_1 + R_2} = 5 \times \dfrac{2}{5} = 2(\text{A})$$

$$I_2 = \dfrac{U}{R_2} = \dfrac{I \times \dfrac{R_1 R_2}{R_1 + R_2}}{R_2} = I \times \dfrac{R_1}{R_1 + R_2} = 5 \times \dfrac{3}{5} = 3(\text{A})$$

下面计算一下 I_1 与 I_2 之比：

$$\frac{I_1}{I_2} = \frac{I \times \frac{R_2}{R_1 + R_2}}{I \times \frac{R_1}{R_1 + R_2}} = \frac{R_2}{R_1}$$

两个电阻并联时，各电阻中电流与电阻值成反比。归纳上式也可称之为分流公式，用于两个并联电阻各自电流的分配计算。

$$I_1 = \frac{I \times R_2}{R_1 + R_2} \qquad I_2 = \frac{I \times R_1}{R_1 + R_2}$$

2.3.4　并联电路的计算

在计算并联电路的总电流时，先计算等效电阻，再用等效电阻除电源电压就可求得。另外也可分别求出各电阻中电流，然后再相加。

2.4　串、并联混接电路

多个电阻串、并联混接的等效过程见图2-9所示。

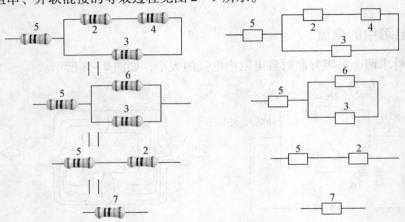

图2-9　多个电阻串、并联混接的等效过程

2.4.1　多个电阻的不同连接

多个电阻的连接形式如图2-9所示，先是由两个电阻串联，然后与一个电阻并联，再与一个电阻串联，构成串、并联混接电路。

2.4.2　串、并联电路的等效电阻

通过若干次计算串联和并联的等效电阻可求得串、并联的等效电阻。从单纯串联或并联的部分开始计算即可。等效计算顺序按图2-9所示，从上向下进行。

2.4.3　串、并联电路的计算

为了计算串、并联电路各部分电流而规定的计算顺序，对不同电路要用效率最好的方法进行计算。要很快找到这种计算顺序，需要进行一定程度的练习。

【例 2 - 4】求图 2 - 10 电路中各部分电流和电压。

【解】计算等效电阻：

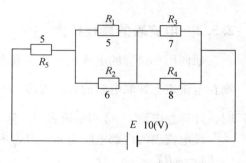

图 2 - 10　多个电阻串并联混接

$$R_{12} = \frac{1}{\frac{1}{R_1} + \frac{1}{R_2}} = \frac{R_1 R_2}{R_1 + R_2} = \frac{5 \times 6}{5 + 6} = 2.727(\Omega)$$

$$R_{34} = \frac{1}{\frac{1}{R_3} + \frac{1}{R_4}} = \frac{R_3 R_4}{R_3 + R_4} = \frac{7 \times 8}{7 + 8} = 3.733(\Omega)$$

$$R = R_{12} + R_{34} + R_5 = 11.46(\Omega)$$

计算总电流：

$$I = \frac{E}{R} = \frac{10}{11.46} = 0.8726(A)$$

计算 R_1、R_4 和 R_5 上的电压：

$$U_1 = IR_{12} = 0.8726 \times 2.727 = 2.380(V)$$
$$U_4 = IR_{34} = 0.8726 \times 3.733 = 3.257(V)$$
$$U_5 = E - U_1 - U_4 = 4.363(V)$$

计算 I_1、I_2、I_3 和 I_4：

$$I_1 = \frac{U_1}{R_1} = \frac{2.380}{5} = 0.476(A)$$

$$I_2 = \frac{U_1}{R_2} = \frac{2.380}{6} = 0.400(A)$$

$$I_3 = \frac{U_4}{R_3} = \frac{3.257}{7} = 0.465(A)$$

$$I_4 = \frac{U_4}{R_4} = \frac{3.257}{8} = 0.407(A)$$

2.5　电流表和电压表的量程扩大

2.5.1　电流表和电压表扩量程的电路结构

电流和电压表扩量程的电路结构是什么样子呢？从图 2 - 11 所示可见，电流表是利用并联分流器扩量程的，结构电路如图 2 - 11 所示。在电流表上并联电阻，可扩大电流表的量程。并联电阻可分担测量电路的电流，使电流表两端的电流不超过 I_g，并联的电阻越小，电流表的量程越大。但通过电流仍不能超过 I_g。电压表是利用串联倍压器扩量程的，结构电路如图 2 - 12 所示。

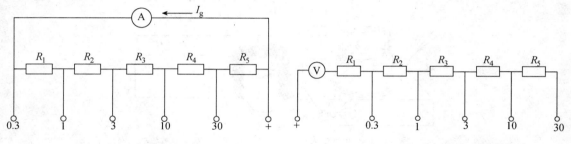

图 2 - 11　电流表结构电路图　　　　　　　　图 2 - 12　电压表结构电路图

2.5.2　电流表的量程扩大

如何用小量程的电流表测量大电流？如图 2 – 13 所示，若要将电流表的量程扩大 K 倍，则在电流表上并联电阻的大小为内电阻的 $\dfrac{1}{K-1}$ 倍。现对图 2 – 13 所示中电流表并联接 $R(\Omega)$ 时，计算总电流 $I(A)$ 和电流表中电流 I_g 的关系。

设电流表的内部电阻为 r_a，因 r_a 和 $R(\Omega)$ 的电压降相等，所以 $(I-I_g)R = I_g r_a$ 总电流为

$$I = \frac{I_g(r_a + R)}{R} = I_g\left(1 + \frac{r_a}{R}\right) = mI_g,\ R(\Omega)\ \text{称为分流器，而}\ m\ \text{为分流器的倍率。}$$

2.5.3　电压表的量程扩大

为扩大电压表的量程，如图 2 – 14 所示，可在电压表外侧接一个与电压表串联的内阻。串联内阻可分担测量电路的电压，使电压表两端的电压不超过 U_g，串联的电阻越大，电压表的量程越大。

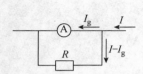

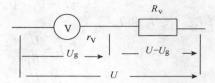

图 2 – 13　电流表的量程扩大　　　　图 2 – 14　电压表的量程扩大

若要将电压表的量程扩大 K 倍，则在电压表上串联电阻的大小为内电阻的 $(K-1)$ 倍。现求电压表指示电压 U_g 和总电压 U 的关系。因为表头内阻 r_V 中电流和 R_V 中电流相同，所以 $\dfrac{U_g}{r_V} = \dfrac{U - U_g}{R_V}$，总电压为 $U = U_g\left(1 + \dfrac{R_V}{r_V}\right) = mU_g$，$R_V(\Omega)$ 称为倍压器，而 m 为倍压器的倍率。

2.6　电流的热效应和功率

2.6.1　电流的热效应

如图 2 – 15 所示，给电热器接上电源，一合上开关就产生热，电热器是用镍铬合金丝做成的，镍铬合金丝是在高温下也不熔化的电阻丝。电阻中有电流时一般会产生热，这称为热效应。电流热效应是电阻中的电能变换为热能的结果。

电能变为热能

图 2 – 15　焦耳热的产生

2.6.2　焦耳定律

电阻 $R(\Omega)$ 中电流 $I(A)$ 通过时间 $t(s)$ 时，产生的热量 $Q(J)$ 为：$Q = I^2Rt$，产生的热量与电阻和电流平方的乘积成正比，这称为焦耳定律，产生的热叫焦耳热。热量的单位为焦耳，这也是功的单位。1J 是以 1N 的力使物体移动 1m 时所做的功。为把 1kg 物体举高 1m，需做功 9.8J。焦耳与千焦耳的换算关系 1kJ = 1000J。

2.6.3　热量的计算

【例 2 – 5】20Ω 的电阻接于 100V 电源上 1h 时，产生的热量为多少 kJ?

【解】焦耳定律公式：

$$Q = I^2Rt = \left(\frac{U}{R}\right)^2 Rt = \frac{U^2}{R}t = \frac{100^2}{20} \times 3600 = 1800000(J) = 1800(kJ)$$

【例 2 – 6】直径 1.6mm 的软铜线 100m 的电阻为 0.892Ω，如果在此电线中通有 10A 电流，那么一天的热量为多少 kJ?

【解】$Q = I^2Rt = 10^2 \times 0.892 \times 24 \times 3600 = 7706880(J) \approx 7707(kJ)$

2.7　电功率

2.7.1　电功率的意义

电功率（简称功率）所表示的物理概念是电能传递转换的速率，用 P 表示。如果需要比较两个电阻的发热量，如不规定通过电流的时间就没有意义。如图 2 – 16 所示，比较 5Ω 电阻和 10Ω 电阻在 1s 内的发热量，5Ω 电阻的发热量为 20J，10Ω 电阻的发热量为 10J。这样，5Ω 电阻的发热量多于 10Ω 电阻。这里计算的只是 1s 的电能，称为电功率。

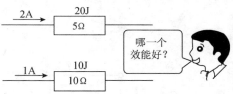

图 2 – 16　电功率的意义

对于电路中的任意二端元件，当它两端的电压为 u，通过的电流为 i 时，功率的大小为：

$$P = \frac{dw}{dt} = \frac{dw}{dq} \cdot \frac{dq}{dt} = u \cdot i$$

功率的国际单位制单位为瓦特（W），常用的单位还有毫瓦（mW）、千瓦（kW），它们与瓦特（W）之间的换算关系是：$1mW = 10^{-3}W$；$1kW = 10^3W$。

电压、电流在关联正方向下，功率的计算公式为：$P = ui$。

电压、电流在非关联正方向下，功率的计算公式为：$P = -ui$。

关联正方向下，当 $P > 0$ 时表示该部分油库电路（二端元件）吸收功率（负载消耗）；当功率 $P < 0$ 时，表示该部分油库电路（二端元件）发出功率（电源提供）。

电路中存在的发出功率器件是供能元件，吸收功率的器件是耗能元件。

2.7.2　电功率的计算

电功率的计算公式为：$P = IU$，根据欧姆定律变形，电压、电流和电阻中两个量已知时，可计算功率，如图 2 - 17 所示。

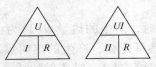

给横线上下乘以 I 后，
得 $P=UI$ 和 $P^2R=P$

图 2 - 17　电功率的计算

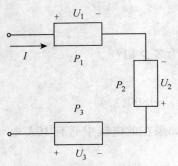

图 2 - 18　二端元件电路

【例 2 -7】如图 2 - 18 所示为直流电路，$U_1 = 4\text{V}$、$U_2 = -8\text{V}$、$U_3 = 6\text{V}$、$I = 4\text{A}$，求各元件吸收或发出的功率 P_1、P_2 和 P_3，并求整个电路的功率 P。

【解】P_1 的电压正方向与电流正方向相关联，故：
$$P_1 = U_1 I = 4 \times 4 = 16(\text{W})(\text{吸收})$$

P_2 和 P_3 的电压正方向与电流正方向非关联，故：
$$P_2 = U_2 I = -(-8) \times 4 = 32(\text{W})(\text{吸收})$$
$$P_3 = U_3 I = -6 \times 4 = -24(\text{W})(\text{发出})$$

整个电路的功率 P，设吸收功率为正，发出功率为负，故：$P = 16 + 32 - 24 = 24(\text{W})$

2.7.3　电阻的容许电流

电阻中通过电流时产生焦耳热，在热的作用下电阻器本身温度上升。在图 2 - 19 电路中若慢慢升高电压，则电流增加，产生的热量也增多，温度随着上升，不久电阻器就会烧坏。因此，能通过电阻器的电流最大值，称为电阻的容许电流。

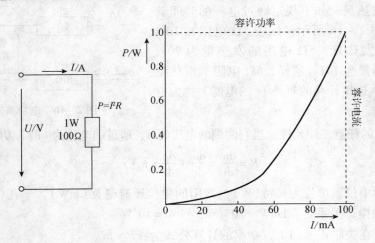

图 2 - 19　电阻中通过的电流和消耗的功率

除容许电流外，有时还用能够消耗的功率最大值，这称为容许功率。根据容许功率 $P(\text{W})$，电阻值为 $R(\Omega)$ 的电阻器的容许电流可由 $P = I^2 R$ 的关系，通过下式求得：
$$I = \sqrt{\frac{P}{R}}$$

电阻的大小（瓦数），电阻值和容许电流间的关系为瓦数越大、阻值越小，其容许电流就小。

2.8 用电量(电能)的计算

2.8.1 电能(用电量)的定义

电能是指电路元件或设备在一定的时间内吸收或发出的电能量,即电流所做的功。用符号 W 表示,其国际单位制为焦尔(J),电能的计算公式为:

$$W = Pt = UIt$$

2.8.2 电能(用电量)的单位

电能(用电量)的单位为瓦·秒(W·s),这与焦耳的单位相同。

$$1W \cdot s = 1J$$

因为瓦·秒单位在实用上太小,所以用瓦·时(W·h)为单位。1W·h 是 1W 功率使用 1 小时的用电量,即 $1W \cdot h = 60 \times 60 = 3600W \cdot s$

通常电能用千瓦·小时(kW·h)为单位来表示大小,叫做度(电):

$$1 \text{ 度}(\text{电}) = 1kW \cdot h = 3.6 \times 10^6 J$$

即功率为 1000W 的供能或耗能元件,在 1h 的时间内所发出或消耗的电能量为 1 度。这就是我们计算电费时所用的单位。

2.8.3 电能(用电量)的计算

电能等于功率和时间的乘积,当功率 P 和时间 t 已知时,即可计算出电能(用电量)。

$$W = Pt = UIt = I^2 Rt$$

电阻消耗了功率,把电能变成了热能。这时用电量和发热量相同。

【例 2 - 8】有一功率为 60W 的电灯,每天使用它照明的时间为 4h,如果平均每月按 30 天计算,那么每月消耗的电能为多少度?合为多少J?

【解】该电灯平均每月工作时间 $t = 4 \times 30 = 120h$,则:

$$W = P \cdot t = 60 \times 120 = 7200W \cdot h = 7.2kW \cdot h$$

即每月消耗的电能为 7.2 度,约合为 $3.6 \times 10^6 \times 7.2 \approx 2.6 \times 10^7 J$。

2.9 油库电气设备的额定值

为了保证电气设备和油库电路元件能够长期安全地正常工作,规定了额定电压、额定电流、额定功率等铭牌数据。

(1) 设备的额定电压。电气设备或元器件在正常工作条件下允许施加的最大电压。

(2) 设备的额定电流。电气设备或元器件在正常工作条件下允许通过的最大电流。

(3) 设备的额定功率。在额定电压和额定电流下消耗的功率,即允许消耗的最大功率。

(4) 设备的额定工作状态。电气设备或元器件在额定功率下的工作状态,也称满载状态。

(5) 设备的欠载状态。电气设备或元器件在低于额定功率的工作状态,欠载时电气设备不能得到充分利用或根本无法正常工作。

（6）设备的过载（超载）状态。电气设备或元器件在高于额定功率的工作状态，过载时电气设备很容易被烧坏或造成严重事故。欠载和过载都是不正常的工作状态，一般是不希望出现的。

2.10 电压源和电流源

电压源和电流源是指在电路中能独立提供能量的元件。实际的电源有电池、发电机、如图2-20所示的信号源等，这些电源也称为独立电源（独立源），独立电源包括独立电压源和独立电流源。

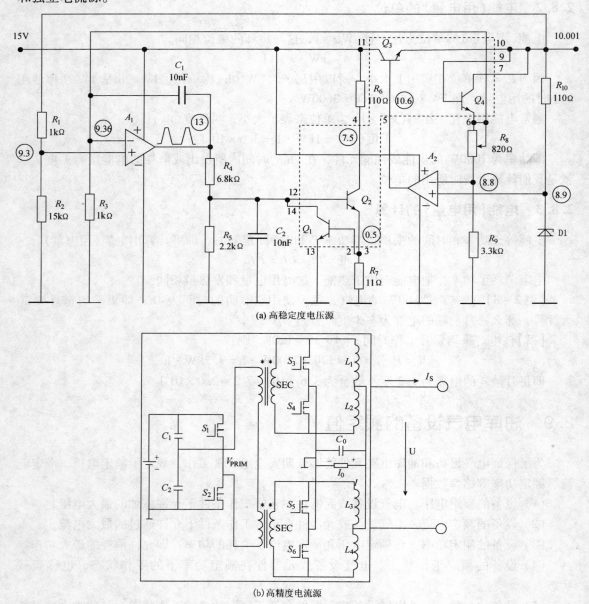

(a) 高稳定度电压源

(b) 高精度电流源

图 2-20 电压源和电流源

2.10.1 理想电压源(恒压源)

理想电压源是从实际电压源理想化(电源内阻等于零)得到的电源模型,该模型表征了电源提供的电压与流过的电流并无一定关系。电压源对外提供的电压不会因所接的库电路不同而改变,输出电压恒定。理想电压源电路符号如图2-21所示。理想电压源电路及其伏安特性如图2-22所示。

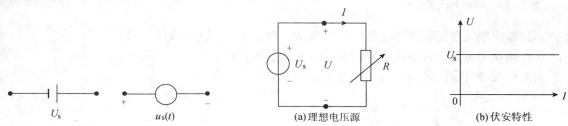

图2-21 理想电压源符号　　　　图2-22 理想电压源及其伏安特性

理想电压源具有的特点:
① 输出电压恒定,与外油库电路(负载)无关,即 $U(t) = U_s(t)$ 或 $(U = U_s)$;
② 流过电压源的电流由外油库电路(负载)决定;
③ 伏安特性曲线是与电流 I 轴平行的直线。

2.10.2 实际电压源(电压源)

实际电源内部会产生一定的内耗,即有一定的内部电阻,当电源与外电路联接时,输出的电压随流过它的电流而变化,其端电压不为定值。因此,在分析油库电路中,可用理想电压源串联一个电阻的模型来构成实际电压源的电路模型,如图2-23(a)所示。

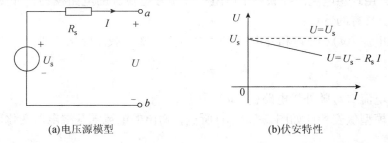

(a)电压源模型　　　　　　　(b)伏安特性

图2-23 实际电压源及伏安特性

电压源模型具有的特点:
① 输出的电压 $U(t)$ 或 U 和外电路(负载)有关,随负载而变化,即:

$$U = U_s - R_s I$$

② 通过电压源的电流 $i(t)$ 随外接电路(负载)不同而不同;
③ 电压源模型伏安特性如图2-23(b)所示。
常见的电压源有直流电压源和正弦交流电压源。

2.10.3 理想电流源(恒流源)

人们比较熟悉电压源,对于电流源则较为生疏。光电池是一个电流源的例子,在具有一定照度的光线照射下，光电池将被激发产生一定值的电流，这个电流与照度成正比，换句话说，光照度不变，则电流值不变。如果光电池与一个二端元件连接，该元件流入的电流能保持恒定值 $i_s(t)$，则光电池可看成为理想电流源。电流源对外提供的电流不会因所接的外电路不同而改变，输出电流恒定。理想电流源电路符号如图 2-24 所示。

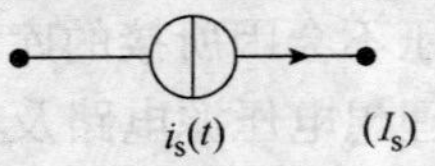

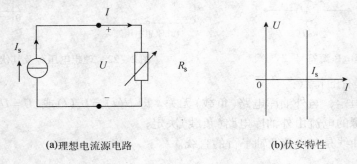

图 2-24　理想电流源符号

理想电流源电路及其伏安特性如图 2-25 所示，理想电压源具有的特点：

① 输出电流恒定，和外电路（负载）无关，即：$i(t) = i_s(t)$ 或 $(I = I_s)$

② 输出的电压由外电路（负载）决定，随负载变化；

③ 伏安特性曲线是与电流 U 轴平行的直线。

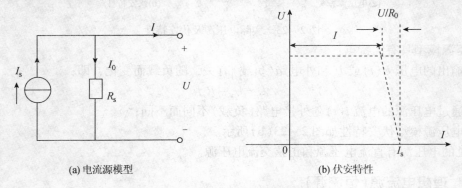

(a)理想电流源电路　　　　　　　(b)伏安特性

图 2-25　理想电流源电路及其伏安特性

2.10.4　实际电流源（电流源）

实际电流源与理想电流源也有差别，电源内部会产生一定的内耗，其电流值不为定值，在电路分析中，用理想电流源并联一个电阻构成实际电流源的电路模型，如图 2-26(a)所示。理想电流源具有的特点：

① 输出的电流 $i(t)$（或 I）和外电路（负载）有关，随负载而变化，即：

$$I = I_s - I_0 = I_s - \frac{U}{R_s}$$

② 输出的电流 $i(t)$ 随外接电路（负载）不同而不同；

③ 电流源模型伏安特性如图 2-26(b)所示，输出的电流随其端电压变化而变化。

(a) 电流源模型　　　　　　　　(b) 伏安特性

图 2-26　电流源模型及其伏安特性

2.10.5 电压源与电流源等效变换的原理

若一个二端电压源或电流源网络 N 的端口电压、电流关系和另一个二端电压源或电流源网络 N' 的端口电压、电流关系完全相同，从而对连接到其上同样的外部电路的作用效果相同，则说 N 与 N' 二者的外电路是等效的。如图 2–27 所示。

2.10.6 电压源与电流源等效变换的方法

对于一个实际电源我们不必知道它是电压源还是电流源，采用哪种都行，因为对外电路来说两种电源模型是可以等效互换的。在库电路的分析计算当中，需要电源模型的等效变换，而这种等效变换仅适合实际电源，理想电源不可以进行互换。

如图 2–28 所示的电压源模型，端钮间电压与电流的关系为：

$$u = u_s - iR_s \quad \text{或} \quad i = \frac{u_s}{R_s} - \frac{u}{R_s}$$

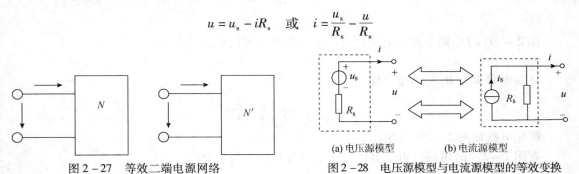

图 2–27　等效二端电源网络　　　　图 2–28　电压源模型与电流源模型的等效变换

电流源模型，端钮间电压与电流的关系为：$i = i_s - \dfrac{u}{R_s}$

若电压源模型与电流源模型等效，端钮间的电压 u 和电流 i 应相同。两关系式进行比较得等效条件为：

$$i_s = \frac{u_s}{R_s} \quad \text{或} \quad u_s = i_s R_s$$

$$R_s = R_s$$

这就是说：若已知 u_s 与 R_s 串联的电压源模型，要等效变换为 i_s 与 R_s 并联的电流源模型，则电流源的电流应为 $i_s = \dfrac{u_s}{R_s}$，并联的电阻仍为 R_s；反之若已知电流源模型，要等效为电压源模型，则电压源的电压应为 $u_s = i_s R_s$，串联的电阻仍为 R_s。

等效变换的注意要点：

① 等效变换前后保持电压、电流正方向一致；

② 等效是对外部而言，对电源内部不等效；

③ 理想电压源和理想电流源不可以进行等效变换。

2.10.7 电压源与电流源等效变换的计算

【例 2–9】求图 2–29（a）所示的电路中 R 支路的电流。已知：$U_{s1} = 10V$、$U_{s2} = 6V$、$R_1 = 1\Omega$、$R_2 = 3\Omega$、$R = 6\Omega$。

【解】先把每个电压源、电阻串联支路变换为电流源、电阻并联支路。变换电路如图 2–29（b）所示，其中：

$$I_{s1} = \frac{U_{s1}}{R_1} = \frac{10}{1} = 10(\text{A})$$

$$I_{s2} = \frac{U_{s2}}{R_2} = \frac{6}{3} = 2(\text{A})$$

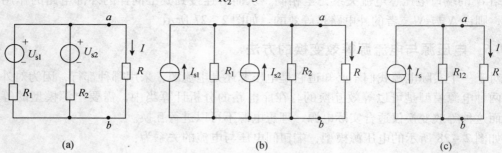

图 2 - 29　例 2 - 9 电路

图 2 - 29(b)中两个并联电流源可以用一个电流源代替，其中：

$$I_s = I_{s1} + I_{s2}$$

并联电阻 R_1、R_2 的等效电阻：

$$R_{12} = \frac{R_1 R_2}{R_1 + R_2} = \frac{1 \times 3}{1 + 3} = \frac{3}{4}(\Omega)$$

简化电路如图 2 - 29(c)所示。

对图 2 - 29(c)电路，可按分流关系求得 R 中的电流 I 为：

$$I = \frac{R_{12}}{R_{12} + R} \times I_s = \frac{\frac{3}{4}}{\frac{3}{4} + 6} \times 12 = \frac{4}{3} = 1.333(\text{A})$$

2.11　电源的效率和匹配

2.11.1　功率损耗

为了供给负载功率需要电源。电源中有内部电阻，有电流时电源内部也消耗功率。这部分功率不能有效利用，而成为功率损耗。因此，负载功率比电源供给的功率小。图 2 - 30 所示的内阻为 $r(\Omega)$ 的电源，当负载电流为 $I(\text{A})$ 时，功耗为 $I^2 r(\text{W})$。

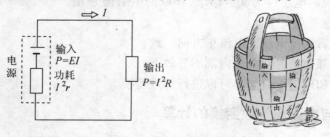

图 2 - 30　功耗和功率

2.11.2　效率

有效利用的能量(输出)与供给的能量之比称为效率。效率用百分比表示，即：

$$效率 = \frac{输出}{输入} \times 100\% = \frac{输入 - 功耗}{输入} \times 100\% = \frac{输出}{输出 + 功耗} \times 100\%$$

用数学表达式为：

$$\eta = \frac{P}{P_0} \times 100\% = \frac{P_0 - I^2 r}{P_0} \times 100\% = \frac{P}{P + I^2 r} \times 100\%$$

2.11.3 获得最大功率的负载

负载在什么条件下可从电源获得最大功率？最大功率又是多少？由图 2 – 30 可知：

$$P = I^2 R = \left(\frac{E}{R + r} \right)^2 R$$

当 $\dfrac{\mathrm{d}P}{\mathrm{d}R} = 0$ 时，P 有极值。如图 2 – 31 所示。

$$\frac{\mathrm{d}P}{\mathrm{d}R} = \frac{(r + R)^2 - 2(r + R)R}{(r + R)^4} E^2 = \frac{r - R}{(r + R)^3} E^2$$

当 $r = R$ 时，$\dfrac{\mathrm{d}P}{\mathrm{d}R} = 0$，$P$ 取得极值。

又因为 $\dfrac{\mathrm{d}^2 P}{\mathrm{d}P^2} \bigg|_{R = r} = -\dfrac{E^2}{8 r^3} < 0$

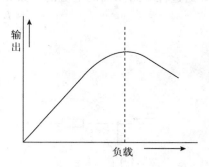

图 2 – 31　功率极值

所以，当 $R = r$ 时，P 有极大值：$P_{\max} = \dfrac{E^2}{4r}$

电源的传输效率：

$$\eta = \frac{负载吸收的功率}{电源供出的功率} = \frac{I^2 R}{I^2 (R + r)} = 0.5 = 50\%$$

2.12　基尔霍夫定律

基尔霍夫定律是集中参数电路的基本定律，是适合任何电路的一般定律，由第一定律和第二定律组成。电路中各支路的电压和电流除了元件特性具有的约束之外，还受到各支路电压或电流之间的约束，对各支路电流之间的约束由基尔霍夫第一定律确定，对各支路电压之间的约束由基尔霍夫第二定律确定，如图 2 – 32 所示。

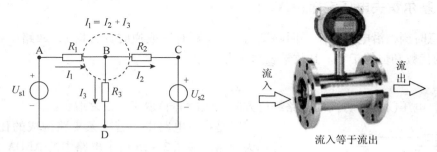

图 2 – 32　基尔霍夫第一定律

2.12.1 基尔霍夫电流定律(KCL)

对于电路中的任意一个节点，在任意时刻流入该节点的电流之和等于流出该节点的电流之和。其数学表达式为：$\sum I_{入} = \sum I_{出}$，式中所有电流均为正。

在电路中无分支的一段电路称为支路。支路中流过同一个电流，支路中的电流称为支路电流。如图 2 – 32 所示电路中的 I_1、I_2、I_3 均为支路电流。电路中 3 条或 3 条以上支路的汇集(联结)点称为节(结)点。如图 2 – 32 所示电路中的 B、D 称为节点。

节点有 $I_1 = I_2 + I_3$，$I_2 + I_3 = I_1$

也可将第一定律表述为：在任意时刻，通过任一节点的支路电流代数和恒等于零。

$$\sum i = 0$$

式中，流出节点的电流取正号，流入节点的电流取负号，反之亦可。

基尔霍夫第一定律通常用于节点，但是对于包围面(封闭面)也是适用的。在任意时刻，通过任一封闭面的电流的代数和也恒等于零。如图 2 – 33 所示为定律的推广应用。

$$I_1 + I_2 = I_3 + I_4 \text{ 或写成 } I_1 + I_2 - I_3 - I_4 = 0$$

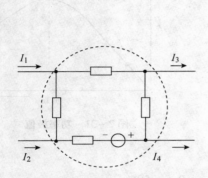

图 2 – 33　KCL 的推广应用

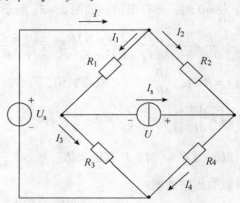

图 2 – 34　例 2 – 10 电路

【例 2 – 10】如图 2 – 34 所示的电路列出各节点的 KCL 电流方程。

【解】各节点的 KCL 电流方程为：

$$I = I_1 + I_2$$
$$I_s + I_2 = I_4$$
$$I_4 + I_3 = I$$
$$I_1 = I_3 + I_s$$

2.12.2　基尔霍夫电压定律(KVL)

在任意时刻，沿电路中任一回路绕行一周(顺时针或逆时针方向)，回路中各段(各元件)电压的代数和恒等于零。其数学表达式为：

$$\sum U = 0$$

式中，电压(位)降方向与回路绕行方向一致(相同)取正，反之取负。

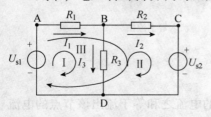

图 2 – 35　基尔霍夫第二定律

回路是指在电路中由若干条支路构成的任一闭合路径称为回路。如图 2 – 35 所示电路中的 ABDA 为回路 I、BCDB 为回路 II 和 ABCDA 为回路 III。

如果回路中不包围(跨接)其他支路，这样的回路称为网孔。如图 2 – 35 电路中的 ABDA 回路 I 和 BCDB 回路 II 就可称为网孔，而 ABCDA 回路 III 就不属网孔。

基尔霍夫第二定律也可表述为：从回路中任意一点出发，沿回路顺时针方向（或逆时针）循行一周，则在这个方向上元件的电位升之和等于电位降之和。

$$\sum U_升 = \sum U_降$$

式中所有电压均为正。对于电阻电路，回路中电阻上电压降的代数和等于回路中的电压源电压的代数和。

$$\sum IR = \sum U_s$$

式中，电流正方向与回路绕行方向一致时 IR 前取正号，相反时取负号；电压源电压方向与回路绕行方向一致时 U_s 前取负号，相反时取正号。

第二定律通常用于闭合回路，但也可以推广到有开口回路，即广义的回路。如图 2 - 36 所示，在开口处标电压 u，对于不闭合回路列出 KVL 方程，即：$u - u_s + R_s i = 0$。

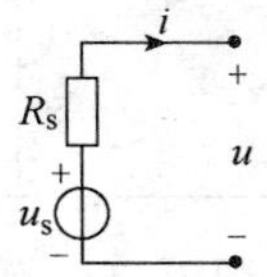

图 2 - 36 广义回路

2.12.3 电压的正和负

应用基尔霍夫第二定律时须注意的是电源电压和电压降有时为负。各电压的正（＋）和负（－）规定如下：

（1）电源电压（图 2 - 35 所示的回路Ⅲ）。顺电路绕行方向电压升高时为正（＋）；顺电路绕行方向电压下降时为负（－）。

（2）电压降（图 2 - 35 所示的回路Ⅲ）。电路绕行方向和设定的电流方向相同时为正（＋）；电路绕行方向和设定的电流方向相反时为负（－）。

2.12.4 基尔霍夫定律的应用步骤

（1）假设电流方向，写出基于第一定律的方程。若电路有 n 个节点，列 $n - 1$ 个方程；

（2）规定闭合回路的绕行方向，写出基于第二定律的方程。电路有几个回路，就列几个方程；

（3）将列出的方程联立求解。方程数和未知数须相同，否则缺少方程就解不出来。

2.12.5 应用基尔霍夫定律计算复杂电路

【例 2 - 11】试列出图 2 - 37 所示电路中所有方程。

【解】KCL 方程为：

$$节点 1：I_1 + I_3 = I_2$$

KVL 方程为：

$$回路 1：U_{s1} - U_{s3} = I_1 R_1 - I_3 R_3$$
$$回路 2：U_{s3} - U_{s2} = I_3 R_3 + I_2 R_2$$

【例 2 - 12】电路如图 2 - 38 所示，已知 $R_1 = R_2 = 2\Omega$、$R_3 = 10\Omega$、$R_4 = 3\Omega$，电压 $U_{s1} = 10V$、$U_{s2} = 8V$、$I_S = 6A$。试求开路电压 U_{ab}。

【解】

$$U_2 = \frac{U_{s1}}{R_1 + R_2} \times R_2 = \left(\frac{10}{2+2} \times 2\right) V = 5 (V)$$
$$U_3 = 0$$

33

$$U_4 = R_4 I_s = (3 \times 6) = 18(\text{V})$$

$$U_{ab} = U_2 - U_{s2} - U_4 = (5 - 8 - 18) = -21(\text{V})$$

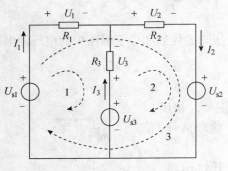

图 2-37　例 2-11 电路

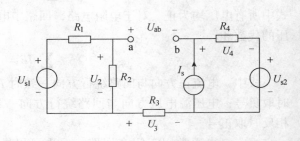

图 2-38　例 2-12 的电路

2.13　支路电流法

　　支路电流法是以各支路的电流为求解的未知量，应用 KCL 和 KVL，列出与支路电流数目相等的独立节点电流方程和回路电压方程，然后联立求解出各支路电流。这种方法称为支路电流法，如图 2-39 所示。

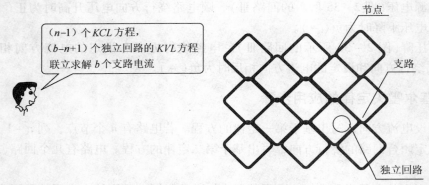

图 2-39　支路电流法示意

2.13.1　支路电流法求解电路的步骤

　　（1）确定电路的支路数 b。设各支路电流，并在图中标出各支路电流的正方向。

　　（2）确定电路的节点数 n。根据 KCL 列出 $(n-1)$ 个节点独立电流方程。

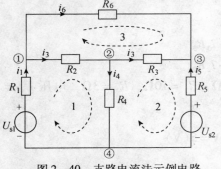

图 2-40　支路电流法示例电路

　　（3）选取 $(b-n+1)$ 个独立回路，并在图中标出绕行方向。根据 KVL 列出独立回路电压方程（对于平面电路，通常选取网孔列写 KVL 方程）。

　　（4）联立求解方程组。联立求解方解组得各支路电流。

　　（5）由解得的各支路电流求出其他待求量。如支路或元件上的电压、功率等。

　　见图 2-40 所示的电路，支路数 $b=6$ 条，节点数 $n=4$。待求的支路电流数有 6 个。

选取节点①、②、③列方程得：

$$-i_1 + i_2 + i_6 = 0$$
$$-i_2 + i_3 + i_4 = 0$$
$$-i_3 - i_5 - i_6 = 0$$

选取回路1、2、3列方程得：

$$i_1 R_1 + i_2 R_2 + i_4 R_4 = u_{s1}$$
$$i_3 R_3 - i_4 R_4 - i_5 R_5 = -u_{s2}$$
$$-i_2 R_2 - i_3 R_3 + i_6 R_6 = 0$$

联立求得各支路电流。还可根据电路的要求，求出其他待求量，如支路或元件上的电压、功率等。

2.13.2　支路电流法的计算

【例2－13】支路电流法求解如图2－41所示电路中各支路电流及各电阻上吸收的功率。

【解】(1) 各支路电流，该油库电路有三条支路、两个节点。

首先指定各支路电流的正方向，见图2－41所示。

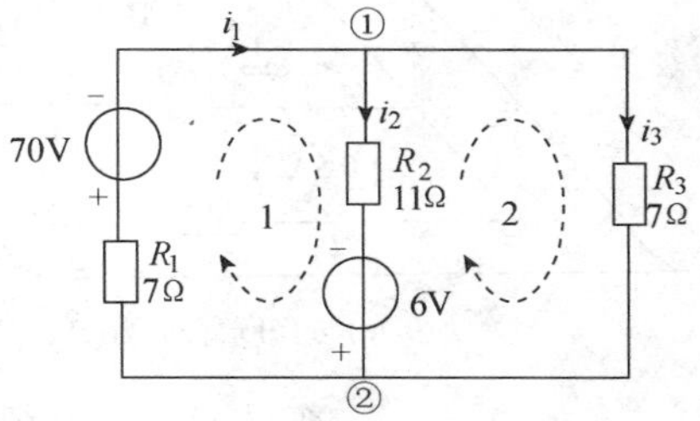

列节点电流方程：

节点①：　　　　　$-i_1 + i_2 + i_3 = 0$

选独立回路，指定绕行方向，列回路方程：

回路1：　　　$7i_1 + 11i_2 = 6 - 70 = -64$

回路2：　　　$11i_2 + 7i_1 = -6$

联立求解得：

$$i_1 = -6(\mathrm{A})、i_2 = -2(\mathrm{A})、i_3 = -4(\mathrm{A})$$

各支路电流的值为负，说明电流的实际方向与正方向相反。

(2) 各电阻上吸收的功率：

电阻 R_1 吸收的功率：$P_1 = (-6)^2 \times 7 = 252(\mathrm{W})$

电阻 R_2 吸收的功率：$P_2 = (-2)^2 \times 11 = 44(\mathrm{W})$

电阻 R_3 吸收的功率：$P_3 = (-4)^2 \times 7 = 112(\mathrm{W})$

图2－41　例2－13电路

2.14　叠加原理

叠加性是线性电路的基本性质，叠加原理是线性电路分析中普遍适用的一个基本定理，在电路理论上占有重要的地位。

2.14.1　叠加原理的说明

在线性电路中，当有两个或两个以上的独立电源作用时，在任意支路的电流(或电压)，等于每一个独立源单独作用在该电路时，在该支路中产生的电流(或电压)的代数之和。线性电路的这一性质称之为叠加原理，如图2－42所示。

若某一独立源单独作用时，其余独立电源均置为零(电压源 $u_\mathrm{s} = 0 \rightarrow$ 短路，电流源 $i_\mathrm{s} = 0 \rightarrow$

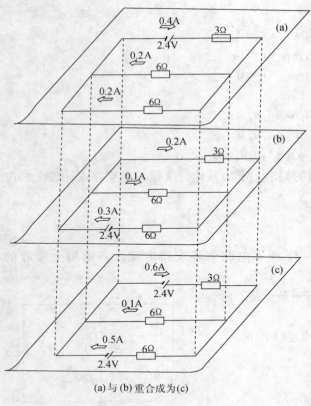

图 2-42 叠加原理

(a)与(b)重合成为(c)

开路）。

用支路电流法求图 2-43 所示电路中的电流 I 为：

$$I = \frac{U_s - R_2 I_s}{R_1 + R_2} = \frac{U_s}{R_1 + R_2} - \frac{R_2}{R_1 + R_2} I_s$$
$$= I' + I''$$

分析上式，支路电流 I 由两个分量组成，I' 仅与电压源 U_s 有关；另一个 I'' 仅与电流源 I_s 有关。其中 $I' = \dfrac{U_s}{R_1 + R_2}$ 是电压源单独作用下产生的电流，这是一个电压源与两个电阻串联组成的电路。I' 是电流源作用下串联电阻 R_1 中产生的电流。电流源不起作用，$I_s = 0$ 相当于开路。对应的电路如图 2-43（b）所示。

$I'' = \dfrac{-R_2}{R_1 + R_2} I_s$ 是电流源单独作用时的电流。这是一个电流源、两个并联电阻组成的电路。I'' 是电流源作用下并联电阻 R_1 所在支路中产生的电流。电压源不起作用，即 $U_s = 0$，相当于短路，对应的电路如图 2-43（c）所示。

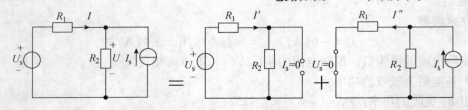

图 2-43 叠加原理说明

2.14.2 叠加原理应用的注意事项

（1）适用性。只适用于线性电路中求电压、电流，不适用于求功率；

（2）独立性。某个独立电源单独作用时，其余独立电源全为零值，电压源用"短路"替代，电流源用"断路"替代；

（3）方向性。"代数和"指各分电路中的电压或电流的正方向与原电路中的电压或电流的正方向相同时取正，相反时取负。

2.14.3 叠加定理求解电路的步骤

（1）以电源为基本单位进行分解。将含有多个电源的油库电路，分解成若干个仅含有单个电源的分电路。并给出每个分电路的电流或电压的正方向。在考虑某一电源作用时，其余的理想电源应置为零，即理想电压源短路，理想电流源开路。

（2）以独立电源为分电路进行计算。对每一个分电路进行计算，求出各相应支路的分电流、分电压。

（3）对分电路进行叠加。将求出的分电路中的电压、电流进行叠加，求出原电路中的支路电流、电压。

【例2-14】如图2-43所示电路，$U_s = 12V$、$I_s = 8A$、$R_1 = 3\Omega$、$R_2 = 5\Omega$。用叠加原理求电流I和电压U。

【解】（1）电压源单独作用：

$$I' = \frac{U_s}{R_1 + R_2} = \frac{12}{3+5} = 1.5(A) \qquad U' = \frac{R_2}{R_1 + R_2}U_s = \frac{5}{3+5} \times 12 = 7.5(V)$$

（2）电流源单独作用时：

$$I'' = \frac{R_2}{R_1 + R_2}I_s = \frac{5}{3+5} \times 8 = 5(A) \qquad U'' = (R_1 /\!/ R_2)I_s = \frac{3 \times 5}{3+5} \times 8 = 15(V)$$

（3）叠加：

$$I = I' - I'' = 1.5 - 5 = -3.5(A) \qquad U = U' + U'' = 7.5 + 15 = 22.5(V)$$

2.15　戴维南定理

在电路分析计算中，有时只需计算电路中某一条支路的电流，如果用支路电流法求解时较为不便。为了简化计算，常用等效电源的方法进行计算。戴维南定理就是将含有电源的二端网络进行等效，通过等效后的电路求解某一条支路的电流，见图2-44所示。

对任何一个线性有源二端网络电路，对外电路总可以用一个理想电压源和内阻串联组合的电压源模型来等效代替。

图2-44　用戴维南定理等效

所谓二端网络是指任意一个具有两个引出端钮的部分网络（电路）。

二端网络分为有源和无源两种类型，二端网络内部含有电源的叫做有源二端网络，如图2-45（a）。二端网络内部不含有电源的叫做无源二端网络，如图2-45（b）。

2.15.1　戴维南定理表述

任何一个线性有源二端网络N，如图2-46（a）所示，对外电路来说，总可以用一个理想电压源U_{oc}和电阻R_0串联组合的电压源模型来等效代替，如图2-46（b）所示。该电压源的电压U_{oc}等于含源线性二端网络N端钮a、b间的开路电压，见图2-46（c），电阻R_0等于该含源线性二端网络N中所有理想电源（独立源）令为零时，即得无源二端网络N_0，由网络N_0两端钮处a、b看进去的电阻，见图2-46（d），此即戴维南定理。

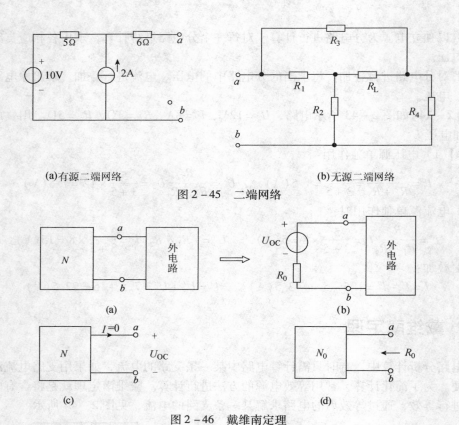

(a)有源二端网络   (b)无源二端网络

图 2-45   二端网络

图 2-46   戴维南定理

2.15.2   戴维南定理应用说明

（1）用戴维南等效电路替代二端网络 N，只是对外电路等效。

（2）电压源 U_{OC} 大小、方向由二端网络 N 的开路电压所决定。

① 网络 N 的开路电压 U_{OC} 的计算可根据网络 N 的实际情况，适当地选用所学的电阻性网络分析的方法及电源等效变换，叠加原理等进行。

② 电压源 U_{OC} 方向的确定：等效前后端钮 a、b 间电压、电流方向应保持一致。

（3）无源二端网络 N_0 是令有源二端网络 N 中的全部独立电源为零（电压源 $U_S = 0 \rightarrow$ 短路，电流源 $I_S = 0 \rightarrow$ 开路）而得到的网络。

（4）等效电阻 R_0 计算方法。

① 用串并联和其他等效变换方法求出其无源二端网络等效电阻；

② 开路/短路法：先分别求出有源二端网络的开路电压 U_{OC} 和短路电流 I_{SC}，如图 2-47

所示，再根据戴维南等效电路求出入端电阻 $R_0 = \dfrac{U_{OC}}{I_{SC}}$。

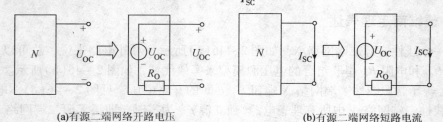

(a)有源二端网络开路电压   (b)有源二端网络短路电流

图 2-47   有源二端网络

2.15.3 用戴维南定理分析计算电路

（1）将"外电路"从待求解电路中移去，形成二端网络 N。根据二端网络 N 的电路图，分析计算戴维南开路电压。

在电路分析中，一般"外电路"指的是含有待求量的支路（或元件、或部分电路）。

（2）令二端网络 N 中所有的独立电源为零，得到无源二端网络 N_0，并画出其电路图。计算无源二端网络 N_0 的戴维南等效电阻。

（3）画出二端网络 N 的戴维南等效电路。并与移去的外接电路联接，分析计算待求量。

【例2-15】如图2-48所示用戴维南定理求图示电路的电流 I。

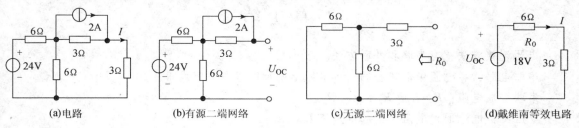

(a)电路　　　　(b)有源二端网络　　　　(c)无源二端网络　　　　(d)戴维南等效电路

图2-48　例2-15电路

【解】（1）断开待求支路，得有源二端网络如图2-48(b)所示。由图可求得开路电压为：

$$U_{OC} = 2 \times 3 + \frac{6}{6+6} \times 24 = 6 + 12 = 18(\text{V})$$

（2）将图2-48(b)中的电压源短路，电流源开路，得除源后的无源二端网络如图2-48(c)所示，由图可求得等效电阻 R_0 为：

$$R_0 = 3 + \frac{6 \times 6}{6+6} = 3 + 3 = 6(\Omega)$$

（3）根据 U_{OC} 和 R_0 画出戴维南等效电路并接上待求支路，得图2-48(d)所示等效电路，由图可求得 I 为：

$$I = \frac{18}{6+3} = 2(\text{A})$$

【例2-16】如图2-49所示电路 $R_1 = 3\Omega$、$R_2 = 6\Omega$、$R_3 = 5\Omega$、$U_{S1} = 6\text{V}$、$U_{S2} = 30\text{V}$，用戴维南定理求图示电路的电流 I。

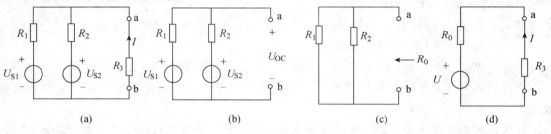

(a)　　　　　　(b)　　　　　　(c)　　　　　　(d)

图2-49　例2-16电路

【解】（1）求开路电压 U_{OC}，如图 2－49（b）。

$$U_{OC} = \frac{U_{S1} - U_{S2}}{R_1 + R_2} \times R_2 + U_{S2} = 14(\text{V})$$

（2）求等效电阻 R_0，如图 2－49（c）。

$$R_0 = \frac{R_1 R_2}{R_1 + R_2} = \left(\frac{3 \times 6}{3 + 6}\right)\Omega = 2(\Omega)$$

（3）用戴维南等效电路计算待求量 I，如图 2－49（d）。

$$I = \frac{-U_{OC}}{R_0 + R_3} = \left(-\frac{14}{2 + 5}\right)A = -2(A)$$

本 章 小 结

电阻连接方法：有串联和并联方法。

串联电路：各电阻中电流相同，各电阻上所加电压与电阻成正比。

串联合成电阻：$R = R_1 + R_2 + \cdots + R_n$。

电压降：电流通过电阻时引起电压降 $U = IR$。

并联电阻：各电阻上施加的电压相同，各电阻中电流之比是电阻的反比。

并联合成电阻：$R = \dfrac{1}{\dfrac{1}{R_1} + \dfrac{1}{R_2} + \cdots + \dfrac{1}{R_n}}$

电流表量程扩大：接上和电流表并联的分流器倍率 $m = 1 + \dfrac{r_a}{R}$

电压表量程扩大：倍率 $m = 1 + \dfrac{R_V}{r_V}$

电流的热效应：电能变成热能。

焦耳定律：$Q = I^2 Rt(\text{J})$。

电功率：$P = UI = I^2 R = \dfrac{U^2}{R}(\text{W})$。

电阻器容许电流：$I = \sqrt{\dfrac{P}{R}}(\text{A})$。

电能（用电量）：$W = Pt(\text{W} \cdot \text{s})$

单位：热量　焦耳（J）　千焦耳（kJ）；

　　　功率　瓦（W）　千瓦（kW）；

　　　电能　瓦·秒（W·s）　瓦·时（W·h）　千瓦·时（kW·h）。

额定值：保证电气设备长期安全工作，规定了额定电压、额定电流、额定功率等铭牌数据。

电压源和电流源：在电路中能独立提供能量的元件。无源二端线性网络可以等效为一个电阻，有源二端线性网络可以等效为一个电压源与电阻串联的电路或一个电流源与电阻并联的电路，且后两者之间可以互相等效变换。

40

等效是电路分析与研究中很重要而又很实用的概念，等效是指对外电路伏安关系的等效。

实际电流源：$I = I_S - I_0 = I_S - \dfrac{U}{R_S}$。

实际电压源：$U = U_S - R_S I$。

效率：$\eta = \dfrac{P}{P_0} \times 100\%$。

匹配：电源内阻和负载电阻相等时，获得最大功率。

基尔霍夫定律：

第一电流定律：在电路中的任意节点，流入电流的总和等于流出电流的总和。

$$I_1 + I_2 + \cdots + I_n = I_{n+1} + I_{n+2} + \cdots + I_m$$

第二电压定律：在任意闭合回路内，电源电压的总和等于电压降的总和。

$$E_1 + E_2 + \cdots + E_n = I_1 R_1 + I_2 R_2 + \cdots + I_n R_n$$

支路电流法：以各支路的电流为求解的未知量，应用 KCL 和 KVL，列出与支路电流数目相等的独立节点电流方程和回路电压方程，然后联立求解出各支路电流。

叠加原理：适用于线性电路，当有两个或两个以上的独立电源作用时，在任意支路的电流(或电压)，等于每一个独立源单独作用在该电路时，在该支路中产生的电流(或电压)的代数之和。

戴维南定理：任何一个线性有源二端网络电路，对外电路来说，总可以用一个理想电压源 U_{OC} 和电阻 R_0 串联组合的电压源模型来等效代替。该电压源的电压 U_{OC} 等于含源线性二端网络 N 端钮 a、b 间的开路电压，电阻 R_0 等于该含源线性二端网络 N 中所有理想电源(独立源)令为零时，即得无源二端网络 N_0，由网络 N_0 两端钮处 a、b 看进去的电阻。

习　题

1. 如图 2-50 所示，应用欧姆定律对电路列出式子，并求电阻 R。

2. 根据图 2-51 所示正方向和数值确定各元件的电流和电压的实际方向，计算各元件的功率并说明元件是吸收功率还是发出功率。

3. 如图 2-52 所示的直流电路，$U_1 = 4\text{V}$、$U_2 = -8\text{V}$、$U_3 = 6\text{V}$、$I = 4\text{A}$，求各元件接受或发出的功率 P_1、P_2 和 P_3，并求整个电路的功率 P。

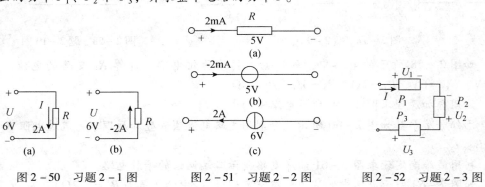

图 2-50　习题 2-1 图　　　图 2-51　习题 2-2 图　　　图 2-52　习题 2-3 图

4. 有220V、100W灯泡一个，其灯丝电阻是多少？每天用5h，一个月(按30天计算)消耗的电能是多少度？

5. 如图2-53所示电路中，已知$I_1 = 0.01\mu A$、$I_2 = 0.3\mu A$、$I_5 = 9.61\mu A$，求电流I_3、I_4和I_6。

6. 如图2-54所示电路中，已知$I_1 = 0.3A$、$I_2 = 0.5A$、$I_3 = 1A$，求电流I_4。

7. 如图2-55所示电路中，计算a、b、c各点的点位。

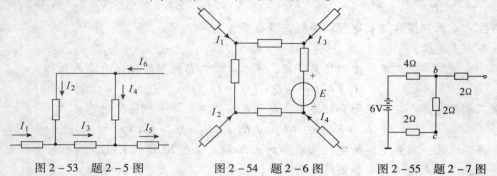

图2-53 题2-5图   图2-54 题2-6图   图2-55 题2-7图

8. 将如图2-56所示各电路变换成电压源等效电路。

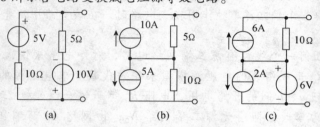

(a)   (b)   (c)

图2-56 题2-8图

9. 将如图2-57所示各电路变换成电流源等效电路。

10. 如图2-58所示各电路$U_{S1} = 130V$、$U_{S2} = 117V$、$R_1 = 1\Omega$、$R_2 = 0.6\Omega$、$R_3 = 24\Omega$，求各支路电流。

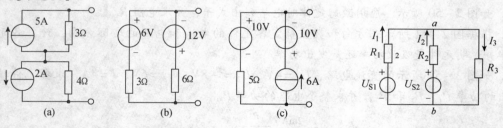

(a)   (b)   (c)

图2-57 题2-9图   图2-58 题2-10图

11. 如图2-58所示的电路中，利用电源转换简化电路，计算R_3支路的电流。已知$U_{S1} = 10V$、$U_{S2} = 6V$、$R_1 = 1\Omega$、$R_2 = 3\Omega$、$R_3 = 6\Omega$。

12. 试用叠加原理求图2-59所示电路中的电流I。

13. 已知电路参数如图2-60所示。分别用支路电流法和叠加原理求：流过电阻R_1、R_2的电流I_1、I_2。

14. 利用戴维南定理求图2-61油库电路所示二端网络的等效电路。

15. 如图2-62所示电路中，试用戴维宁定理求R_x中的电流$I(R_x = 5.2\Omega)$。

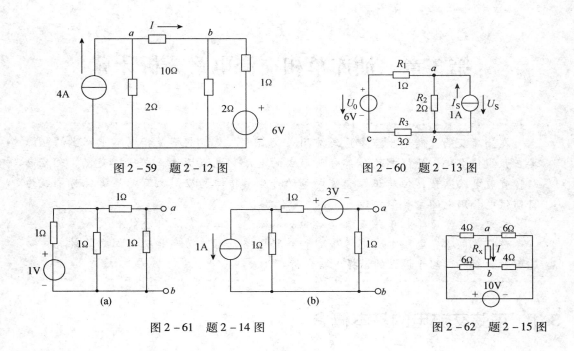

图 2-59　题 2-12 图

图 2-60　题 2-13 图

(a)

(b)

图 2-61　题 2-14 图

图 2-62　题 2-15 图

第3章　油库单相交流电路分析计算

在油库及油气储运生产中广泛应用着交流电。交流电路是指电路中产生的电源按正弦规律变化，使得电路各部分所形成的电压和电流均按正弦规律变化。交流电路较直流电路复杂，但其正弦交流电量的产生、传输和应用上有着显著优势，成为目前供电和用电的主要形式。

本章主要学习单相正弦交流电路的基本概念、正弦交流电量的相量表示法、单一参数交流电路、电阻电感电容串联和并联电路、有功功率和功率因数的计算，功率因数的提高、用于调谐的谐振电路分析。

3.1　正弦交流电的基本概念

3.1.1　正弦交流电的产生

（1）交流发电机的构造。交流电通常由交流发电机产生。交流发电机包括两大部分：一个可以自由转动的电枢(转子)和一对固定(定子)的磁极 N、S。电枢(转子)上绕有线圈，线圈两端分别与两个铜质滑环相连，滑环通过电刷与外电路相连，如图 3-1(a)所示。

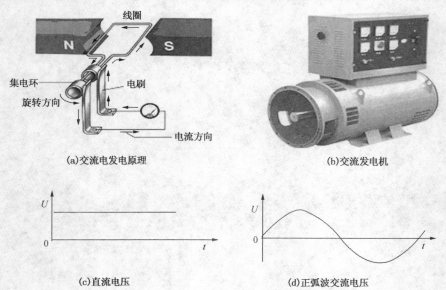

(a)交流电发电原理　　　　　(b)交流发电机

(c)直流电压　　　　　(d)正弧波交流电压

图 3-1　正弦交流电

（2）建立按正弦规律分布的磁场。为了获得正弦交变电动势，适当设计定子磁极形状，使得通过空气隙到转子表面处的磁感应强度 B 在 O—O′平面(即磁极的分界面，称中性面)

处为零，在磁极中心处最大$(B = B_m)$，沿着铁心的表面按正弦规律分布，如图3-2所示。若用α表示气隙中某点和轴线构成的平面与中性面的夹角，则该点的磁感应强度为：$B = B_m\sin\alpha$。

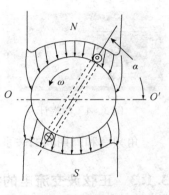

（3）电磁感应产生正弦规律变化的电动势。当电枢（转子）逆时针方向以角速度ω旋转时，线圈绕组切割磁力线，产生感应电动势，其大小：

$$e = Blv = B_mlv\sin\alpha$$

式中　e——绕组中的感应电动势，V；

　　　B——磁感应强度，T（特斯拉，$1T = 1Wb/m^2$）；

　　　l——绕组的有效长度，m；

图3-2　正弦规律分布磁场

　　　v——绕组切割磁力线的速度，m/s。

假定绕组所在位置与中性面的夹角为零，计时开始时，如图3-1（a）所示。当电枢（转子）逆时针以角速度ω旋转时，旋转经t秒后，它们之间的夹角为$\alpha = \omega t$，对应绕组切割磁场产生的感应电动势为：$e = B_mlv\sin\omega t$。

一般情况，绕组所在位置与中性面的夹角不为零。

假定绕组所在位置与中性面的夹角为ψ，计时开始时，以角速度ω旋转经t秒后，它们之间的夹角为$\alpha = \omega t + \psi$，对应绕组切割磁场产生的感应电动势为：

$$e = B_mlv\sin(\omega t + \psi) = E_m\sin(\omega t + \psi)$$

式中，$E_m = B_mlv$，称作感应电动势的最大值。

3.1.2　正弦波交流电的瞬时值

电动势的大小和方向都随时间按正弦规律作周期性变化，电压和电流也随之按正弦规律作周期性变化，这种电压和电流统称为正弦交流电（简称交流电）。

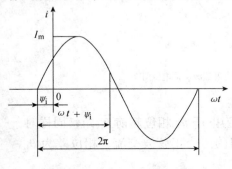

图3-3　正弦电流的波形图

以正弦电流为例，其数学解析式：

$$i(t) = I_m\sin(\omega t + \psi_i)$$

或

$$u(t) = U_m\sin(\omega t + \psi_u)$$

波形如图3-3所示。

其中，U_m为瞬时值中的最大值，也叫峰值。生活和办公用电源为$U_m = 141.4$（V），I_m为电流瞬时值中的最大值。

图3-3所示的电流正弦量完整变化一周所需要的时间，称为正弦交流电的周期，用T表示，单位为（s）。周期单位中也常使用（ms）和（μs）。

$$1ms = 10^{-3}s \qquad 1\mu s = 10^{-3}ms = 10^{-6}s$$

f为频率，在1s内变化的周数，单位是赫兹（Hz）。我国工业和民用交流电源电压的频率通常为50Hz，通称为工频电压。图3-4所示是测量频率的频率计，在频率单位中，常使用kHz或MHz。

$$1kHz = 10^3Hz$$

$$1MHz = 10^3kHz = 10^6Hz$$

人能听到的声音为20Hz～20kHz。周期T与频率f之间存在下面的关系式：

$$f = \frac{1}{T}(\text{Hz})$$

图 3 - 4 频率计

在单位时间(T)内，交流电变化一周的角度为360°，用弧度表示则为$2\pi(\text{rad})$。1s 旋转 f 周时用弧度表示为$2\pi f(\text{rad})$，这称为角速度或角频率，符号为ω，单位为弧度每秒(rad/s)，$\omega = 2\pi f$。使用ω时，正弦波交流电压变成 $u = U_m \sin 2\pi f t = U_m \sin \omega t (\text{V})$。

角频率和周期间的关系也可表示为：$\omega = \dfrac{\alpha}{t} = \dfrac{2\pi}{T} = 2\pi f$

3.1.3 正弦波交流电的相位和相位差

$(\omega t + \theta)$表示正弦量随时间变化的弧度或角度，称为相位。它反映正弦量随时间变化的进程，对于每一给定的时刻，都有相应的相位。导体中感应的电压如图 3 - 5 所示，处于某角度 θ_1 或 θ_2 时两种情况的电压瞬时值为：

$$u_1 = U_m \sin(\omega t + \theta_1)$$
$$u_2 = U_m \sin(\omega t - \theta_2)$$

ωt 表示 $t = 0$ 时的相位，称为初相角(或初相位)，式中 θ_1、θ_2 称为相位角。

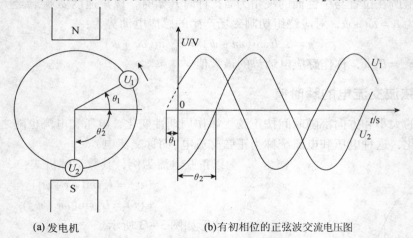

(a) 发电机　　　　　　　(b) 有初相位的正弦波交流电压图

图 3 - 5　相位和相位差

电压 u_1 在 $t = 0$ 时已经超前了，对于这种情况，称为电压 u_1 相位超前 θ_1 角；同样对于电压 u_1 称为相位滞后 θ_2 角。另外，对于上面频率相同的两个正弦波交流，相位差为 $\theta_1 - (-\theta_2) = \theta_1 + \theta_2$ 角。用图 3 - 6 表示相位差的情况。

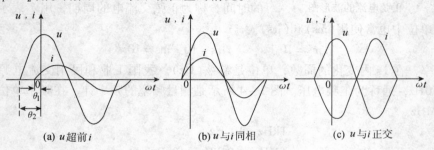

(a) u 超前 i　　　　　(b) u 与 i 同相　　　　　(c) u 与 i 正交

图 3 - 6　相位差情况

46

3.2 交流电流的有效值与平均值

3.2.1 正弦波交流的有效值

交流电的大小是时刻变化的，我们常说的交流电压，如 220V、380V 等并不是瞬时值，在电气应用中，并不需要知道交流电的瞬时值，而是需要一个稳定的、并能表征其大小的特定值，即有效值。

无论交流电流还是直流电流，当通过电阻时都要消耗电能，产生热效应。设某一正弦交流电流 $i(t)$ 和一直流电流 I 分别通过同一电阻 R，在相同时间内所做功（产生的热量）相等时，则称此直流电流 I 的数值是该交流电流 i 的有效值，如图 3–7、图 3–8 所示。

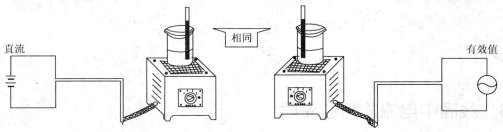

图 3–7　与直流电压有相同作用的交流电压有效值

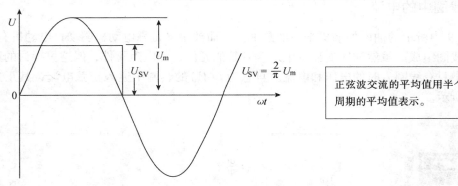

> 正弦波交流的平均值用半个周期的平均值表示。

图 3–8　正弦波交流的平均值

用数学表达式描述，在一个周期 T 内，则有：$\int_0^T i^2 R \mathrm{d}t = I^2 R T$

则周期电流的有效值为：$I = \sqrt{\dfrac{1}{T} \int_0^T i^2 \mathrm{d}t}$

设正弦电流：$i = I_\mathrm{m} \sin(\omega t + \theta_i)$，则：

$$I = \sqrt{\frac{1}{T} \int_0^T I^2 \sin^2(\omega t + \theta_i) \mathrm{d}t} = \sqrt{\frac{I_\mathrm{m}^2}{2T} \int_0^T [1 - \cos 2(\omega t + \theta_i)] \mathrm{d}t}$$

$$= \sqrt{\frac{I_\mathrm{m}^2}{2T} t \Big|_0^T} = \sqrt{\frac{I_\mathrm{m}^2}{2}} = \frac{I_\mathrm{m}}{\sqrt{2}} = 0.707 I_\mathrm{m}$$

同理：
$$U = \frac{U_\mathrm{m}}{\sqrt{2}} = 0.707 U_\mathrm{m}$$

47

电源电压(电动势)：
$$E = \frac{E_m}{\sqrt{2}} = 0.707 E_m$$

在电气应用中所说的交流电压或电流的大小，均指有效值。如交流测量仪表所指示的读数、交流电气设备铭牌上的额定值都是指有效值。如单相正弦电源的电压 $U = 220(\text{V})$，就是正弦电压的有效值，它的最大值 $311(\text{V})$。

3.2.2　正弦波交流的平均值

交流的另一个要分析的量是对电压和电流取平均值，称为平均值。对于正弦波交流的情况，因取一周期平均时平均值为零，所以取半个周期的平均作为正弦波交流的平均值。具体计算时，设 $i(t)$、$u(t)$ 分别表示随时间变化的交流电流和交流电压，则它们的平均值分别为：

$$I_{av} = \frac{2}{T}\int_0^{\frac{T}{2}} I_m \sin\omega t\, dt = \frac{2I_m}{T\omega}(-\cos\omega t)\Big|_0^{\frac{T}{2}} = \frac{2I_m}{\pi} \approx 0.637 I_m$$

$$U_{av} = \frac{2}{T}\int_0^{\frac{T}{2}} U_m \sin\omega t\, dt = \frac{2U_m}{T\omega}(-\cos\omega t)\Big|_0^{\frac{T}{2}} = \frac{2U_m}{\pi} \approx 0.637 U_m$$

3.3　线圈中电流的相位滞后

3.3.1　线圈中的电流

图 3-9 中所示的油库加油机是靠油泵抽油，而油泵又是靠电动机驱动，电动机有绕组，绕组又由线圈组成。虽然油库加油机中还含有其他元件，如电阻元件，但这里探讨的正弦波交流电路中只有线圈 L 时的电压和电流。自感为 $L(\text{H})$ 的线圈中通入正弦电流，其正方向如图 3-10 所示。

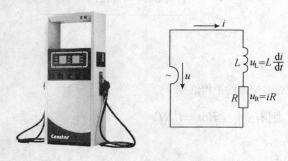

图 3-9　加油机油泵及电路

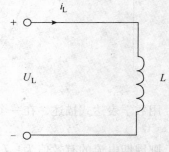

图 3-10　电感元件

当电压和电流正方向关联时，线圈两端电压根据法拉第定律为：

$$u_L = L\frac{di_L}{dt} = L\frac{dI_{Lm}\sin(\omega t + \theta_i)}{dt} = I_{Lm}\omega L\cos(\omega t + \theta_i)$$

$$= U_{Lm}\sin\left(\omega t + \theta_i + \frac{\pi}{2}\right) = U_{Lm}\sin(\omega t + \varphi_u)$$

最大值为：$U_{Lm} = \omega L I_{Lm}$

相位关系：$\varphi_u = \theta_i + \dfrac{\pi}{2}$，其波形如图 3-11 所示。

这就是说，线圈两端的电压大小 U_L 等于电流 I_L 乘以 ωL，而相位超前电流 $90°[\pi/2(\text{rad})]$。

如果以电压 $u_L = U_{Lm}\sin\omega t$ 为基准，那么电流 i_L 为：

$$i_L = \frac{U_{Lm}}{\omega L}\sin\left(\omega t - \frac{\pi}{2}\right) = \sqrt{2}\frac{U_L}{\omega L}\sin(\omega t - 90°)$$

$$= \sqrt{2}I_L\sin(\omega t - 90°)\ (\text{A})$$

即线圈中电流大小等于电压的大小被 ωL 除后的值，而电流相位滞后电压 $90°$。

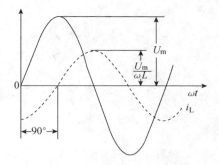

图 3-11　线圈中电流相位滞后电压

3.3.2　感抗(感性电抗)

线圈元件两端的电压与电流有效值(或最大值)之比：

$$\frac{U_L}{I_L} = X_L = \omega L = 2\pi f L$$

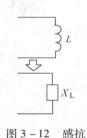

图 3-12　感抗

X_L 称为感抗，它用来表示电感元件对电流阻碍作用的一个物理量。如图 3-12 所示。当 f 的单位为 Hz，L 的单位为 H，X_L 的单位为 Ω。

电压与电流有效值之间的关系不仅与 L 有关，还与频率 f 有关。当 L 值不变，U_L 一定时，f 越高则电流 I_L 越小；f 越低则电流 I_L 越大。当 $f = 0$，$X_L = 0$，即直流时，电感相当于短路，这就是感抗的属性。

3.4　电容器中的电流和容抗

3.4.1　电容器中的电流

电容器在通讯设备中用得最多，如图 3-13 所示各种电容器种类。电容器是由两块相互平行且靠得很近的金属板，中间用介质材料隔开所构成，如图 3-14 所示。电容器在外电源的作用下，两块极板上分别存储等量的异性电荷，由此在两极板间形成电场。电容器通过积聚电荷来存储电场能量，电容器两端电压 u 越高，则聚集的电荷 q 越多，产生的电场就越强，存储的电场能就越多。当电容器极板上所带的电量 q 增加或减少时，两极板间的电压 U 也随之增加或减少，但 q 与 u 的比值是一个恒量，不同的电容器，q/u 的值不同。电容器所带电量与两极板间电压之比，称为电容器的电容量(电容)，电容器两端电压 u 和电荷 q 之间存在如下关系：

$$C = \frac{q}{u} \quad 或 \quad q = Cu$$

给电容器 C 通入正弦交流电，其正方向如图 3-15 所示。外接正弦交流电压为：

$$u_c = U_{cm}\sin(\omega t + \theta_u)$$

当电压和电流正方向关联时，$i = C\dfrac{\mathrm{d}u}{\mathrm{d}t}$

49

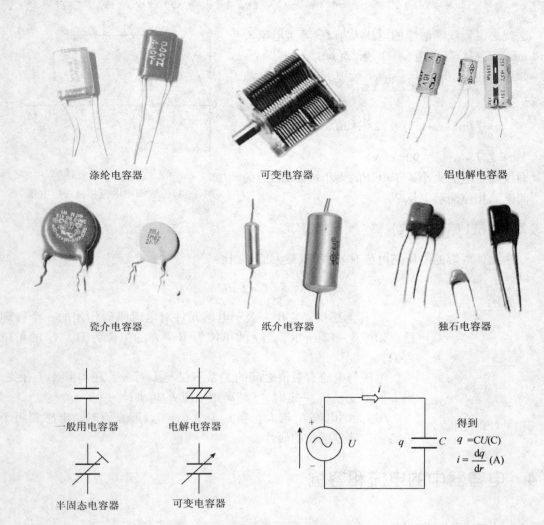

涤纶电容器　　　　　可变电容器　　　　　铝电解电容器

瓷介电容器　　　　　纸介电容器　　　　　独石电容器

一般用电容器　　　　电解电容器

半固态电容器　　　　可变电容器

得到

$q = CU(\text{C})$

$i = \dfrac{\mathrm{d}q}{\mathrm{d}t}\ (\text{A})$

图 3 – 13　电容器的图形符号和电压电流

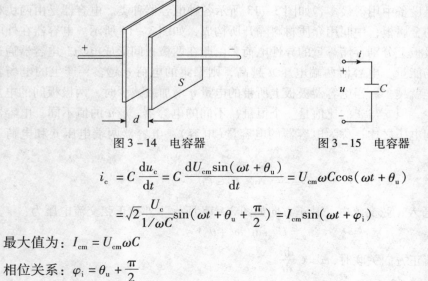

图 3 – 14　电容器　　　　　图 3 – 15　电容器

$$i_{\mathrm{c}} = C\frac{\mathrm{d}u_{\mathrm{c}}}{\mathrm{d}t} = C\frac{\mathrm{d}U_{\mathrm{cm}}\sin(\omega t + \theta_{\mathrm{u}})}{\mathrm{d}t} = U_{\mathrm{cm}}\omega C\cos(\omega t + \theta_{\mathrm{u}})$$

$$= \sqrt{2}\,\frac{U_{\mathrm{c}}}{1/\omega C}\sin\left(\omega t + \theta_{\mathrm{u}} + \frac{\pi}{2}\right) = I_{\mathrm{cm}}\sin(\omega t + \varphi_{\mathrm{i}})$$

最大值为：$I_{\mathrm{cm}} = U_{\mathrm{cm}}\omega C$

相位关系：$\varphi_{\mathrm{i}} = \theta_{\mathrm{u}} + \dfrac{\pi}{2}$

就是说电容器中电流的大小取决于该时刻电容电压的变化率，数值等于电压被 $\dfrac{1}{\omega C}$ 除，而相位超前电压 90°或电压相位滞后电流 90°，见图 3 - 16 所示。

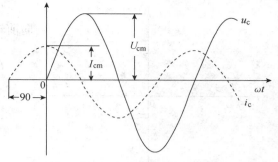

图 3 - 16　电容器中电流超前 90°

3.4.2　容抗(容性电抗)

电容器电路电压和电流之比用 X_C 表示，即：

$$X_C = \frac{U_C}{I_C} = \frac{U_C}{\omega C U_C} = \frac{1}{\omega C} = \frac{1}{2\pi f C}(\Omega)$$

X_C 称为容抗，它用来表示电容元件对电流阻碍作用的一个物理量。它与电容和频率成反比。在国际单位制中，当 f 的单位为 Hz，C 的单位为 F 时，则容抗 X_C 的单位为欧姆(Ω)。

当电压一定时，电容 C 不变，频率 f 越高时，容抗 X_C 越小，则 I_C 越大；f 越低时，容抗 X_C 越大，则电流 I_C 越小。当 $f = 0$(相当于直流激励)时，$X_C \to$ 无穷大，$I_C = 0$，电容相当于开路。由此，可以知道电容器容易通过频率高的交流，而线圈容易通过频率低的交流。电容具有高频短路，直流开路，电容具有通交隔直作用，这就是容抗的属性。

3.5　正弦波交流电的相量法

3.5.1　矢量对正弦量的相量处理

正弦量除了可用三角函数式和波形图表示外，还可用相量处理。因为力和速度这样的具有大小和方向的物理量可称为矢量，而正弦波交流电除具有大小和相位，还具有频率的时间量，故用类似矢量的相量来处理，使计算变得容易。

设 A 是一个复数，设 a 和 b 分别为它的实部和虚部，则有：$A = a + jb$。

式中，$j = \sqrt{-1}$ 是虚单位。

$$j^2 = -1 \qquad \frac{1}{j} = \frac{j}{j \times j} = \frac{j}{-1} = -j$$

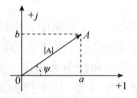

图 3 - 17　复数的几何表示

复数可在复平面直角坐标系表示，以横轴为实轴，纵轴为虚轴。复数 A 用复平面上原点指向点(a, b)的矢量来表示，如图 3 - 17 所示。该矢量的长度称复数 A 的模，记作$|A|$。

$$|A| = \sqrt{a^2 + b^2}$$

复数 A 的矢量与实轴正向间的夹角 ψ 称为 A 的辐角，记作 $\psi = \arctan \dfrac{b}{a}$。

$A = a + jb = |A|(\cos\psi + j\sin\psi)$ 为复数的三角形式。

再利用欧拉公式：

$$e^{j\psi} = \cos\psi + j\sin\psi$$

又得：$A = |A|e^{j\psi}$ 称为复数的指数形式。在工程上简写为 $A = |A| \underline{/\psi}$。

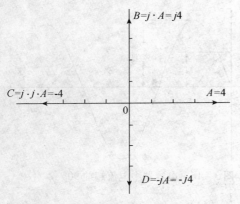

图 3-18 乘以 j 后 1 矢量转过 90°

如图 3-18 所示，如果给某矢量乘以 j，该矢量向前转过 90°角度。

一个复数 A 可用下面四种形式来表示：

代数式：

$$A = a + jb \qquad j = \sqrt{-1} \text{ 为虚单位。}$$

三角函数式：

$$A = a + jb = |A|\cos\psi + |A|j\sin\psi$$

$$（\text{式中：} |A| = \sqrt{a^2 + b^2} \qquad \psi = \arctan\frac{b}{a}）$$

指数式：$A = |A|e^{j\psi}$

根据欧拉公式：$e^{j\psi} = \cos\psi + j\sin\psi$

$$A = a + jb = |A|\cos\psi + |A|j\sin\psi = |A|e^{j\psi}$$

极坐标式：

$$A = a + jb = |A|\cos\psi + |A|j\sin\psi = |A|e^{j\psi} = |A|\angle\psi$$

极坐标式是复数指数式的简写，在以上讨论的复数四种表示形式，可以相互转换。

3.5.2 矢量对正弦量的相量计算

在进行复数相加（或相减）时，要先把复数化为代数形式。设有两个复数：

$$A_1 = a_1 + jb_1, \quad A_2 = a_2 + jb_2$$

$$A_1 \pm A_2 = (a_1 + jb_1) \pm (a_2 + jb_2) = (a_1 \pm a_2) + j(b_1 \pm b_2)$$

进行复数的乘除运算时，一般采用指数形式或极坐标式。设有两个复数：

$$A_1 = a_1 + jb_1 = |A_1|e^{j\psi_1} = |A_1|\angle\psi_1$$

$$A_2 = a_2 + jb_2 = |A_2|e^{j\psi_2} = |A_2|\angle\psi_2$$

$$A_1 \cdot A_2 = |A_1|e^{j\psi\theta_1} \cdot |A_2|e^{j\psi_2} = |A_1| \cdot |A_2|e^{j(\psi_1 + \psi_2)}$$

$$A_1 \cdot A_2 = |A_1| \cdot |A_2|\angle(\psi_1 + \psi_2)$$

$$\frac{A_1}{A_2} = \frac{|A_1|e^{j\psi_1}}{|A_2|e^{j\psi_2}} = \frac{|A_1|}{|A_2|}e^{j(\psi_1 - \psi_2)} = \frac{|A_1|}{|A_2|}\angle(\psi_1 - \psi_2)$$

在正弦波交流电中，所有的电压、电流都是同频率的正弦量，用复数来计算正弦量，使正弦波交流电的稳态分析与计算转化为复数运算的一种方法。

一个正弦量分别由频率、幅值和初相三要素来确定。在同一个正弦交流电路中，电压和电流均为同频率的正弦量，所以频率是已知或特定的，不必考虑。只需确定正弦量的幅值（或有效值）和初相位就可表示正弦量。而一个复数正好用两个量，即模和幅角来描述。

① 若正弦电流 $i = I_m\sin(\omega t + \psi_i)$，对应的复数为 $A = |A|e^{j\psi}$。用复数的模 $|A|$ 来代表正弦交流电流的幅值 I_m（或有效值 I），用幅角 ψ 代表正弦交流电流的初相位 ψ_i，于是得到一个表示正弦交流电流的复数，即正弦量的相量表示。如图 3-19 所示，将复数 $I_m e^{j\psi_i}$ 乘上因子 $1e^{j\omega t}$，其模不变，辐角随时间均匀增加。即在复平面上以角速度 ω 逆时针旋转，其在虚轴上的投影等于 $i = I_m\sin(\omega t + \psi_i)$，正好是用正弦函数表示的正弦电流 i。可见复数 $I_m e^{j\psi_i}$ 与正弦电流 $i = I_m\sin(\omega t + \psi_i)$ 是相互对应的关系，复数 $I_m e^{j\psi_i} = I_m\angle\psi_i$ 完全可以表示正弦电流 i，记为：$\dot{I}_m = I_m e^{j\psi_i} = I_m\angle\psi_i$ 称其为相量。

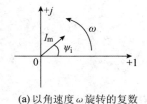
(a) 以角速度ω旋转的复数

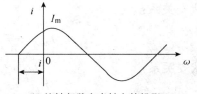
(b) 旋转复数在虚轴上的投影

图 3-19　正弦量的相量表示法

② 在正弦稳态电路的分析和计算中，通常计算正弦量的有效值，而不计算最大值。所以又将最大值相量除以 $\sqrt{2}$，成为有效值相量，记为：

$$\dot{I} = Ie^{j\psi_i} = I \angle \psi_i$$

③ 相量仅是用来表征正弦量的，而本身并不是正弦量，只是一个复数，是用来表示正弦量的一种数学工具，两者仅是数值对应关系。为了与一般的复数有所区别，在这个相量的字母上端需加一点，在数学运算上与一般复数的运算并无区别。

相量可在复平面上用有向线段表示，相量的长度表示正弦交流电有效值的大小，相量与正实轴的夹角表示正弦电流的初相位 ψ_i。这种表示相量的图称为相量图。如图 3-20(a) 所示。为了简化起见，相量图中不画出虚轴，而实轴改画为水平的虚线，如图 3-20(b)。

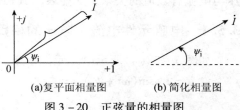
(a) 复平面相量图　(b) 简化相量图

图 3-20　正弦量的相量图

【例 3-1】已知 $u_1 = \sqrt{2}\,100\sin(314t + 60°)\text{V}$、$u_2 = \sqrt{2}\,50\sin(314t - 60°)\text{V}$。写出表示 u_1 和 u_2 的相量。

【解】$\dot{U}_1 = 100 / 60° (\text{V})$　　　$\dot{U}_2 = 50 / -60° (\text{V})$

【例 3-2】已知 $i_1 = 5\sqrt{2}\sin(\omega t - 36.9°)\text{A}$、$i_2 = 10\sqrt{2}\sin(\omega t + 53.1°)\text{A}$，试用相量法求 $i = i_1 + i_2$。

【解】∵ $i_1 \leftrightarrow \dot{I}_1 = 5 \angle -36.9°$，$i_2 \leftrightarrow \dot{I}_2 = 10 \angle 53.1°$

$$\dot{I} = \dot{I}_1 + \dot{I}_2 = 5 \angle -36.9° + 10 \angle 53.1°$$
$$= (4 - j3) + (6 + j8) = 10 + j5 = 11.18 \angle 26.6°$$

所以 $i = 11.18\sqrt{2}\sin(\omega t + 26.6°)(\text{A})$

【例 3-3】已知 $\dot{U} = 220 \angle -45° (\text{V})$，$\dot{I} = 10 \angle 30° (\text{A})$。试求该电压、电流的解析式。

【解】
$$u = 220\sqrt{2}(\sin\omega t - 45°)(\text{V})$$
$$i = 10\sqrt{2}(\sin\omega t + 30°)(\text{V})$$

3.5.3　电阻元件电流、电压的相量关系

如图 3-21(a) 所示电阻元件电路，设加在电阻两端的是正弦交流电压：

$$u_R = U_{Rm}\sin(\omega t + \psi_u)$$

则电路中的电流为：

$$i_R = \frac{u_R}{R} = \frac{U_{Rm}\sin(\omega t + \psi_u)}{R} = I_{Rm}\sin(\omega t + \psi_i)$$

最大值伏安关系：

$$I_{Rm} = \frac{U_{Rm}}{R} \qquad \psi_u = \psi_i$$

有效值伏安关系：

$$I_R = \frac{U_R}{R} \qquad 或 \qquad U_R = RI_R$$

从以上分析可知：电阻两端的电压与电流同频率、同相位，电阻两端的电压与电流数值上成正比。

相量伏安关系：

$$\dot{I}_R = I_R \underline{/\psi i} \qquad \dot{U}_R = RI_R \underline{/\psi_i}$$

由上式可得：$\dot{U}_R = R\dot{I}_R$

电阻元件上电压与电流的相量关系，就是相量形式的欧姆定律。相量关系式既能表示电压与电流有效值的关系，又能表示其相位关系，如图 3-21(b)所示。

3.5.4 电感元件电流、电压的相量关系

如图 3-22(a)所示电感元件电路，设一电感 L 中通入正弦电流，其正方向如图所示。
设 $i_L = I_{Lm}\sin(\omega t + \psi_i)$

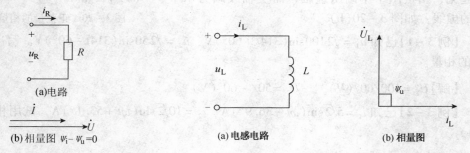

图 3-21 电阻电路及相量图   图 3-22 电感元件

当电压和电流正方向关联时，电感元件伏安关系为：

$$u_L = L\frac{di_L}{dt} = L\frac{dI_{Lm}\sin(\omega t + \psi_i)}{dt}$$

$$= I_{Lm}\omega L\cos(\omega t + \psi_i) = U_{Lm}\sin\left(\omega t + \psi_i + \frac{\pi}{2}\right)$$

最大值伏安关系：

$$U_{Lm} = \omega L I_{Lm} \qquad \psi_u = \psi_i + \frac{\pi}{2}$$

有效值伏安关系：

$$U_L = \omega L I_L = X_L I_L \qquad 或 \qquad I_L = \frac{U_L}{X_L}$$

由以上分析可知：电阻两端的电压与电流同频率，在关联正方向下，电感两端的电压在相位上超前电流90°。

相量伏安关系：

54

$$\dot{I}_L = I_L / \psi_i$$

$$\dot{U}_L = \omega L I_L / (\psi_i + 90°) = j\omega L \dot{I}_L = jX_L \dot{I}_L \qquad \text{或} \qquad \dot{I}_L = \frac{\dot{U}_L}{jX_L}$$

上述式表明：在正弦电流电路中，线性电感的电压和电流在瞬时值之间不成正比，而在有效值之间、相量之间成正比。此时在相位上电感电压超前电流 $90°$，如图 $3-22$(b) 所示。

3.5.5 电容元件电流、电压的相量关系

如图 $3-23$(a) 所示电容元件电路，设一电容 C 外接正弦交流电压为：

$$u_C = U_{Cm} \sin(\omega t + \psi_u)$$

当电压和电流正方向关联时，

$$i_c = C \frac{du_c}{dt} = C \frac{dU_{Cm}\sin(\omega t + \psi_u)}{dt} = U_{Cm}\omega C \cos(\omega t + \psi_u)$$

$$= I_{Cm}\sin\left(\omega t + \psi_u + \frac{\pi}{2}\right) = I_{Cm}\sin(\omega t + \psi_i)$$

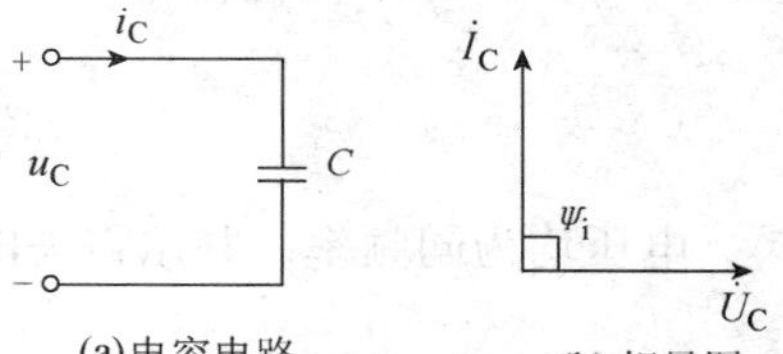

图 $3-23$ 电容元件

(a) 电容电路   (b) 相量图

最大值伏安关系：

$$I_{Cm} = U_{Cm}\omega C \qquad \psi_i = \psi_u + \frac{\pi}{2}$$

有效值伏安关系：

$$I_C = \omega C U_C = \frac{U_C}{X_C} \qquad \text{或} \qquad \frac{U_C}{I_C} = \frac{1}{\omega C} = X_C$$

电容两端的电压与电流同频率；电容两端的电压在相位上滞后电流 $90°$，如图 $3-23$(b) 所示。相量伏安关系：

$$\dot{I}_C = \omega C U_C / (\psi_i + 90°) = j\omega C \dot{U}_C = j\frac{\dot{U}_C}{X_C} = \frac{\dot{U}_C}{-jX_C}$$

$$\dot{U}_C = -jX_C \dot{I}_C$$

3.6 RLC 串联交流电路

3.6.1 电压与电流的关系

如图 $3-24$(b)、(c)、(d) 所示，RLC 串联电路在正弦电压的作用下有正弦电流 i 流过，在三个元件上分别引起电压 u_R、u_L 和 u_C。

设 $i(t) = \sqrt{2} I \sin\omega t$，则有：

$$\dot{I} = I \angle 0°$$

$$\dot{U}_R = R\dot{I}$$

$$\dot{U}_L = jX_L \dot{I}$$

$$\dot{U}_C = -jX_C \dot{I}$$

基尔霍夫电压定律有：$u = u_R + u_L + u_C$。

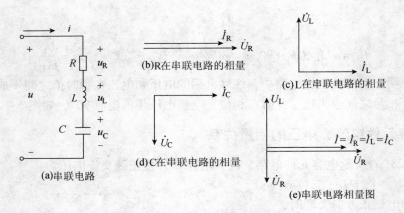

图 3-24　RLC 串联电路和相量

电压均为同频率，基尔霍夫电压定律的相量式：

$$\dot{U} = \dot{U}_R + \dot{U}_L + \dot{U}_C$$

注意：$U \neq U_R + U_L + U_C$。

RLC 串联电路中电压与电流的关系，也可采用相量作图的方法，利用几何图形求电压与电流的大小与相位关系。

先取电流相量 $\dot{I}$ 为参考相量，再根据电阻、电感和电容上的电压与电流间的相位关系作出电压相量。接下来，作 $\dot{U}_R$ 与 $\dot{I}$ 同相，作 $\dot{U}_L$ 超前 $\dot{I}$ 90°，作 $\dot{U}_C$ 滞后 $\dot{I}$ 90°，然后根据平行四边形法则或三角形法则，进行相量相加，就得到了端电压 $\dot{U}$ 相量，如图 3-25(a)所示。

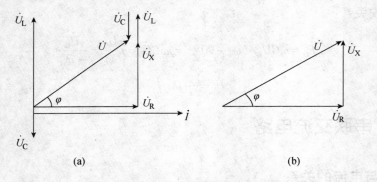

(a)   (b)

图 3-25　RLC 串联电路相量图和电压阻抗三角形

$$U = \sqrt{U_R^2 + (U_L - U_C)^2} = \sqrt{U^2 + (U_X)^2}$$

$$\varphi = \operatorname{arctg} \frac{U_X}{U_R} = \operatorname{arctg} \frac{U_L - U_C}{U_R}$$

由电压相量图可以看出，电压有效值相量 $\dot{U}$、$\dot{U}_R$ 及 $(\dot{U}_L + \dot{U}_C)$ 恰好也组成一个直角三角形，此直角三角形叫作电压三角形，如图 3-25(b)。从电压三角形可看出总电压有效值与各分电压有效值的相量模数关系，利用这个电压三角形可求电压的有效值。

3.6.2　串联电路复阻抗

电阻、电感和电容元件伏安关系的相量式为：

$$\dot{U} = U_R + U_L + U_C = [R + j(X_L - X_C)]\dot{I} = (R + jX)\dot{I} = Z\dot{I}$$

或
$$\dot{I} = \frac{\dot{U}}{Z}$$

式中 $Z = R + j(X_L - X_C) = R + jX$, $X = X_L - X_C$

则有
$$Z = \frac{\dot{U}}{\dot{I}} = R + jX$$

可见，在 RLC 串联电路中，电压相量 $\dot{U}$ 与电流相量 $\dot{I}$ 之比为一复数 Z，它的实部为电路的电阻 R，虚部为电路中的感抗 X_L 与容抗 X_C 之差，X 称为电路的电抗，Z 称为电路的复阻抗。将复阻抗写成指数形式，则为：

$$Z = \sqrt{R^2 + X^2} \angle \arctan \frac{X}{R} = |Z| \underline{/\varphi}$$

模：$|Z| = \sqrt{R^2 + X^2} = \sqrt{R^2 + (X_L - X_C)^2}$

角：$\varphi = \arctan \dfrac{X}{R} = \arctan \dfrac{X_L - X_C}{R}$ $\varphi = \psi_u - \psi_i$

即：复阻抗的模 $|Z|$ 及辐角 φ 的大小，只与参数及角频率有关，而与电压及电流无关。

又可写为：$Z = \dfrac{\dot{U}}{\dot{I}} = \dfrac{U \angle \psi_u}{I \angle \psi_i} = \dfrac{U}{I} \underline{/(\psi_u - \psi_i)} = |Z| \angle \varphi$

其中 $|Z| = \dfrac{U}{I}$ $\varphi = \psi_u - \psi_i$

复阻抗的模 $|Z|$ 也等于电压有效值与电流的有效值之比，辐角 φ 等于电压与电流的相位差角。复阻抗 Z 决定了电压、电流的有效值大小和相位间的关系。所以复阻抗是正弦交流电路中一个十分重要的概念。复阻抗可简称为阻抗。

另外，复阻抗的模 $|Z|$ 和 R 及 X 构成一个直角三角形，如图 3 – 26 所示。

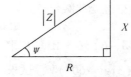

图 3 – 26　RLC 串联电路的阻抗三角形

3.6.3　电路参数对电路性质的影响

当频率一定时，相位差角的大小决定了电路的参数及电路的性质。

（1）感性电路：

当 $X > 0$，$\omega L > \dfrac{1}{\omega C}$ 时，$\varphi > 0$，电压超前电流一个 φ，称电路呈感性。

（2）容性电路：

当 $X < 0$，$\omega L < \dfrac{1}{\omega C}$ 时，$\varphi < 0$，电压滞后电流一个 $|\varphi|$，称电路呈容性。

（3）阻性电路：

当 $X = 0$，$\omega L = \dfrac{1}{\omega C}$ 时，$\varphi = 0$，电压 u 与电流 i 同相，称电路呈阻性，串联电路处于这种状态时，将会发生谐振。

【例 3 – 4】在 RLC 串联电路中，交流电源电压 $U = 220\text{V}$，频率 $f = 50\text{Hz}$，$R = 30\Omega$，$L =$

$445\mathrm{mH}$，$C=32\mu\mathrm{F}$。试求：（1）电路中的电流大小；（2）总电压与电流的相位差 φ；（3）各元件上的电压 U_{R}、U_{L}、U_{C}。

【解】（1）
$$X_{\mathrm{L}}=2\pi fL\approx140(\Omega)$$

$$X_{\mathrm{C}}=\frac{1}{2\pi fC}\approx100(\Omega)$$

$$|Z|=\sqrt{R^2+(X_{\mathrm{L}}-X_{\mathrm{C}})^2}=50(\Omega)$$

则
$$I=\frac{U}{|Z|}=4.4(\mathrm{A})$$

（2）
$$\varphi=\arctan\frac{X_{\mathrm{L}}-X_{\mathrm{C}}}{R}=\arctan\frac{40}{30}=53.1°$$

即总电压比电流超前 53.1°，电路呈感性。

（3）$U_{\mathrm{R}}=R_{\mathrm{I}}=132(\mathrm{V})$，$U_{\mathrm{L}}=X_{\mathrm{L}}I=616(\mathrm{V})$，$U_{\mathrm{C}}=X_{\mathrm{L}}I=440(\mathrm{V})$。

本例题中电感电压、电容电压都比电源电压大，在交流电路中各元件上的电压可以比总电压大，这是交流电路与直流电路特性不同之处。

【例 3 – 5】为了测量电感线圈的 R 和 L 值，如图 3 – 27 所示，在电感线圈两端加 $U=110\mathrm{V}$，$f=50\mathrm{Hz}$ 的正弦交流电压，测得流入线圈中的电流 $I=5\mathrm{A}$，消耗的平均功率 $P=400\mathrm{W}$，试计算线圈参数 R 和 L。

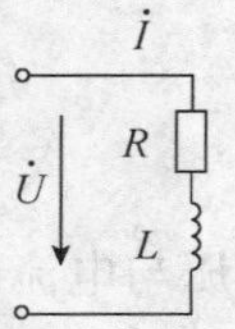

【解】根据 $P=I^2R$ 得 $R=P/I^2=16(\Omega)$

$$\frac{U}{I}=|Z|=\sqrt{R^2+(\omega L)^2}$$

$$\left(\frac{U}{I}\right)^2=R^2+\omega^2L^2$$

$$484=16^2+314^2L^2$$

图 3 – 27　电感线圈

解得 $L=48.1(\mathrm{mH})$

【例 3 – 6】有一 RLC 串联电路，其中 $R=30\Omega$，$L=382\mathrm{mH}$，$C=39.8\mu\mathrm{F}$，外加电压 $u=220\sqrt{2}\sin(314t+60°)\mathrm{V}$，试求：

（1）复阻抗 Z，并确定电路的性质；

（2）$\dot{I}$、$\dot{U}_{\mathrm{R}}$、$\dot{U}_{\mathrm{L}}$、$\dot{U}_{\mathrm{C}}$；

（3）绘出相量图。

【解】（1）由已知条件：

$$Z=R+j(X_{\mathrm{L}}-X_{\mathrm{C}})=R+j\left(\omega L-\frac{1}{\omega C}\right)$$

$$=30+j\left(314\times0.382-\frac{10^6}{314\times39.8}\right)$$

$$=30+j(120-80)=30+j40=50\angle53.1°(\Omega)$$

$\varphi=53.1°>0$，所以此电路为电感性电路。

（2）
$$\dot{I}=\frac{\dot{U}}{Z}=\frac{220\angle60°}{50\angle53.1°}=4.4\angle6.9°(\mathrm{A})$$

$$\dot{U}_{\mathrm{R}}=\dot{I}R=4.4\angle6.9°\times30=132\angle6.9°(\mathrm{V})$$

$$\dot{U}_{L} = \dot{I}jX_{L} = 4.4\angle 6.9° \times 120\angle 90° = 528\angle 96.9°(V)$$

$$\dot{U}_{C} = -\dot{I}jX_{C} = 4.4\angle 6.9° \times 80\angle -90° = 352\angle -83.1°(V)$$

（3）相量图如图 3 – 28 所示。

3.7 单相设备连接时的等效阻抗

3.7.1 串联电路的阻抗

阻抗串联电路如图 3 – 29 所示，根据相量式的 KVL 可得：

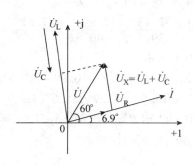

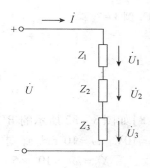

图 3 – 28 相量图　　　　　图 3 – 29 阻抗的串联

$$\dot{U} = \dot{U}_{1} + \dot{U}_{2} + \dot{U}_{3} = (Z_{1} + Z_{2} + Z_{3})\dot{I} = Z\dot{I}$$

式中 $Z = Z_{1} + Z_{2} + Z_{3}$，$Z$ 为全电路的等效阻抗，它等于各复阻抗之和。

如果把各阻抗用 R 与 X 串联来表示，

即：$Z_{1} = R_{1} + jX_{1}$

$Z_{2} = R_{2} + jX_{2}$

$Z_{3} = R_{3} + jX_{3}$

则 $Z = (R_{1} + R_{2} + R_{3}) + j(X_{1} + X_{2} + X_{3}) = R + jX$

两阻抗串联的分压公式：$\dot{U}_{1} = \dfrac{Z_{1}}{Z_{1} + Z_{2}}\dot{U}$；$\dot{U}_{2} = \dfrac{Z_{2}}{Z_{1} + Z_{2}}\dot{U}$

3.7.2 并联电路的阻抗

阻抗并联如图 3 – 30 所示，根据相量式 KCL 得：

$$\dot{I} = \dot{I}_{1} + \dot{I}_{2} + \dot{I}_{3} = \left(\frac{1}{Z_{1}} + \frac{1}{Z_{2}} + \frac{1}{Z_{3}}\right)\dot{U} = \frac{\dot{U}}{Z}$$

式中 $\dfrac{1}{Z} = \dfrac{1}{Z_{1}} + \dfrac{1}{Z_{2}} + \dfrac{1}{Z_{3}}$

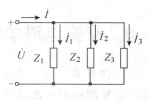

几个复阻抗并联时，电路的等效复阻抗的倒数等于各复阻抗的倒数之和。

图 3 – 30 阻抗的并联

两阻抗并联的分流公式：$\dot{I}_{1} = \dfrac{Z_{2}}{Z_{1} + Z_{2}}\dot{I}$；$\dot{I} = \dfrac{Z_{1}}{Z_{1} + Z_{2}}\dot{I}$

3.7.3 混联电路的阻抗

在正弦交流电路中的电压与电流用相量表示及引用阻抗的概念后，阻抗的串联与并联电路计算方法在形式上与直流电路中的相应公式相似，因此阻抗混联的电路的分析方法可按照直流电路的方法进行。

【例3-7】如图3-31所示，已知 $Z_1 = 10 + j6.28\Omega$，$Z_2 = 20 - j31.9\Omega$，$Z_3 = 15 + j15.7\Omega$，求等效复阻抗 Z_{ab}。

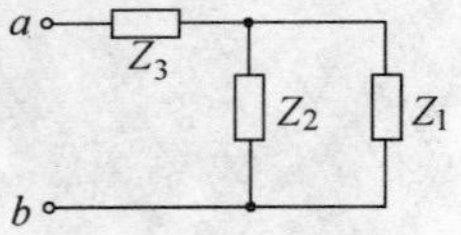

【解】

$$Z_{ab} = Z_3 + \frac{Z_1 Z_2}{Z_1 + Z_2} = Z_3 + Z_{12}$$

$$Z_{12} = \frac{(10 + j6.28)(20 - j31.9)}{10 + j6.28 + 20 - j31.9}$$

$$= \frac{11.81 \angle 32.13° \times 37.65 \angle -57.61°}{39.45 \angle -40.5°}$$

$$= 10.89 + j2.86$$

$$\therefore \quad Z_{ab} = Z_3 + Z_{12} = 15 + j15.7 + 10.89 + j2.86$$

$$= 25.89 + j18.56 = 31.9 \angle 35.6°(\Omega)$$

图 3-31 例 3-7

【例3-8】如图3-32所示的RLC并联电路中。已知 $R = 5\Omega$，$L = 5\mu H$，$C = 0.4\mu F$，电压有效值 $U = 10V$，$\omega = 10^6 rad/s$，求总电流 i，并说明电路的性质。

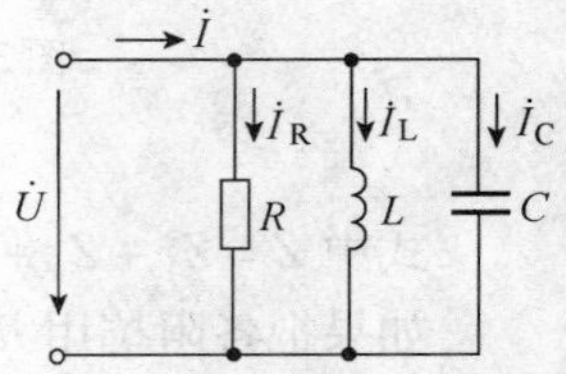

【解】

$$X_L = \omega L = 10^6 \times 5 \times 10^{-6} = 5(\Omega)$$

$$X_C = \frac{1}{\omega C} = \frac{1}{10^6 \times 0.4 \times 10^{-6}} = 2.5(\Omega)$$

$$\dot{U} = 10 \angle 0°(V)$$

$$\dot{I}_R = \frac{\dot{U}}{R} = \frac{10 \angle 0°}{5} = 2(A)$$

$$\dot{I}_L = \frac{\dot{U}}{jX_L} = \frac{10 \angle 0°}{j5} = -j2(A)$$

$$\dot{I}_C = \frac{\dot{U}}{-jX_C} = \frac{10 \angle 0°}{-j2.5} = j4(A)$$

$$\dot{I} = \dot{I}_R + \dot{I}_L + \dot{I}_C = 2 - j2 + j4 = 2 + j2 = 2\sqrt{2} \angle 45°(A)$$

$i = 4\sin(10^6 t + 45°)A$，电流的相位超前电压，所以电路呈容性。

图 3-32 例 3-8

3.8 交流电路中的谐振

在含有 R、L、C 的电路中，在正弦电源作用下，当电压与电流同相时，电路呈电阻性，即等效复阻抗的虚部等于零时，称电路发生了谐振。改变电路的参数（即 L、C）或电源的频率，使电压和电流达到同相，电路产生谐振，谐振现象是正弦稳态电路中一种特定的工作状况。它一方面广泛地应用于无线通讯技术，但另一方面谐振会在电路的某些元件中产生较大的电压或电流，使元件受损，有可能破坏电路系统的正常工作。谐振的应用见图 3-33 所示。

音响喇叭的高音单元采用了一种新的人造凝胶体,将环形橡胶元件固定在导管端口中和衬垫在高音扬声器导管与音球体之间,防止低音箱体的机械振动传递到高音扬声器,有助于减少谐振拖尾现象,以平顺其低端频响,将外界振动对高音单元的谐振干扰降低到几乎为零。

EJA 系列压力变送器采用单晶硅谐振式传感器技术,对于压力或温度的变化不存在滞后现象,将过压、温度变化和静压影响降为最低,从而提供无与伦比的长期稳定性。

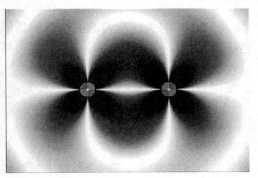

两个进行无线能量传输的谐振电磁盘之间的耦合电磁场

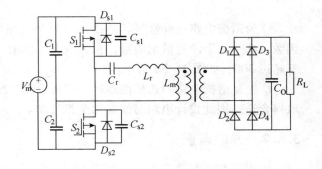

无线电调谐电路

图 3 - 33 谐振的应用

3.8.1 串联谐振

RLC 串联电路如图 3 - 34 所示,等效复阻抗为:

$$Z = R + j(X_L - X_C)$$

当 $X_L - X_C = 0$ 时,$Z = R$,$\varphi = 0$,此时称为谐振,产生谐振的条件为:$X_L = X_C$,$\omega L = \dfrac{1}{\omega C}$。

由 $\omega L = \dfrac{1}{\omega C}$,设谐振角频率为 $\omega = \omega_0$,得

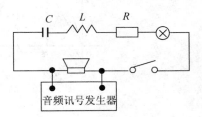

图 3 - 34 串联谐振电路

$$\omega_0 L = \frac{1}{\omega_0 C}$$

$$\omega_0 = \frac{1}{\sqrt{LC}} \quad \text{或} \quad f_0 = \frac{1}{2\pi \sqrt{LC}}$$

ω_0 为 RLC 串联电路的谐振角频率,f_0 为谐振频率。

可知,谐振频率 f_0 反映了串联电路的一种固有性质,与电阻 R 无关。通过改变 ω_0、L、C 可调节电路是否发生谐振。谐振曲线如图 3 - 35 所示。

串联谐振的特点:

① 电压、电流同相位,电路呈电阻性;

61

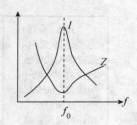

图 3 – 35 串联谐振曲线

② 复阻抗 Z 最小，$Z = Z_0 = R$。当 U 一定时，电路中电流最大 $I = I_0 = \dfrac{U}{R}$。电源电压与电阻上的电压相等 $U = U_R$。

③ 由于感抗与容抗相等，于是电感与电容上的电压幅值相等，$U_L = U_C = QU$。电感电压或电容电压等于电源电压的 Q 倍，故又称为电压谐振。电压过高会击穿电容器和电感线圈的绝缘层，因此电力工程上就要避免发生串联谐振。

④ 特性阻抗 $\rho = \omega_0 L = \dfrac{1}{\omega_0 C} = \sqrt{\dfrac{L}{C}}$；

⑤ 品质因数定义为：

$$Q = \frac{U_C}{U} = \frac{U_L}{U} = \frac{1}{\omega_0 CR} = \frac{\omega_0 L}{R} (Q \gg 1)$$

Q 为谐振电路选择性好坏的指标。只与电路参数 R、L、C 有关，称为谐振电路的品质因数。Q 是一个没有量纲的量，在无线电工程中，谐振电路的 Q 值一般在 50 ~ 200 之间，甚至超过 300，如图 3 – 36 所示。

Q 越高谐振电路的选择性越好，但通频带越窄，所以 Q 值不是越大越好，二者要兼顾，取得合适。因此设计电路时候必须全盘考虑。

3.8.2 并联谐振

电容器与线圈并联连接，如图 3 – 37 所示。其等效复阻抗的虚部为零时为并联谐振。

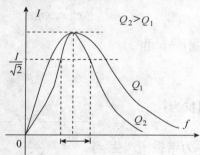

图 3 – 36 品质因数通频带

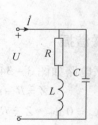

图 3 – 37 并联谐振电路

$$Z = \frac{\dfrac{1}{j\omega C}(R + j\omega L)}{\dfrac{1}{j\omega C} + (R + j\omega L)} = \frac{R + j\omega L}{1 + j\omega RC - \omega^2 LC}$$

实际线圈中的电阻很小，所以在谐振时有 $\omega_0 L \gg R$。

$$Z \approx \frac{j\omega L}{1 - \omega^2 LC + j\omega RC} = \frac{1}{RC/L + j(\omega C - 1/\omega L)}$$

由定义得谐振条件：

$$\omega_0 C - \frac{1}{\omega_0 L} \approx 0$$

$$\omega_0 \approx \frac{1}{\sqrt{LC}} \qquad 或 \qquad f_0 \approx \frac{1}{2\pi \sqrt{LC}}$$

并联谐振其特点：

① 电压、电流同相位，电路呈电阻性；如图 3-38 所示。

② 电路的阻抗模为：$|Z_0| = \dfrac{1}{RC/L} = \dfrac{L}{RC}$，最大值；

③ 当 U 一定时，电路中电流：$I = I_0 = \dfrac{U}{|Z_0|}$ 最小；

④ 并联支路的电流近于相等，$I_C \approx I_L = QI_0$，而且比总电流大许多倍，因此，并联谐振也称为电流谐振。

⑤ 品质因数：$Q = \dfrac{I_L}{I_0} = \dfrac{2\pi f_0 L}{R} = \dfrac{\omega_0 L}{R} = \dfrac{1}{\omega_0 CR}$。

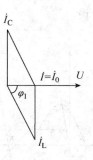

图 3-38　并联谐振相量

3.8.3　谐振电路计算

【例 3-9】在串联谐振电路中，已知 $U = 25\text{mV}$，$R = 5\Omega$，$L = 4\text{mH}$，$C = 160\text{pF}$，求电路的 f_0、I_0、ρ、Q 和 U_{C0}。

【解】谐振频率：

$$f_0 = \frac{1}{2\pi\sqrt{LC}} = \frac{1}{2\pi\sqrt{4 \times 10^{-3} \times 160 \times 10^{-12}}} \approx 200\,(\text{kHz})$$

$$I_0 = \frac{U}{R} = \frac{25}{5} = 5\,(\text{mA})$$

$$\rho = \omega_0 L = \frac{1}{\omega_0 C} = \sqrt{\frac{L}{C}} = \sqrt{\frac{4 \times 10^{-3}}{160 \times 10^{-12}}} = 5000\,(\Omega)$$

$$Q = \frac{\rho}{R} = \frac{5000}{50} = 100$$

$$U_{L0} = U_{C0} = QU = 100 \times 25 = 2500\,(\text{mV}) = 2.5\,(\text{V})$$

【例 3-10】某收音机的输入回路（调谐回路），可简化为一 R、L、C 组成的串联电路，已知电感 $L = 250\mu\text{H}$，$R = 20\Omega$，欲收频率范围为 $525 \sim 1610\text{kHz}$ 的中波段信号，试求电容 C 的变化范围。

【解】由式可知：$C = \dfrac{1}{\omega^2 L} = \dfrac{1}{(2\pi f)^2 L}$

当 $f = 525\text{kHz}$ 时电路谐振，则：

$$C_1 = \frac{1}{(2\pi \times 525 \times 10^3)^2 \times 250 \times 10^6} = 368\,(\text{pF})$$

当 $f = 1610\text{kHz}$ 时电路谐振，则：

$$C_1 = \frac{1}{(2\pi \times 1610 \times 10^3)^2 \times 250 \times 10^6} = 39.1\,(\text{pF})$$

所以电容 C 的变化范围为 $39.1 \sim 368\text{pF}$。

3.9　有功功率、无功功率与视在功率

3.9.1　瞬时功率

如 RLC 串联电路，取电压、电流关联正方向。

设

$$i(t) = \sqrt{2}I\sin(\omega t + \psi_i)$$
$$u(t) = \sqrt{2}U\sin(\omega t + \psi_u)$$

在任一瞬间时吸收的功率即瞬时功率为：

$$p = u(t) \cdot i(t) = \sqrt{2}U\sin(\omega t + \varphi) \cdot \sqrt{2}I\sin\omega t$$
$$= UI\cos\varphi - UI\cos(2\omega t + \varphi)$$

其中：φ 为电压与电流的相位差。

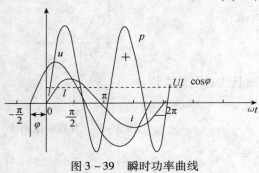

图 3 – 39　瞬时功率曲线

瞬时功率是随时间变化的，变化曲线如图 3 – 39 所示。可以看出瞬时功率有时为正，有时为负。正值时表示负载从电源吸收功率，负值表示从负载中的储能元件（电感、电容）释放出能量送回电源。

3.9.2　有功功率

有功功率是指瞬时功率在一个周期内的平均值，单位为瓦（W）。

$$P = \frac{1}{T}\int_0^T \left[UI\cos\varphi - UI\cos(2\omega t + \varphi) \right]\mathrm{d}t = UI\cos\varphi$$

$\cos\varphi$ 其值取决于电路中总的电压和电流的相位差，由于一个交流负载，总可以用一个等效复阻抗来表示，因此它的阻抗角决定电路中的电压和电流的相位差，即 $\cos\varphi$ 中的 φ 也就是复阻抗的阻抗角。

由上述分析可知，在交流负载中只有电阻部分才消耗能量，在 RLC 串联电路中电阻 R 是耗能元件，则有 $P = U_R I = I^2 R$。

当 $P > 0$ 时，表示该电路吸收有功功率 P；当 $P < 0$ 时，表示该电路发出有功功率 P。

3.9.3　无功功率

电路中有储能元件电感和电容，它们虽不消耗功率，但与电源之间要进行能量交换。用无功功率表示这种能量交换的规模，用大写字母 Q 表示。正弦稳态电路内部与外部能量交换的最大速率（即瞬时功率可逆部分的振幅）定义为无功功率 Q。

$Q = UI\sin\varphi$，单位为乏（Var）。

对于感性电路，$\varphi > 0$，则 $\sin\varphi > 0$，无功功率 Q 为正值；对于电容性电路，$\varphi < 0$，则 $\sin\varphi < 0$，无功功率 Q 为负值。

当 $Q > 0$ 时，为吸收无功功率；当 $Q < 0$ 时，则为发出无功功率。

在电路中既有电感元件又有电容元件时，无功功率相互补偿，它们在电路内部先相互交换一部分能量后，不足部分再与电源进行交换。

3.9.4　视在功率

在交流电路中，端电压与电流的有效值乘积称为视在功率，用 S 表示。即 $S = UI$，单位为伏安（VA）或千伏安（kVA）。

虽然视在功率 S 具有功率的量纲，但它与有功功率和无功功率是有区别的。视在功率 S 通常用来表示电源设备的容量，容量说明了电气设备可能转换的最大功率。电源设备如变压

64

器、发电机等所发出的有功功率与负载的功率因数有关，不是一个常数，因此电源设备通常只用视在功率表示其容量，而不是用有功功率表示。

3.9.5 功率三角形

由上所述，有功功率 P、无功功率 Q、视在功率 S 之间存在如下关系：

$$S = UI$$

$$P = UI\cos\varphi = S\cos\varphi$$

$$Q = UI\sin\varphi = S\sin\varphi$$

显然，S、P、Q 也构成一个直角三角形，如图 3-40 所示。此直角三角形称为功率三角形，它与同电路的电压三角形、阻抗三角形相似。P、Q 和 S 之间满足下列关系：

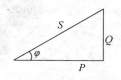

图 3-40　功率三角形

$$S = \sqrt{P^2 + Q^2} = UI \qquad \varphi = \mathrm{tg}^{-1}\frac{Q}{P}$$

3.9.6 交流功率、功率因数和用电量的测量

直流功率可以用电压表和电流表测量，交流功率因与功率因数有关，所以用电压表和电流表测出的是视在功率。图 3-41(a)所示的电动式功率表，既可测直流功率，也可测交流有功功率。

功率表的指示角度 θ 为：　　　　$\theta = kUI\cos\varphi = kP$

式中，k：比例常数；U：电压(V)；I：电流(A)；φ：电压与电流间的相位差；P：功率(W)。

在没有功率表的情况下，使用交流电压表和电流表再加上图 3-41 所示的功率因数表，也可测量交流功率。

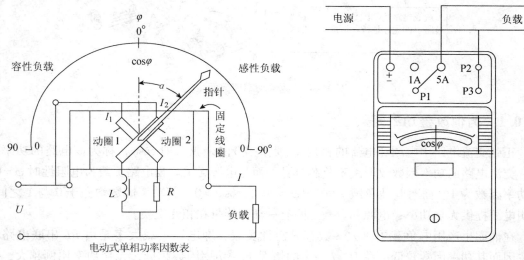

图 3-41　功率因数的测量

图 3-42 是家庭用于测量用电量的感应式电度表。该电度表内的铝圆转盘的转速如下式所示：$n = k'UI\cos\varphi = k'P$，$k'$ 为比例常数。

从一定时期内圆盘的总转数可测出在此期间的累计用电量。

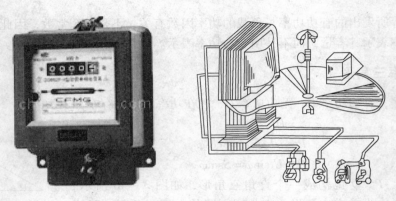

图 3 - 42　电度表外形及结构

3.10　功率因数改善

改善功率因数的意义如图 3 - 43 所示。

充分提高电源设备容量的利用率；减小输电线路和供电设备的功率损耗。
功率因数提高了供电部门要奖励的。

造成电路功率因数低下的原因如同道路上的无序通行，造成拥挤的交通。

图 3 - 43　改善功率因数的意义

3.10.1　为何改善功率因数

正弦交流电路中电压和电流的相位差（阻抗角）的余弦值即 $\cos\varphi$，称为该电路的功率因数。交流电路的功率因数仅取决于负载自身，而与电源无关。当电路负载为电阻性时 $\varphi = 0$，即功率因数为 1。而对其他负载 $-90° < \varphi < 90°$，$\cos\varphi > 0$，其功率因数均介于 0 与 1 之间。表明电源提供无功功率，电源和负载之间有一部分能量在相互交换。

在油库生产用电负载中，大多数都是感性负载，即电路负载大多是由 RL 串联电路组成，因而其功率因数较低，在 U、I 一定的情况下，功率因数越低，无功功率比例越大，这是电力系统不允许的，因此，供电部门要求提高电力系统的功率因数。

电源设备的额定容量是根据额定电压和额定电流设计的。额定电压和额定电流的乘积就是额定视在功率 S_N，代表着设备的额定容量。而容量一定的电源设备输出的有功功率为 $P = S_N \cos\varphi$。

它除了决定于本身容量(即额定视在功率)外，还与负载功率因数有关。若负载功率因数低，电源输出的有功功率将减小，这显然是不利的。功率因数 $\cos\varphi$ 越低，P 越小，则电源设备利用率越低。因此为了充分利用电源设备的容量，应该设法提高负载网络的功率因数。

例如，容量为 1000kVA 的变压器，当负载的 $\cos\varphi = 1$ 时，则变压器可输出 1000kW 的有功功率，而 $\cos\varphi = 0.5$ 时，则只能传输 500kW 的有功功率。

另外，若负载功率因数低，电源在供给有功功率的同时，还要提供足够的无功功率，致使供电线路电流增大，从而造成线路上能耗增大。

例如，当负载的 P、U 一定时，$\cos\varphi$ 越低，其电流 I 就越大，则线路上的功率损耗 $\Delta P = I^2 r$ 就越大，并会使得负载上的电压下降。

电力系统供用电规则指出，高压供电的工业企业的平均功率因数应不低于 0.95，其他单位不低于 0.9。实际中的负载的功率因数都较低，如油库生产中广泛使用的潜油泵，满载时功率因数为 0.7~0.85，轻载时则更低，加油机作为感性负载功率因数也较低。

3.10.2　如何改善功率因数

为了改善功率因数，可从两个基本方面来着手：

① 改进用电设备的功率因数，更换或改进设备负载性质的成分。

② 在感性负载的两端并联适当大小的电容器。从功率的角度来看并联电容的补偿：电感需要的无功功率由电容就近补偿，这就减少了负载与电源间进行无功功率交换的数值，从而使功率因数提高。

由功率三角形可知，负载的功率因数：

$$\cos\varphi = \frac{P}{S} = \frac{P}{\sqrt{P^2 + Q^2}}$$

式中，$Q = Q_L - Q_C$，可以利用 Q_L 和 Q_C 之间的相互补偿作用，让容性无功功率 Q_C 在负载网络内部补偿感性负载所需的无功功率 Q_L，使电源提供的无功功率 Q 接近或等于 0。由此可见，补偿无功功率就可以提高功率因数。

用补偿无功功率来改善感性负载网络功率因数的有效方法，是在感性负载两端并联适当大小的电容器。如图 3-44 所示电路。原负载为感性负载，其功率因数为 $\cos\varphi_1$，电流为 $\dot{I}_1$。在其两端并联电容器 C 以后，并不影响原负载的工作状态。由于增加了一个超前于电压 900 的电流 $\dot{I}_C$，所以线路上的电流变为 $\dot{I} = \dot{I}_1 + \dot{I}_C$。

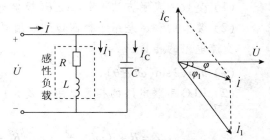

图 3-44　感性负载两端并联电容器

从图 3-44 相量图可知由于电容电流补偿了负载中的无功电流，使总电流减小，这时电路功率因数为 $\cos\varphi$，电路的总功率因数提高了。只要电容 C 选得适当，即可达到补偿要求。

设有一感性负载的端电压为 U，功率为 P，功率因数 $\cos\varphi_1$，为了使功率因数提高到 $\cos\varphi$，可推导所需并联电容 C 的计算公式：

$$I_1 \cos\varphi_1 = I\cos\varphi = \frac{P}{U}$$

由相量图得流过电容的电流:

$$I_C = I_1 \sin\varphi_1 - I\sin\varphi = \frac{P}{U}(\operatorname{tg}\varphi_1 - \operatorname{tg}\varphi)$$

又因
$$I_C = U\omega C$$

所以
$$C = \frac{P}{\omega U^2}(\operatorname{tg}\varphi_1 - \operatorname{tg}\varphi)$$

在感性负载两端并联适当的电容后,电源向负载提供的有功功率未变,电源的功率因数提高了,线路电流下降了。电源与负载之间进行部分能量的交换。这时感性负载所需的无功功率不全由电源提供,能量的互换大部分在电感与电容之间进行,电源提供有功功率及少量的无功功率。

【例 3 – 11】一日光灯等效电路(电阻、电感串联电路),已知 $P = 40\text{W}$, $U = 220\text{V}$, $I = 0.4\text{A}$, $f = 50\text{Hz}$,求:(1)此日光灯的功率因数;(2)若要把功率因数提高到 0.9,需并电容量 C 为多少?

【解】(1) 因为 $P = UI\cos\varphi_1$

所以 $\cos\varphi_1 = \dfrac{P}{UI} = \dfrac{40}{220 \times 0.4} = 0.455$

(2) 由 $\cos\varphi_1 = 0.455$ 得 $\varphi_1 = 63°$, $\tan\varphi_1 = 1.96$。

由 $\cos\varphi = 0.9$ 得 $\varphi = 26°$, $\tan\varphi = 0.487$。

所以:

$$C = \frac{P}{\omega U^2}(\operatorname{tg}\varphi_1 - \operatorname{tg}\varphi) = \frac{40}{314 \times 220^2}(1.96 - 0.455) = 3.88 \times 10^{-6} = 3.88(\mu\text{F})$$

本 章 小 结

复数的表示与计算:

(1)复数的表示方法:$A = A\angle\theta$(极坐标)$= A\cos\theta + jA\sin\theta$(代数)。

(2)复数的和、差用平行四边形或用复数运算;乘除用极坐标来求简单。

交流电路的相量:

(1)$u = \sqrt{2}\sin(\omega t + \theta)$;

(2)RLC 串联电路的相量复阻抗 Z 为:

$$Z = R + j\left(\omega L - \frac{1}{\omega C}\right) = \sqrt{R^2 + \left(\omega L - \frac{1}{\omega C}\right)} \angle \tan^{-1}\frac{\omega L - \dfrac{1}{\omega C}}{R}(\Omega)$$

阻抗的等效:

串联:$Z = Z_1 + Z_2 + \cdots + Z_n$

并联:$Z = \dfrac{1}{\dfrac{1}{Z_1} + \dfrac{1}{Z_2} + \cdots + \dfrac{1}{Z_n}}$

谐振电路特性见表 3 – 1,交流功率计算见表 3 – 2。

表 3-1 谐振电路的特性

项　目	RLC 电路	RLC 并联谐振电路
谐振条件	$X_L = X_C$	$X_L \approx X_C$
谐振频率	$f_0 = \dfrac{1}{2\pi\sqrt{LC}}$	$f_0 \approx \dfrac{1}{2\pi\sqrt{LC}}$
谐振阻抗	$\lvert Z_0 \rvert = R(\text{最小})$	$\lvert Z_0 \rvert = Q_0^2 R = \dfrac{L}{CR}(\text{最大})$
谐振电流	$I_0 = \dfrac{U}{R}(\text{最大})$	$I_0 = \dfrac{U}{\lvert Z_0 \rvert}(\text{最小})$
品质因数	$Q = \dfrac{\omega_0 L}{R} = \dfrac{1}{\omega_0 CR}$	$Q = \dfrac{\omega_0 L}{R} = \dfrac{1}{\omega_0 CR}$
元件上电压或电流	$U_L = U_C = QU$，$U_R = U$	$I_L \approx I_C \approx QI_0$
通频带	$B = f_2 - f_1 = \dfrac{f_0}{Q}$	$B = f_2 - f_1 = \dfrac{f_0}{Q}$
失谐时阻抗性质	$f > f_0$时，呈感性 $f < f_0$时，呈容性	$f > f_0$时，呈容性 $f < f_0$时，呈感性
对电源的要求	适用于低内阻的信号源	适用于高内阻的信号源

表 3-2 交流功率的计算

	有功功率	$P = I^2 R = UI\cos\varphi(\text{W})$
功　率	无功功率	$Q = I^2 X = UI\sin\varphi(\text{Var})$
	视在功率	$S = UI = I^2\lvert Z \rvert = \dfrac{U^2}{\lvert Z \rvert} = \sqrt{P^2 + Q^2}$

改善功率因数：

用适当容量的电容器与感性负载并联。对于额定电压为 U、额定功率为 P、工作频率为 f 的感性负载来说，将功率因数从 $\lambda_1 = \cos\varphi_1$ 提高到 $\lambda_2 = \cos\varphi_2$，所需并联的电容为：

$$C = \frac{P}{2\pi f U^2}(\tan\varphi_1 - \tan\varphi_2)$$

其中，$\varphi_1 = \arccos\lambda_1$，$\varphi_2 = \arccos\lambda_2$。

（1）交流电完成一次循环变化所用的时间叫做周期 $T = \dfrac{2\pi}{\omega}$；

（2）周期的倒数叫做频率 $f = \dfrac{1}{T}$；

（3）角频率与频率之间的关系为 $\omega = 2\pi f$。

有效值：

正弦交流电的有效值等于振幅（最大值）的 0.7071 倍，即：

$$I = \frac{I_m}{\sqrt{2}} = 0.7071 I_m$$

$$U = \frac{U_m}{\sqrt{2}} = 0.7071 U_m$$

$$E = \frac{E_m}{\sqrt{2}} = 0.7071 E_m$$

正弦交流电的三要素：

69

正弦交流电的振幅、角频率、初相位这三个参数叫做三要素。也可以把正弦交流电的有效值、频率、初相这三个参数叫做三要素。

相位差：

两个正弦量的相位差为 $\varphi_{12} = \varphi_{01} - \varphi_{02}$，存在超前、滞后、同相、反相、正交等关系。

交流电的解析式表示法：

$$i(t) = I_m \sin(\omega t + \varphi_{i0})$$
$$u(t) = U_m \sin(\omega t + \varphi_{u0})$$
$$e(t) = E_m \sin(\omega t + \varphi_{e0})$$

交流电的波形图表示法：

波形图表示法即用正弦量解析式的函数图象表示正弦量的方法。

交流电的相量图表示法：

正弦量可以用振幅相量或有效值相量表示，但通常用有效值相量表示。

振幅相量表示法是用正弦量的振幅值作为相量的模（大小）、用初相角作为相量的幅角；有效值相量表示法是用正弦量的有效值作为相量的模（大小）、仍用初相角作为相量的幅角。

RLC 元件的特性见表 3 – 3，RLC 串联电路特性见表 3 – 4。

表 3 – 3　RLC 元件的特性

特性名称		电阻 R	电感 L	电容 C
阻抗特性	① 阻抗	电阻 R	感抗 $X_L = \omega L$	容抗 $X_C = 1/(\omega C)$
	② 直流特性	呈现一定的阻碍作用	通直流（相当于短路）	隔直流（相当于开路）
	③ 交流特性	呈现一定的阻碍作用	通低频，阻高频	通高频，阻低频
伏安关系	① 大小关系	$U_R = R I_R$	$U_L = X_L I_L$	$U_C = X_C I_C$
	② 相位关系	$\varphi_{ui} = 0°$	$\varphi_{ui} = 90°$	$\varphi_{ui} = -90°$
功率情况		耗能元件，有功功率 $P_R = U_R I_R (\text{W})$	储能元件（$P_L = 0$）无功功 $Q_L = U_L I_L (\text{Var})$	储能元件（$P_C = 0$）无功功率 $Q_C = U_C I_C (\text{Var})$

表 3 – 4　RLC 串联电路

内　容		RLC 串联电路
等效阻抗	阻抗大小	$\lvert Z \rvert = \sqrt{R^2 + X^2} = \sqrt{R^2 + (X_L - X_C)^2}$
	阻抗角	$\varphi = \arctan(X/R)$
电压或电流关系	大小关系	$U = \sqrt{U_R^2 + (U_L - U_C)^2}$
电路性质	感性电路	$X_L > X_C,\ U_L > U_C,\ \varphi > 0$
	容性电路	$X_L < X_C,\ U_L < U_C,\ \varphi < 0$
	谐振电路	$X_L = X_C,\ U_L = U_C,\ \varphi = 0$

习　题

1. 正弦电压 $u = 110 \sin(628t - 120°)\,\text{V}$，指出其最大值、有效值、角频率、频率、周期和初相角的数值。

2. 已知电压 $u_1 = 220\sqrt{2}\cos(314t + 120°)\,\text{V}$，$u_2 = 220\sqrt{2}\sin(314t - 30°)\,\text{V}$。试求：（1）确定

它们的有效值、频率和周期并画出其波形；(2)写出它们的相位，求出它们的相位差。

3. 已知某一支路的电压和电流在关联正方向下分别为 $u(t)=311.1\sin(314t+30°)\text{V}$，$i(t)=14.1\cos(314t-120°)\text{A}$。(1)确定它们的周期、频率与有效值；(2)画出它们的波形，求其相位差并说明超前与滞后关系。

4. 将下列复数改写成极坐标式：(1)$Z_1=2$；(2)$Z_3=-j9$；(3)$Z_5=3+j4$；(4)$Z_7=-6+j8$。

5. 将下列复数改写成代数式(直角坐标式)：(1)$Z_1=20\angle53.1°$；(2)$Z_2=10\angle-36.9°$；(3)$Z_3=50\angle120°$；(4)$Z_4=8\angle-120°$。

6. 已知 $Z_1=8-j6$，$Z_2=3+j4$。试求：(1)Z_1+Z_2；(2)Z_1-Z_2；(3)$Z_1\cdot Z_2$；(4)Z_1/Z_2。

7. 把正弦量 $u=311\sin(314t+30°)\text{V}$，$i=4.24\sin(314t-45°)\text{A}$ 用相量表示。

8. 把下列正弦相量用三角函数的瞬时值表达式表示，设角频率均为 ω，(1)$\dot{U}=120\angle-37°\text{V}$；(2)$\dot{I}=5\angle60°\text{A}$。

9. 已知 $i_1=3\sqrt{2}\sin(\omega t+30°)\text{A}$，$i_2=4\sqrt{2}\sin(\omega t-60°)\text{A}$。试求：$i_1+i_2$。

10. 阻值为 484Ω 的电阻接在正弦电压 $u=311\sin\omega t\text{V}$ 的电源上，试写出电流的有效值及瞬时值表达式，并计算电阻的有功功率。

11. 已知一电感 $L=80\text{mH}$，外加电压 $u_L=50\sqrt{2}\sin(314t+65°)\text{V}$。试求：(1)感抗 X_L；(2)电感中的电流 I_L；(3)电流瞬时值 i_L。

12. 已知一电容 $C=127\mu\text{F}$，外加正弦交流电压 $u_C=20\sqrt{2}\sin(314t+20°)\text{V}$，试求：(1)容抗 X_C；(2)电流大小 I_C；(3)电流瞬时值 i_C。

13. 在 RLC 串联电路中，交流电源电压 $U=220\text{V}$，频率 $f=50\text{Hz}$，$R=30\Omega$，$L=445\text{mH}$，$C=32\mu\text{F}$。试求：(1)电路中的电流大小 I；(2)总电压与电流的相位差 φ；(3)各元件上的电压 U_R、U_L、U_C。

14. 在 $R-C$ 串联电路中，已知：电阻 $R=60\Omega$，电容 $C=20\mu\text{F}$，外加电压为 $u=141.2\sin628t\text{V}$。试求：(1)电路中的电流 I；(2)各元件电压 U_R、U_C；(3)总电压与电流的相位差 φ。

15. 如图 3-45 所示的 RLC 串联电路，图中电压表分别指示电阻电压、电感电压、电容电压和总电压的有效值。试问：当 $V_1=3\text{V}$，$V_2=8\text{V}$，$V_3=12\text{V}$ 时，$V=?$

16. 如图 3-46 所示电路为测量线圈参数常用的实验线路，已知电源频率为 50Hz，电压表读数为 100V，电流表读数为 5A，功率表读数为 400W，根据上述数据计算线圈的电阻和电感。

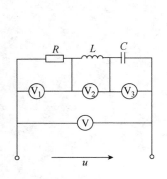

图 3-45　题 3-15 图

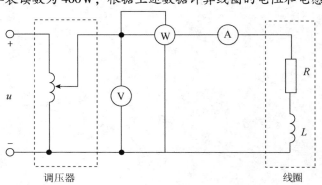

图 3-46　题 3-16 图

17. 已知某单相电动机(感性负载)的额定参数, $P = 120W$, 电压 $U = 220V$, 电流 $I = 0.91A$。试求: 把电路功率因数提高到 0.9 时, 这台电动机应并联一只多大的电容 C。

18. 图 3-47 所示无源二端网络输入端的电压和电流为 $u = 220\sqrt{2}\sin(314t + 20°)V$, $i = 4.4\sqrt{2}\sin(314t - 33°)V$, 试求此二端网络的等效阻抗值, 并求二端网络的功率因数及输入的有功功率和无功功率。

图 3-47 题 3-18图

19. 有一日光灯电路, $R = 150\Omega$, $L = 1.36H$、电路电压 $U = 220V$, $f = 50Hz$。试求电流 I、P、Q 及 $\cos\varphi$ 各为多少?

20. 两个复阻抗分别是 $Z_1 = (10 + j20)\Omega$, $Z_2 = (10 - j10)\Omega$, 并联后接在 $u = 220\sqrt{2}\sin(\omega t)V$ 的交流电源上, 试求: 电路中的总电流 I 和它的瞬时值表达式 i。

21. 设在 RLC 串联电路中, $L = 30\mu H$, $C = 211pF$, $R = 9.4\Omega$, 外加电源电压为 $u = \sqrt{2}\sin(2\pi ft)mV$。试求:

(1) 该电路的固有谐振频率 f_0 和品质因数 Q;

(2) 当电源频率 $f = f_0$ 时(即电路处于谐振状态)电路中的谐振电流 I_0、电感 L 与电容 C 元件上的电压 U_{L0}、U_{C0}。

第4章　油库三相交流电路分析计算

> 利用水落差的水力发电厂、利用煤或重油作为燃料的火力发电厂以及利用核反应的核电厂发出的交流电力，用输电线路送到若干变电所，通过变电所送到配电变电所，再由此用配电线配给工厂、油库、加油站或家庭。各发电厂发出的交流电是相位互差120°的3组线圈感应出的三相交流电。此三相交流电可用三根导线送出。输电线路、大量用电的工厂、油库、加油站和商场等的配电线路都利用这种三相交流电。
>
> 本章学习三相正弦交流电源星角两种联结形式的特点，三相对称和不对称负载星角两种联结形式中电压、电流和功率的处理方法，还探讨直流和单相交流的关系。

4.1　三相交流电源

4.1.1　三相交流电的产生

三相电源由三相交流发电机产生，如图 4-1 所示是三相交流发电机的结构示意图，发电机由定子和转子两部分组成。

定子包括机座、定子铁心、电枢绕组等几部分。定子铁心固定在机座里，其内圆表面冲有均匀分布的槽。定子槽内对称嵌放着参数（匝数和尺寸）相同的三组绕组，每组 N 匝称为一相，于是有三相对称绕组。三相定子绕组为 U_1U_2、V_1V_2、W_1W_2。其中 U_1、V_1、W_1 分别为三个绕组的首端，U_2、V_2、W_2 分别为三个绕组的末端。三相绕组在空间位置上首端（末端）彼此相差 120°。

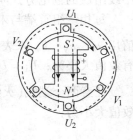

图 4-1　发电机的
结构示意图

转子是一个电磁铁，发电机转子铁心上绕有励磁线圈，通入直流电流，这就形成一个可转动的磁极 S-N，其磁通经定子铁心闭合，转子磁场在空间按正弦规律分布。

当转子由原动机驱动，按顺时针方向以 ω 角速度匀速旋转时，三相绕组中将感应出三相正弦电动势 e_U、e_V、e_W。由于转子产生的磁场是以确定的速度切割三个结构和匝数均相同的绕组，在三个绕组中交变产生频率相同、最大值相等、相位互差120°电角的电动势。

三相电动势的正方向规定是从绕组的末端指向首端，瞬时值用数学式表示为：

$$e_U = E_m \sin\omega t$$

$$e_V = E_m \sin(\omega t - 120°)$$

$$e_W = E_m \sin(\omega t - 240°) = E_m \sin(\omega t + 120°)$$

如图 4-2 所示为三相电动势波形图及相量图，显然为三相对称电动势。它们的瞬时值或相量之和为零，即：

$$e_U + e_V + e_W = 0$$

$$\dot{E}_V + \dot{E}_U + \dot{E}_W = 0$$

三相电动势依次出现正幅值(最大值)的顺序叫做相序,这里的顺序是:$U \rightarrow V \rightarrow W \rightarrow U$,称为正序。若为 $U \rightarrow W \rightarrow V \rightarrow U$,称为逆序。一般供电系统三相交流电的相序均为正序。

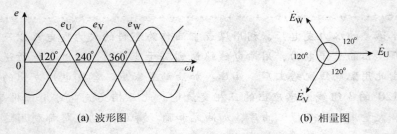

(a) 波形图　　　　　　　　　　　(b) 相量图

图 4-2　三相电动势波形图及相量图

4.1.2　三相电源的联接

三相发电机输出供电,它的三个绕组可有两种接线方式,即星形接法和三角形接法。

(1)星形接法。将三相发电机三相绕组的末端 U_2、V_2、W_2(相尾)连接在一起,首端 U_1、V_1、W_1(相头)分别引出,这种连接方法叫做星形(丫)连接,如图 4-3 所示。

从三相电源三个首端 U_1、V_1、W_1 引出的三根导线叫做端线或相线,俗称火线。星形(丫)联结点 N 叫做中性点,从中性点引出的导线叫做中线或零线。这种由三根相线和一根中线组成的输电方式叫做三相四线制,若不引中线称作三相三线制。

每相绕组首端与末端之间的电压(即相线与中线之间的电压)叫做相电压,它们的瞬时值用 u_U、u_V、u_W 来表示,相量用 $\dot{U}_U$、$\dot{U}_V$、$\dot{U}_W$ 来表示。这三个相电压也是对称的,相电压有效值大小为:$U_U = U_V = U_W = U_P$。

任意两个端线(火线)之间的电压叫做线电压。相量用 $\dot{U}_{UV}$、$\dot{U}_{VW}$、$\dot{U}_{WU}$ 表示。线电压有效值大小为:

$$U_{UV} = U_{VW} = U_{WU} = U_l$$

如图 4-4 所示为星形接法的相量图,其电压的相量关系为:

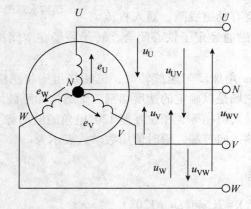

图 4-3　星形(丫形)连接三相交流电路

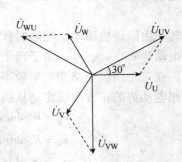

图 4-4　星形接法的相量图

$$\dot{U}_{UV} = \dot{U}_U - \dot{U}_V = \sqrt{3}\,\dot{U}_U \angle 30°$$

$$\dot{U}_{VW} = \dot{U}_V - \dot{U}_W = \sqrt{3}\,\dot{U}_V \angle 30°$$

$$\dot{U}_{WU} = \dot{U}_W - \dot{U}_U = \sqrt{3}\,\dot{U}_W \angle 30°$$

即：星形联接的三相电源的线电压和相电压的有效值为：$U_1 = \sqrt{3}\,U_p$，如星形联接的三相电源的相电压为220V，线电压则为380V。

在相位上，线电压超前相应的相电压30°。即线电压 U_{UV} 比相电压 U_U 超前30°。

（2）三角形接法。将三相绕组的首、末端依次相连，从3个点引出3条火线。即：V 相绕组首端 V_1 与 U 相末端 U_2 相连；W 相绕组首端 W_1 与 V 相末端 V_2 相连；U 相绕组首端 U_1 与 W 相末端 W_2 相连，并从三个首端 U_1、V_1、W_1 引出三根导线。这种连接方法叫做三角形（△形）连接，如图4-5所示。

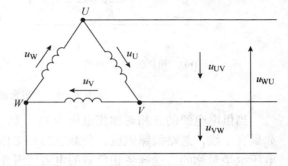

图4-5　三相绕组的三角形接法

每相绕组的电压就是两端线间的电压，所以线电压与相电压的有效值相等，即 $U_1 = U_p$。

按这种接法，在三相绕组闭合回路中有 $e_U + e_V + e_W = 0$，回路中无环路电流。若有一相绕组首末端接错，则在三相绕组中将产生很大环流，致使发电机烧毁。发电机绕组很少用三角形接法，但作为变电用的三相变压器绕组，星形和角形两种接法都会用到。

4.2　三相交流的电压和电流

4.2.1　三相不对称负载的星形联结

如图4-6（a）所示，三相负载的星形联接点 N' 叫做负载的中点，因有中线 NN'，所以是三相四线制电路，通常三相不对称负载星形联接时都接成三相四线制电路。图中通过端线的电流叫做线电流，用 $\dot{I}_U$、$\dot{I}_V$、$\dot{I}_W$ 表示；通过每相负载的电流叫做相电流。用 $\dot{I}_u$、$\dot{I}_v$、$\dot{I}_w$ 表示。显然，在星形联接时，某相负载的相电流就是对应的线电流，即相电流等于线电流。

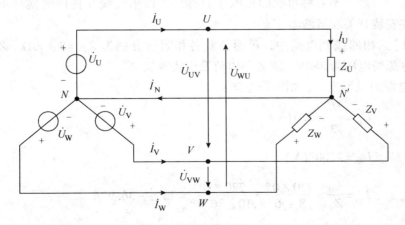

(a)三相负载的星形联结

图4-6　三相交流的电压和电流

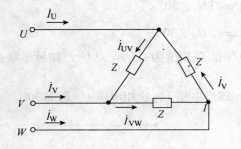

(b) 三相负载的角形联接

(c) 离心油泵电动机组

图4-6 三相交流的电压和电流(续)

当供电电源的三相对称相电压为 $\dot{U}_U$、$\dot{U}_V$、$\dot{U}_W$,用电负载为三相不对称的 Z_U、Z_V、Z_W,如果有中线,忽略线路阻抗,负载上的相电压、线电压就等于电源电压,使得三相负载的相电压也是对称的,这样各相负载的电流可看作单相电路计算,用欧姆定律分别计算:

$$\dot{I}_U = \frac{\dot{U}_U}{Z_U}, \quad \dot{I}_V = \frac{\dot{U}_V}{Z_V}, \quad \dot{I}_W = \frac{\dot{U}_W}{Z_W}$$

此时中线有电流,按图4-6(a)所示选定的正方向可写出:

$$\dot{I}_N = \dot{I}_U + \dot{I}_V + \dot{I}_W$$

如三相照明负载就不能没有中线,如果负载不对称而又没有中线时,尽管电源电压是对称的,但相负载上得到的相电压就不对称。因负载的中点与电源的中点不等点位,如图4-7所示,这时负载端相电压不再对称,此时有的相电压过高,而有的电压过低,从而使负载不能正常工作。比如,照明电路中各相负载不能保证完全对称,所以绝对不能采用三相制供电,必须采用三相四线制供电方式,而且必须保证零线可靠。

因此,在三相四线制电路中,中性线的作用就是使星形联结的不对称负载的相电压对称,所以中性线在任何时候都不能断开,中性线上不允许安装开关和熔断器。

【例4-1】三相四线制电路中,星形负载各相阻抗分别为 $Z_U = 8 + j6\Omega$、$Z_V = 3 - j4\Omega$、$Z_W = 10\Omega$,电源线电压为380V,求各相电流及中线电流。

【解】设电源为星形连接,则由题意知:

$$U_p = \frac{U_l}{\sqrt{3}} = 220(V)$$

$$\dot{U}_U = 220 \angle 0°(V)$$

$$\dot{I}_U = \frac{\dot{U}_U}{Z_U} = \frac{220 \angle 0°}{8 + j6} = \frac{220 \angle 0°}{10 \angle 36.9°} = 22 \angle -36.9°A$$

$$\dot{I}_V = \frac{\dot{U}_V}{Z_V} = \frac{220 \angle -120°}{3 - j4} = \frac{220 \angle -120°}{5 - 53.1°} = 44 \angle -66.9°A$$

图4-7 不对称负载
星形联结相量图

76

$$\dot{I}_\text{W} = \frac{\dot{U}_\text{W}}{Z_\text{W}} = \frac{220\angle 120°}{10} = \frac{220\angle 120°}{10\angle 0°} = 22\angle 120°\text{A}$$

$$\dot{I}_\text{N} = \dot{I}_\text{U} + \dot{I}_\text{V} + \dot{I}_\text{W} = 22\angle -36.9° + 44\angle -66.9° + 22\angle 120°$$

$$= 17.6 - j13.2 + 17.3 - j40.5 - 11 + j19.1$$

$$= 23.9 - j34.6 = 42\angle -55.4°\text{A}$$

【例4-2】在负载作 Y 形联接的对称三相电路中，已知每相负载均为 $|Z| = 20\Omega$，设线电压 $U_1 = 380\text{V}$，试求：各相电流（也就是线电流）。

【解】在对称丫负载中，相电压 $U_\text{P} = \dfrac{U_1}{\sqrt{3}} = \dfrac{380}{\sqrt{3}} = 220（\text{V}）$

相电流（即线电流）为：$I_\text{P} = \dfrac{U_\text{P}}{|Z|} = \dfrac{220}{20} = 11（\text{A}）$

4.2.2　三相对称负载的星形联接

当三相负载对称时，即各相负载完全相同 $Z_\text{U} = Z_\text{V} = Z_\text{W} = Z = |Z|\angle\varphi$，负载星形联接时，中线可以去掉，接成三相三线制电路，如图 4-8（a）所示。在三相对称电压 $\dot{U}_\text{U}$、$\dot{U}_\text{V}$、$\dot{U}_\text{W}$作用下，假设先将中线接上，每相负载上流过的相电流为：

$$\dot{I}_\text{U} = \frac{\dot{U}_\text{U}}{Z}, \quad \dot{I}_\text{V} = \frac{\dot{U}_\text{V}}{Z}, \quad \dot{I}_\text{W} = \frac{\dot{U}_\text{W}}{Z}$$

由于电压对称、三相负载对称，显然，电流的幅值相等、频率相同、相位互差 $120°$，三相电流也是对称的。对星形联接三相对称电路进行计算时，一般只计算一相（如 U 相）即可，其他两相可推写出。

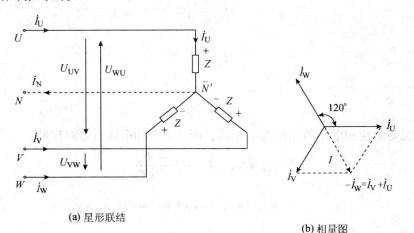

(a) 星形联结　　　　　　　　　　　　(b) 相量图

图 4-8　对称负载星形联结及相量图

中线电流 $\dot{I}_\text{N} = \dot{I}_\text{U} + \dot{I}_\text{V} + \dot{I}_\text{W} = 0$。既然中线没有电流通过，所以中线可以去掉，形成三相三线制电路，也就是说对于对称负载来说，不必关心电源的接法，只需关心负载的接法。

对称的三相电流，使各相电流值相等，且等于线电流值，则有：

$$I_\text{U} = I_\text{V} = I_\text{W} = I_1 = I_\text{p} = \frac{U_\text{P}}{|Z|}$$

$$\varphi_{\text{V}} = \varphi_{\text{V}} = \varphi_{\text{W}} = \varphi = \arctan \frac{X}{R}$$

电流相量图如图 4 - 8(b)所示。

4.2.3　三相对称负载的三角形联接

如图 4 - 9 所示为负载三角形(△)接法的电路。因为每相负载接于两根端线(相线)之间，所以负载的相电压就等于电源的线电压，即 $U_l = U_P$。

电源的对称线电压为 $\dot{U}_{\text{UV}}$、$\dot{U}_{\text{VW}}$、$\dot{U}_{\text{WU}}$，不会因负载是否对称而改变，所以三角形连接时，负载不论对称与否，其相电压总是对称的。三相对称负载为：

$$Z_{\text{UV}} = Z_{\text{VW}} = Z_{\text{WU}} = Z = |Z| \angle \varphi$$

如图 4 - 10 所示，负载的相电流为：

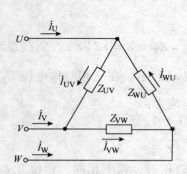

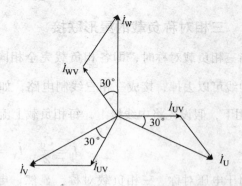

图 4 - 9　三相负载的角形联结　　　图 4 - 10　对称负载的角形联结时电流相量

$$\dot{I}_{\text{UV}} = \frac{\dot{U}_{\text{UV}}}{Z_{\text{UV}}}$$

$$\dot{I}_{\text{VW}} = \frac{\dot{U}_{\text{VW}}}{Z_{\text{VW}}}$$

$$\dot{I}_{\text{WU}} = \frac{\dot{U}_{\text{WU}}}{Z_{\text{WU}}}$$

各相电流与对应相电压的相位差 φ 相同，所以三个相电流也是对称的。

$$I_{\text{UV}} = I_{\text{VW}} = I_{\text{WU}} = I_{\text{p}} = \frac{U_{\text{p}}}{|Z|}$$

$$\varphi_{\text{UV}} = \varphi_{\text{VW}} = \varphi_{\text{WU}} = \varphi = \arctan \frac{X}{R}$$

线电流为：

$$\begin{cases} \dot{I}_{\text{U}} = \dot{I}_{\text{UV}} - \dot{I}_{\text{WU}} \\ \dot{I}_{\text{V}} = \dot{I}_{\text{VW}} - \dot{I}_{\text{UV}} \\ \dot{I}_{\text{W}} = \dot{I}_{\text{WU}} - \dot{I}_{\text{VW}} \end{cases}$$

由于相电流对称，则负载的线电流也是对称的，即：

$$I_U = I_V = I_W = I_l$$

以线电压 $\dot{U}_{UV}$ 为参考相量，画出相量图，如图 4 – 11 所示。

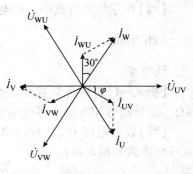

$$I_U = 2I_{UV}\cos30° = \sqrt{3}\,I_{UV}$$
$$I_V = 2I_{VW}\cos30° = \sqrt{3}\,I_{VW}$$
$$I_W = 2I_{WU}\cos30° = \sqrt{3}\,I_{WU}$$
$$I_l = \sqrt{3}\,I_P$$

从相量图中还可看出，线电流也是对称的，各线电流的相位比相应的相电流滞后 30°。各线电流与相电流的相量关系为：

图 4 – 11 对称负载△联结相量图

$$\dot{I}_U = \sqrt{3}\,\dot{I}_{UV}e^{-j30}$$
$$\dot{I}_V = \sqrt{3}\,\dot{I}_{VW}e^{-j30}$$
$$\dot{I}_W = \sqrt{3}\,\dot{I}_{WU}e^{-j30}$$

由于电压对称、三相负载对称，三相线电流、相电流也是对称的。对三角形联接三相对称电路进行计算时，一般只计算一相即可，其他两相可推写出。

4.2.4 三相不对称负载的三角形联接

如图 4 – 12 所示，设电源的对称线电压为 $\dot{U}_{UV}$、$\dot{U}_{VW}$、$\dot{U}_{WU}$，三相不对称。

$$Z_{UV} \neq Z_{VW} \neq Z_{WU}$$

负载的相电流为：

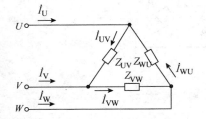

$$\dot{I}_{UV} = \frac{\dot{U}_{UV}}{Z_{UV}}$$

$$\dot{I}_{VW} = \frac{\dot{U}_{VW}}{Z_{VW}}$$

$$\dot{I}_{WU} = \frac{\dot{U}_{WU}}{Z_{WU}}$$

图 4 – 12 不对称负载△联结

三个相电流不对称。
线电流为：

$$\begin{cases} \dot{I}_U = \dot{I}_{UV} - \dot{I}_{WU} \\ \dot{I}_V = \dot{I}_{VW} - \dot{I}_{UV} \\ \dot{I}_W = \dot{I}_{WU} - \dot{I}_{VW} \end{cases}$$

由于相电流不对称，则负载的线电流也是不对称的，即：$I_l \neq \sqrt{3}\,I_P$ 和30°的关系也不成立。

【例 4 – 3】在对称三相电路中，负载作△形联接，已知每相负载均为 $|Z| = 50\Omega$，设线电压 $U_L = 380\mathrm{V}$，试求各相电流和线电流。

79

【解】在三角形负载中，相电压等于线电压，即 $U_{\triangle P} = U_L$。

则相电流：
$$I_{\triangle P} = \frac{U_{\triangle P}}{|Z|} = \frac{380}{50} = 7.6(\text{A})$$

线电流：
$$I_{\triangle L} = \sqrt{3}\,I_{\triangle P} \approx 13.2(\text{A})$$

【例4-4】对称负载接成三角形，接入线电压380V的三相电源，若每相阻抗 $Z = 6 + j8\Omega$，求负载各相电流及各线电流。

【解】设线电压 $U_{UV} = 380\angle 0°(\text{V})$，

则负载各相电流：

$$\dot{I}_{UV} = \frac{U_{UV}}{Z} = \frac{380\angle 0°}{6 + j8} = \frac{380\angle 0°}{10\angle 53.1°} = 38\angle -53.1°$$

$$\dot{I}_{VW} = \frac{\dot{U}_{VW}}{Z} = \dot{I}_{UV}\angle -120° = 38\angle -53.1° - 120° = 38\angle -173.1°(\text{A})$$

$$\dot{I}_{WU} = \frac{\dot{U}_{WU}}{Z} = \dot{I}_{UV}\angle 120° = 38\angle -53.1° + 120° = 38\angle 66.9°(\text{A})$$

4.3 三相功率及其测量方法

对称三相功率见图4-13，功率表测量三相功率见图4-14所示。

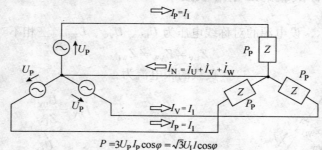

$$P = 3U_P I_P \cos\varphi = \sqrt{3}U_l I \cos\varphi$$

图4-13 对称三相功率

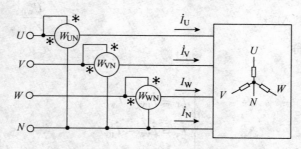

图4-14 功率表测量三相功率

4.3.1 三相交流电路的有功功率

在三相交流电路中，三相负载消耗的有功功率等于各相负载有功功率之和，即：

$$P = P_U + P_V + P_W = U_{PU}I_{PU}\cos\varphi_U + U_{PV}I_{PV}\cos\varphi_V + U_{PW}I_{PW}\cos\varphi$$

在对称三相电路中，无论负载是星形联接还是三角形联接，由于各相负载相同，各相电压大小相等，各相电流也相等，所以三相总的功率是单相功率的 3 倍。

每相的功率：
$$P = U_P I_P \cos\varphi$$

所以三相有功功率为：
$$P = 3 U_P I_P \cos\varphi$$

在三相对称电路中，各相负载性质相同，电压、电流对称，则有：

当负载为星形连接时：
$$U_P = U_l/\sqrt{3}, \quad I_P = I_l$$

当负载为三角形连接时：
$$U_P = U_l, \quad I_P = I_l/\sqrt{3}$$

所以三相有功功率为：
$$P = 3 U_P I_P \cos\varphi = \sqrt{3} U_l I_l \cos\varphi$$

4.3.2 三相交流电路的其他功率

在三相交流电路中，除有功功率外，还有无功功率和视在功率。

三相负载无功功率等于各相负载无功功率之和，即：
$$Q = Q_U + Q_V + Q_W = U_{PU} I_{PU} \sin\varphi_U + U_{PV} I_{PV} \sin\varphi_V + U_{PW} I_{PW} \sin\varphi_W$$

三相电路的无功功率为：
$$Q = 3 U_P I_P \sin\varphi = \sqrt{3} U_l I_l \sin\varphi$$

三相电路的视在功率为：
$$S = 3 U_P I_P = \sqrt{3} U_l I_l = \sqrt{P^2 + Q^2}$$

4.3.3 三相交流电路的功率因数

三相电路的功率因数为 $\cos\varphi = \dfrac{P}{S}$，其中 φ 为对称负载的阻抗角，也是负载相电压与相电流之间的相位差。

【例 4-5】有一对称感性负载 $R = 3\Omega$，$X_L = 4\Omega$，电源线电压为 380V。试求负载分别作星形联接和三角形联接时电路的有功功率、无功功率和视在功率。

【解】
$$\varphi = \arctan\frac{X_L}{R} = \arctan\frac{4}{3} = 53.1°$$

（1）负载作三角形联接时：
$$I_L = \sqrt{3} I_P = \sqrt{3} \times \frac{380}{\sqrt{3^2 + 4^2}} = 131.6(A)$$

$$P = \sqrt{3} U_L I_L \cos\varphi = 52(kW)$$

$$Q = \sqrt{3} U_L I_L \sin\varphi = 69.3(kVar)$$

$$S = \sqrt{3} U_L I_L = 86.7(kV \cdot A)$$

（2）负载作星形联接时：
$$I_L = I_P = \frac{380}{\sqrt{3} \times \sqrt{3^2 + 4^2}} = 43.9(A)$$

$$P = \sqrt{3} U_L I_L \cos\varphi = 17.3(kW)$$

$$Q = \sqrt{3}\, U_{\text{L}} I_{\text{L}} \sin\varphi = 23.1 \, (\text{kVar})$$

$$S = \sqrt{3}\, U_{\text{L}} I_{\text{L}} = 28.9 \, (\text{kV} \cdot \text{A})$$

【例 4 - 6】有一三相异步电动机，其绕组联成三角形，接在线电压 380V 的电源上，从电源取用的功率 $P_1 = 11.43\text{kW}$，功率因数 $\text{con}\varphi = 0.87$，求电动机的相电流和线电流。

【解】根据 $P_1 = \sqrt{3}\, U_{\text{L}} I_{\text{L}} \cos\varphi$，线电流：

$$I_{\text{L}} = \frac{P_1}{\sqrt{3}\, U_{\text{L}} \cos\varphi} = \frac{11.43 \times 10^3}{\sqrt{3} \times 380 \times 0.87} \approx 20 \, (\text{A})$$

相电流：

$$I_{\text{P}} = \frac{I_{\text{L}}}{\sqrt{3}} = \frac{20}{\sqrt{3}} \approx 11.5 \, (\text{A})$$

4.3.4　三相功率的测量

对称三相功率的测量，可用单相功率表图 4 - 13 和图 4 - 14 所示的接线方法进行。图 4 - 13 所示在负载为丫接法且中性点能引出时使用，功率表读数的三倍为三相功率。图 4 - 14 所示中使用两台功率表，其读数的和为三相功率，负载不管是△联接还是丫联接都可用。

还得说明，当负载的阻抗角大于 60°（功率因数比 50% 小）时，一功率表的指针将反转，这时把功率表的极性切换开关拨向"－"，指针就会正转，然后将两只功率表的读数相减，得出三相功率。

本 章 小 结

三相电源：

振幅相等、频率相同，在相位上彼此相差 120° 的三个电动势称为对称三相电动势。对称三相电动势瞬时值的数学表达式为：

第一相（U 相）电动势：$e_1 = E_{\text{m}} \sin(\omega t)$

第二相（V 相）电动势：$e_2 = E_{\text{m}} \sin(\omega t - 120°)$

第三相（W 相）电动势：$e_3 = E_{\text{m}} \sin(\omega t + 120°)$

三相电源中的绕组有星形（亦称丫形）接法和三角形（亦称△形）接法两种。

三相负载：

1. 三相负载的丫形接法

在三相四线制电路，线电压 U_{L} 是负载相电压 U_{P} 的 $\sqrt{3}$ 倍，即 $U_{\text{L}} = \sqrt{3}\, U_{\text{P}}$，负载的相电流 I_{P} 等于线电流 I_{L}，即 $I_{\text{L}} = I_{\text{P}}$。

当三相负载对称时，即各相电流（或各线电流）振幅相等、频率相同、相位彼此相差 120°，并且中线电流为零。所以中线可以去掉，即形成三相三线制电路。

2. 三相负载的△形接法

负载做△形联结时只能形成三相三线制电路。显然不管负载是否对称（相等），电路中负载相电压 U_{P} 都等于线电压 U_{L}，即 $U_{\text{P}} = U_{\text{L}}$。

当三相负载对称时，相电流和线电流也一定对称。负载的相电流为 $I_{\triangle\text{P}} = \dfrac{U_{\triangle\text{P}}}{|Z|}$，线电流 $I_{\triangle\text{L}}$ 等于相电流 $I_{\triangle\text{P}}$ 的 $\sqrt{3}$ 倍，即 $I_{\triangle\text{L}} = \sqrt{3}\, I_{\triangle\text{P}}$。

三相功率：

三相负载的有功功率等于各相功率之和，即 $P = P_U + P_V + P_W$。

在对称三相电路中，无论负载是星形联接还是三角形联接，由于各相负载相同、各相电压大小相等、各相电流也相等，所以三相功率为 $P = 3U_PI_P\cos\varphi = \sqrt{3}\,U_LI_L\cos\varphi$，其中 φ 为对称负载的阻抗角，也是负载相电压与相电流之间的相位差。

习　题

1. 三相对称电源绕组星形联接，正相序供电，相电压 $u_U = 220\sqrt{2}\sin(\omega t + 30°)$ V，问线电压 u_{UV} 为多少？

2. 一台三相交流电动机，定子绕组星形连接于 $U_L = 380$V 的对称三相电源上，其线电流 $I_L = 2.2$A，$\cos\varphi = 0.8$，试求每相绕组的阻抗 Z。

3. 已知对称油库三相交流电路，每相负载的电阻为 $R = 8\Omega$，感抗为 $X_L = 6\Omega$，设电源电压为 $U_L = 380$V，求负载星形连接时的相电流、相电压和线电流，并画相量图。

4. 已知电路如图 4-15 所示。电源电压 $U_L = 380$V，每相负载的阻抗为 $R = X_L = X_C = 10\Omega$。

（1）该三相负载能否称为对称负载？为什么？

（2）计算中线电流和各相电流，画出相量图。

（3）求三相总功率。

5. 如图 4-16 所示的三相四线制电路，三相负载连接成星形，已知三相对称电源，负载端相电压为 220V，$R_1 = 20\Omega$、$R_2 = 6\Omega$、$X_L = 8\Omega$、$X_C = 10\Omega$。求：（1）各相电流；（2）中线电流；（3）三相功率 P、Q。

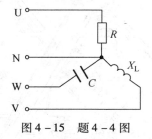
图 4-15　题 4-4 图

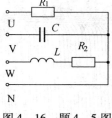
图 4-16　题 4-5 图

6. 三相对称负载三角形连接，其线电流为 $I_L = 5.6$A，有功功率为 $P = 7760$W，功率因数 $\cos\phi = 0.8$，求电源的线电压 U_L、电路的无功功率 Q 和每相阻抗 Z。

7. 对称三相负载星形连接，已知每相阻抗为 $Z = 31 + j22\Omega$，电源线电压为 380V，求油库三相交流电路的有功功率、无功功率、视在功率和功率因数。

8. 对称三相电阻炉作三角形连接，每相电阻为 38Ω，接于线电压为 380V 的对称三相电源上，试求负载相电流 I_P、线电流 I_L 和三相有功功率 P，并绘出各电压电流的相量图。

9. 对称三相电源，线电压 $U_L = 380$V，对称三相感性负载作三角形连接，若测得线电流 $I_L = 17.3$A，三相功率 $P = 9.12$kW，求每相负载的电阻和感抗。

10. 三相异步电动机的三个阻抗相同的绕组连接成三角形，接于线电压 $U_L = 380$V 的对称三相电源上，若每相阻抗 $Z = 8 + j6\Omega$，试求此电动机工作时的相电流 I_P、线电流 I_L 和三相电功率 P。

第 5 章　油库变压器原理及应用

在油库中常见的电磁仪表、电磁继电器、变压器等都是利用磁场来实现能量转换的，而磁场又是由线圈中的电流产生的，因此这些电气设备工作时不仅有电路问题，还有磁路问题。变压器借助于法拉第电磁感应，以相同的频率，用两个或更多的绕组之间交换交流电压、电流或阻抗。变压器还可将电能由它的一次侧经电磁能量的转换传输到二次侧，同时根据输配电的需要将电压升高或降低。

本章学习变压器原理、结构和运行特性以及变压器在油库中的应用。

5.1　变压器结构、原理及功能

5.1.1　变压器的结构

如图 5 − 1(a)所示为变压器整体外形。

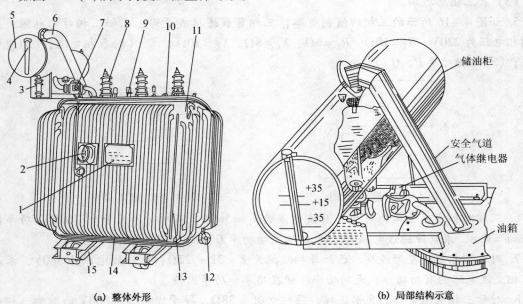

(a) 整体外形　　　　　　　　　　　(b) 局部结构示意

图 5 − 1　变压器的结构示意图

1—铭牌；2—信号式温度计；3—吸湿器；4—油标；5—储油柜；6—安全气道；
7—气体继电器；8—高压套管；9—低压套管；10—分接开关；
11—油箱；12—放油阀门；13—器身；14—接地板；15—小车

变压器基本组成部分为闭合铁芯和线圈绕组，如图 5 − 2 所示。

铁芯构成变压器的磁路，为了减少铁损，提高磁路的导磁性能，一般由 0.35 ~ 0.55mm

的表面绝缘的硅钢片交错叠压而成。铁芯的结构分为 OD 型、R 型、ED 型和 CD 型，变压器根据铁芯结构可分为心式(小功率)和壳式(容量较大)两种，如图 5-3 所示。

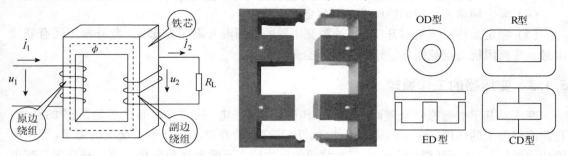

图 5-2　变压器基本结构示意图　　　　　　　　图 5-3　变压器铁芯

绕组即线圈，是变压器的电路部分，用绝缘导线绕制而成的，有原绕组、副绕组之分，如图 5-4 所示。

联接电源的称为原绕组(或称初级绕组、一次绕组)，与负载相联的称为副绕组(或称次级绕组、二次绕组)。

由于铁芯损失而使铁芯发热，变压器要有冷却系统。小容量变压器采用自冷式，而中、大容量的变压器采用油冷式。

图 5-4　变压器线圈绕组

5.1.2　额定值

如图 5-5 所示为变压器的铭牌，标注的技术数据对使用者来说主要有：

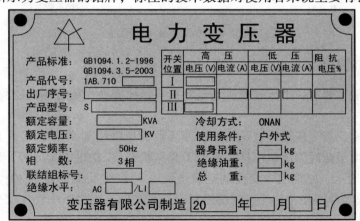

图 5-5　变压器额定值铭牌标示

(1) 额定容量 S_N。在铭牌规定的额定状态下变压器输出视在功率的保证值，单位为 kV 或 kVA。三相变压器指三相容量之和。

(2) 额定电压 U_N。铭牌规定的各个绕组在空载、指定分接开关位置下的端电压，单位为 V 或 kV。三相变压器指线电压。

(3) 额定电流 I_N。根据额定容量和额定电压算出的电流称为额定电流，单位为 A。三相变压器指线电流。

单相变压器：
$$I_{1N} = \frac{S_N}{U_{1N}}, \quad I_{2N} = \frac{S_N}{U_{2N}}$$

三相变压器：
$$I_{1N} = \frac{S_N}{\sqrt{3}\,U_{1N}},\quad I_{2N} = \frac{S_N}{\sqrt{3}\,U_{2N}}$$

（4）额定频率 f_N。我国的标准工频规定为 50Hz。

（5）额定运行时绕组温升（K）。油浸变压器的线圈温升限制为 65K，此外额定还有联接组号、短路阻抗、空载损耗、短路损耗、空载电流等。

5.1.3 变压器的工作原理

变压器基于电磁感应原理而工作。工作时绕组是"电"的通路，而铁芯是"磁"的路径，且起绕组骨架的作用。一次侧输入电能后，因其交变故在铁芯内产生了交变的磁场（即由电能变成磁场）；由于匝链（穿透），二次绕组的磁力线在不断地交替变化，所以感应出二次电动势，当外电路沟通时，则产生了感生电流，向外输出电能（即由磁场能又转变成电能）。这种"电－磁－电"的转换过程是建立在电磁感应原理基础上而实现的，这种能量转换过程就是变压器的工作过程，如图 5－6 所示。

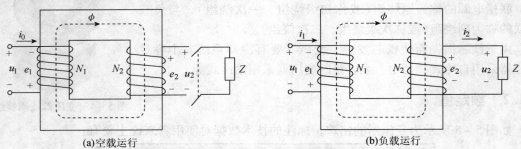

(a)空载运行　　　　　　　　　　　　　　　(b)负载运行

图 5－6　变压器的工作原理

5.1.4 变压器的功能

变压器的功能主要有：电压变换、电流变换、阻抗变换，还有隔离、稳压（磁饱和变压器）等作用。

（1）电压变换。当变压器空载运行时，变压器的原绕组加交流电压 u_1 时，在原绕组中产生交流电流，由于此时副绕组不接负载处于开路状态（二次电流 $i_2 = 0$），所以此电流称为空载电流，用 i_0 表示，原绕组中交流的空载电流 i_0 将产生交变的磁通 Φ_m，此交变的磁通 Φ_m 通过铁芯形成闭合回路，与原、副绕组相交连，在原、副绕组中产生交变的感应电动势 E_1 和 E_2。推导过程为：

设主磁通 $\Phi = \Phi_m \sin\omega t$，则：

$$e_1 = -N_1\frac{\mathrm{d}\Phi}{\mathrm{d}t} = -N_1\Phi_m\cos\omega t = N_1\Phi_m\sin(\omega t - 90°) = E_{1m}\sin(\omega t - 90°)$$

其最大值：
$$E_{1m} = \omega N_1\Phi_m = 2\pi f N_1\Phi_m$$

其有效值：
$$E_1 = \frac{E_{1m}}{\sqrt{2}} = \frac{2\pi f N_1\Phi_m}{\sqrt{2}} = 4.44 f N_1\Phi_m$$

$$U_1 = -E_1 = 4.44 f N_1\Phi_m$$

同理副边电路有效值为：
$$U_2 = -E_2 = 4.44 f N_2\Phi_m$$

变压器空载时，

$$I_2 = 0 \qquad U_{20} = E_2$$

由于空载电流 i_0 一般很小，所以在数值上 $E_1 = U_1 + i_0 r \approx U_1$。因二次电流 $i_2 = 0$，E_2 在数值上等于副绕组的空载电压 U_2，即 $E_2 = U_2$，所以：

$$\frac{U_1}{U_2} = \frac{E_1}{E_2} = \frac{N_1}{N_2} = k$$

由此表明：原、副绕组的电压之比，等于绕组匝数之比。k 称为原、副绕组匝数比，也称为变压器的额定电压比，俗称变比。这就是变压器变换电压的原理。当 $k > 1$ 时，该变压器是降压变压器；当 $k < 1$ 时，该变压器是升压变压器。变比在变压器的铭牌上注明，如图 5 – 7 所示，以

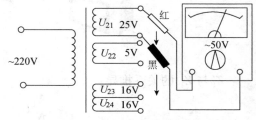

图 5 – 7　变压器变换电压

"220/25/5/16V"的形式表示原、副绕组的额定电压之比，此例表明这台变压器的原绕组的额定电压 $U_{1N} = 220V$，副绕组的额定电压 U_{2N} 为 25V、5V、16V。

所谓副绕组的额定电压是指原绕组加上额定电压时副绕组的空载电压。由于变压器有内阻抗压降，所以副绕组的空载电压一般应较满载时的电压高 $5\% \sim 10\%$。

（2）电流变换。当副绕组接上负载后，如图 5 – 6(b) 所示，副绕组中有电流 i_2 流过，并产生磁通 $\varPhi_2$，因而使原来铁芯中磁通 $\varPhi_m$ 发生了变化。为了"阻碍" $\varPhi_2$ 对原磁通 $\varPhi_m$ 的影响，原绕组中电流从空载电流 i_0 增大到 i_1。因此，当二次电流增大或减小时，一次电流也会随之增大或减小。

由 $U_1 = E_1 = 4.44 f N_1 \varPhi_m$ 可见，当电源电压 U_1 和频率 f 不变时，E_1 和 $\varPhi_m$ 也都近于常数。就是说铁芯中主磁通的最大值在变压器空载或有负载时是差不多恒定的。因此有负载时产生主磁通的原、副绕组的合成磁动势 $(i_1 N_1 + i_2 N_2)$，应该和空载时产生主磁通的原绕组的磁动势 $i_0 N_1$ 差不多相等，即 $i_1 N_1 + i_2 N_2 = i_0 N_1$。

变压器的空载电流 i_0 是励磁用的。由于铁芯的磁导率高，空载电流是很小的。它的有效值 I_0 在原绕组额定电流 I_{1N} 的 10% 以内，因此 $i_{01} N_1$ 与 $i_1 N_1$ 相比，常可忽略。

于是

$$i_1 N_1 = -i_2 N_2$$

其有效值形式为：

$$I_1 N_1 = I_2 N_2$$

所以

$$\frac{I_1}{I_2} = \frac{U_2}{U_1} = \frac{N_2}{N_1} = \frac{1}{k}$$

可见，变压器中的电流虽然由负载的大小确定，但是原、副绕组中电流的比值是基本上不变的；因为当负载增加时，i_2 和 $i_2 N_2$ 随着增大，而 i_1 和 $i_1 N_1$ 也必须相应增大，以抵偿副绕组的电流和磁动势对主磁通的影响，从而维持主磁通的最大值近于不变。如图 5 – 8 所示为变压器变换电流模型，将原绕组的大电流变换到副绕组的小电流。

（3）阻抗变换。变压器不但可以变换电压和电流，还有变换阻抗的作用，以实现"匹配"。所谓等效，就是输入电路的电压、电流和功率不变，虽然接在变压器副边的负载阻抗 Z_L 与直接接在变压器原边电源上的阻抗 Z_L' 的数值不等，但利用变压器变换阻

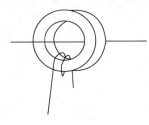

图 5 – 8　变压器变换电流

抗的功能就可使其二者阻抗等效。如图 5 - 9 所示，将 16Ω 的喇叭接到变压器的副边，在变压器的原边却得到所需阻抗值，而不是 16Ω 的等效阻抗。

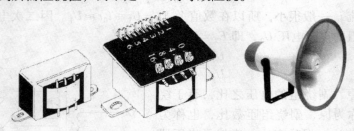

图 5 - 9　变压器变换阻抗

Z'_L 与 Z_L 的关系推导：

$$Z'_L = \frac{U_1}{I_1} = \frac{\dfrac{N_1}{N_2}U_2}{\dfrac{N_2}{N_1}I_2} = \left(\frac{N_1}{N_2}\right)^2 \frac{U_2}{I_2} = \left(\frac{N_1}{N_2}\right)^2 Z_L = k^2 Z_L$$

匝数比不同，负载阻抗折算到（反映到）原边的等效阻抗也不同。我们可以采用不同的匝数比，把负载阻抗变换为所需要的、比较合适的数值。这种做法通常称为阻抗匹配。

5.2　变压器的运行性能

5.2.1　电压变化率及外特性

我们希望变压器的电压变化如图 5 - 10(a) 所示，但是在工程实际中往往变压器的电压变化如图 5 - 10(b) 所示。由于变压器负载运行时，变压器内部存在漏阻抗，产生压降，从而引起副边电压变化，为反映负载电压随负载电流大小的变化，引入电压变化率。电压变化率 Δu 定义为：变压器原边绕组接额定电压、负载大小及其功率因数一定、空载与负载时，二次绕组开路时的电压 U_{20} 和二次绕组在给定功率因数下带负载时的实际电压 U_2 之差，与二次绕组额定电压的比值，即：

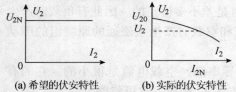

(a) 希望的伏安特性　(b) 实际的伏安特性

图 5 - 10　变压器的伏安特性

$$\Delta u = \frac{U_{20} - U_2}{U_{2N}} \times 100\%$$

$$= \frac{U_{2N} - U_2}{U_{2N}} \times 100\% = \frac{U_{1N} - U'_2}{U_{1N}} \times 100\%$$

电压变化率计算公式推导如下：

$$\Delta u = I^* \left(R_k^* \cos\phi_2 + X_k^* \sin\phi_2 \right) \times 100\%$$

图 5 - 11 所示是变压器的简化等效电路的相量图，过 P 点作 oa 的垂线，得直角 $\triangle Pob$，对于电力变压器有 $oP \approx ob$。过 d 作 ab 垂线得垂足 c。

则从空载到负载端电压变化为：

$$U_{1N} - U'_2 = ab$$

$$ab = I_1 R_k \cos\varphi_2 + I_1 X_k \sin\varphi_2$$

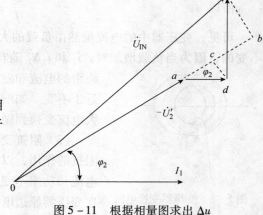

图 5 - 11　根据相量图求出 Δu

于是：
$$\Delta u = \frac{U_{1N} - U_2'}{U_{1N}} \times 100\% \approx \frac{ab}{oP} \times 100\% = \frac{I_1 R_k \cos\varphi_2 + I_1 X_k \sin\varphi_2}{U_{1N}} \times 100\%$$
$$= \beta(R_k^* \cos\varphi_2 + X_k^* \sin\varphi_2) \times 100\%$$

式中，$\beta = \dfrac{I_1}{I_{1N}} = I_1^*$ 称为负载系数，也是电流 I_1 的标幺值。

由此看出，变压器的电压变化率 Δu 决定于短路参数、负载系数、负载功率因数。在电力变压器中，一般 $X_k \gg R_k$，当负载为额定负载、功率因数为指定值（通常为 0.8 滞后）时的额定电压调整率 Δu 通常约为 $\Delta u = 5\% \sim 8\%$。

变压器负载运行时，二次电压随负载电流的变化曲线称为变压器的外特性曲线。如图 5 – 12 所示给出了不同负载性质时的外特性曲线。

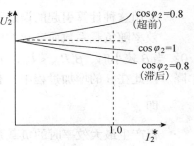

图 5 – 12   变压器外特性曲线

纯电阻负载（$\cos\varphi_2 = 1$）：$\varphi_2 = 0$，$\Delta u > 0$，外特性曲线下降；

感性负载（如 $\cos\varphi_2 = 0.8$ 滞后）：$\varphi_2 > 0$，$\Delta u > 0$，外特性曲线下降较多；

容性负载（如 $\cos\varphi_2 = 0.8$ 超前）：$\varphi_2 < 0$，$\Delta u < 0$，外特性曲线上升。

如果变压器的二次电压偏离额定值较多，超出规定的允许范围，必须进行调节。通常在变压器高压绕组上设有分接头，利用调节分接开关的分接头来调节高压绕组匝数（即改变变比）达到调节二次电压的目的。

5.2.2   效率和效率特性

变压器的效率定义为：
$$\eta = \frac{P_2}{P_1} \times 100\%$$

式中，P_2 为副边绕组输出的有功功率；P_1 为原边绕组输入的有功功率。

变压器的效率一般都较高，大多数在 95% 以上，大型变压器可达 99% 以上，因此不宜采用直接测量 P_1、P_2 的方法，工程上常采用间接法测定变压器的效率，即测出各种损耗以计算效率，所以效率可表示为：
$$\eta = \frac{P_2}{P_1} = \frac{P_1 - \sum p}{P_1} = \left(1 - \frac{\sum p}{P_2 + \sum p} \times 100\%\right)$$

式中，$\sum p =$ 铁耗 + 铜耗。

变压器有铜耗和铁耗两类，每一类又包括基本损耗和杂散损耗。

基本铜耗：是指电流流过绕组时所产生的直流电阻损耗。

杂散铜耗：主要指漏磁场引起电流集肤效应，使绕组的有效电阻增大而增加的铜耗，以及漏磁场在结构部件中引起的涡流损耗等。铜耗与负载电流的平方成正比，因而也称为可变损耗。

基本铁耗：是变压器铁心中的磁滞和涡流损耗。

杂散铁耗：包括叠片之间的局部涡流损耗和主磁通在结构部件中引起的涡流损耗等。铁耗可近似认为与磁感应强度 B_m^2 或变压器原边电压 U_1^2 成正比，由于变压器的一次电压保持不变,故铁耗可视为不变损耗。

在计算效率时,假定以额定电压下空载损耗 P_0 作为铁耗,而铁耗不随负载而变化。以额定电流时的负载损耗 P_{kN} 作为额定短路电流时的铜耗,而铜耗与负载系数 β^2 成正比。计算 P_2 时,忽略负载运行时副边电压的变化,有:

$$P_2 = mU_{2N}I_2\cos\varphi_2 = \beta mU_{2N}\cos\varphi_2 = \beta S_N\cos\varphi_2$$

式中,m 为相数;S_N 为变压器的额定容量。应用上述假定:

$$\eta = \left(1 - \frac{P_0 + \beta^2 P_{kN}}{\beta S_N\cos\varphi_2 + P_0 + \beta^2 P_{kN}}\right) \times 100\%$$

采用这种计算引起的误差不超过 0.5%。

效率随负载系数而变化的曲线 $\eta = f(\beta)$ 称为效率特性。在一定的 $\cos\varphi_2$ 下,$\beta = 0$,$\eta = 0$;当 β 较小时,$\beta^2 P_{kN} < P_0$,η 随 β 增大而增大;当 β 较大时,$\beta^2 P_{kN} > P_0$,η 随 β 增大而下降。因此在 β 的增加过程中,有一 β 值对应的效率达到最大,此 β 值可求导获得,

即
$$\frac{\mathrm{d}\eta}{\mathrm{d}t} = 0$$

得产生最大效率时的负载系数为:

$$\beta_m = \sqrt{\frac{P_0}{P_{kN}}} \qquad \beta_m^2 P_{kN} = P_0$$

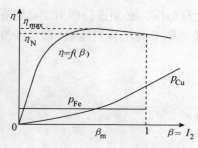

图 5 - 13 变压器效率特性曲线

可变损耗(铜耗)等于不变损耗(铁耗)时,变压器的效率达到最高,如图 5 - 13 所示。但这是指的瞬时工作效率,对实际电力变压器,P_0 是常年损耗,只要挂网就有空载损耗,而负载系数 β 随时间变化较大,故我国新 S_9 系列配电变压器 $\dfrac{P_{kN}}{P_0} = 6 \sim 7.5$。由于变压器不会长期在额定负载下运行,因此铁耗小些对提高全年的平均效率有利。一般取 $\dfrac{P_0}{P_{kN}} = \dfrac{1}{4} \sim \dfrac{1}{3}$,则 β_m 值为 $0.5 \sim 0.6$。

【例 5 - 1】变压器的试验数据,$S_N = 125000\text{kVA}$,$P_0 = 133\text{kW}$,$P_{kN} = 600\text{kW}$,求:(1)额定负载、功率因数 $\cos\varphi_2 = 0.8$(滞后)时的效率;(2)功率因数 $\cos\varphi_2 = 0.8$(滞后)时的最大效率。

【解】(1)$\beta = 1$,$\cos\varphi_2 = 0.8$,则:

$$\eta = \frac{\beta S_N\cos\varphi_2}{\beta S_N\cos\varphi_2 + P_0 + \beta^2 P_{kN}} \times 100\% = \frac{125000 \times 0.8}{125000 \times 0.8 + 133 + 600} \times 100\% = 99.27\%$$

(2)先求有最大效率时的负载系数 $\beta_m = \sqrt{\dfrac{P_0}{P_{kN}}} = \sqrt{\dfrac{133}{600}} = 0.4708$

最大效率:

$$\eta_m = \frac{\beta_m S_N\cos\varphi_2}{\beta_m S_N\cos\varphi_2 + 2P_0} \times 100\% = \frac{0.4708 \times 125000 \times 0.8}{0.4708 \times 125000 \times 0.8 + 2 \times 133} \times 100\% = 99.438\%$$

【例 5 - 2】某单相变压器的额定容量 $S_N = 100\text{kVA}$,额定电压为 $10/0.23\text{kV}$,当满载运行时,$U_2 = 220\text{V}$,求 K_u、I_{1N}、I_{2N}、$\Delta U\%$。

【解】
$$K_u = \frac{U_{1N}}{U_{2N}} = \frac{10 \times 10^3}{230} = 43.5$$

$$I_{2N} = \frac{S_N}{U_{2N}} = \frac{100 \times 10^3}{230} = 435(\text{A})$$

$$I_{1N} = \frac{I_{2N}}{K_u} = \frac{435}{43.5} = 10(\text{A})$$

$$\Delta U\% = \frac{U_{2N} - U_2}{U_{2N}} = \frac{230 - 220}{230} \times 100\% = 4.35\%$$

【例 5-3】某三相变压器 Y/Y0 接，额定电压为 6/0.4kV，向功率为 50kW 的白炽灯给电，此时负载线电压为 380V，求原、副边电流 I_1、I_2。

【解】因为白炽灯为纯电阻元件，所以 $\cos\varphi_2 = 1$。

$$I_2 = \frac{P_2}{\sqrt{3}\,U_2\cos\varphi_2} = \frac{50 \times 10^3}{\sqrt{3} \times 380 \times 1} = 76(\text{A})$$

$$I_1 = \frac{U_{2N}}{U_{1N}} \times I_2 = \frac{400}{6000} \times 76 = 5.06(\text{A})$$

5.3 自耦变压器及互感器

各种互感器如图 5-14 所示。

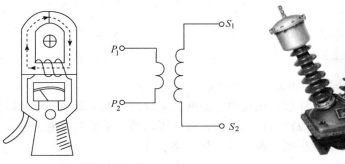

(a) 钳形电流互感器

(b) 电压互感器

(c) 电流互感器

(d) 串级干式互感器

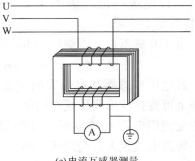

(e) 电流互感器测量

图 5-14 各种互感器

5.3.1 自耦变压器

自耦变压器的构造如图 5-15 所示。在闭合的铁芯上只有一个绕组，它既是原绕组又是副绕组，低压绕组是高压绕组的一部分，也具有变换电压和电流的作用，其电压变比和电流变比为：

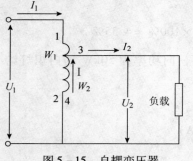

图 5-15 自耦变压器

$$\frac{U_1}{U_2} = \frac{N_1}{N_2} = k$$

$$\frac{I_1}{I_2} = \frac{N_2}{N_1} = \frac{1}{k}$$

自耦变压器多用于加热装置的温度调节，调节照明亮度，启动交流电动机以及用于实验和小仪器中。使用中的运行方式如图 5-16 所示。

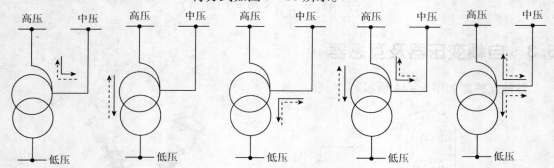

图 5-16 自耦变压器的各种运行方式

在自耦变压器使用时应注意，在接通电源前，应将滑动触头旋到零位，以免突然出现过高电压；接通电源后应慢慢地转动调压手柄，将电压调到所需要的数值；输入、输出边不得接错，电源不准接在滑动触头侧，否则会引起短路事故。

5.3.2 电压互感器

互感器包括电压互感器和电流互感器两种。互感器是专供电工测量和自动保护的装置、扩大测量表量程、改变电路中的控制设备及保护设备提供所需的低电压或小电流，并使它们与高压电路隔离，以保证安全。

电压互感器的副边额定电压一般设计为标准值 100V，以便统一电压表的表头规格，其接线如图 5-17 所示。

电压互感器原、副绕组的电压比也是其匝数比：

$$U_1/U_2 = N_1/N_2 = K$$

若电压互感器和电压表固定配合使用，则从电压表上可直接读出高压线路的电压值。

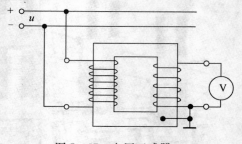

图 5-17 电压互感器

在使用电压互感器时应注意副边不允许短路，因为短路电流很大，会烧坏线圈，为此应在高压边将熔断器作为短路保护。电压互感器的铁芯、金属外壳及副边的一端都必须接地，否则万一高、低压绕组间的绝缘损坏，低压绕组和测量仪表对地将出现高电压，这对工作是非常危险的。

92

5.3.3 电流互感器

电流互感器也用于为电工测量和自动保护的装置、扩大测量表量程、改变电路中的控制设备及保护设备提供所需的小电流。

电流互感器是用来将大电流变为小电流的特殊变压器，它的副边额定电流一般设计为标准值5A，以便统一电流表的表头规格。其接线图如图5－18所示。

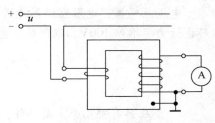

图5－18 电流互感器

电流互感器的原、副绕组的电流比仍为匝数的反比，即：$\dfrac{I_1}{I_2} = \dfrac{N_2}{N_1} = \dfrac{1}{k}$

安培表与专用电流互感器配套使用时，安培表的刻度可按大电流电路中的电流值标出。

在电流互感器使用中应注意副边不允许开路。副边电路中装拆仪表时，必须先使副绕组短路，并在副边电路中不允许安装保险丝等保护设备。电流互感副绕组的一端以及外壳、铁芯必须同时可靠接地。

本 章 小 结

变压器的工作原理：

变压器基于电磁感应原理而工作的。工作时绕组是"电"的通路，而铁芯是"磁"的通路，且起绕组骨架的作用。一次侧输入电能后，因其交变故在铁芯内产生了交变的磁场（即由电能变成磁场）；由于匝链（穿透），二次绕组的磁力线在不断地交替变化，所以感应出二次电动势，当外电路沟通时，则产生了感生电流，向外输出电能（即由磁场能又转变成电能）。这种"电－磁－电"的转换过程是建立在电磁感应原理基础上而实现的，这种能量转换过程就是变压器的工作过程。

变压器的三种功能：

$$\frac{U_1}{U_2} = \frac{N_1}{N_2} = k \ (变压)$$

$$\frac{I_1}{I_2} = \frac{N_2}{N_1} = \frac{1}{k} \ (变流)$$

$$Z'_L = k^2 Z_L \ (变阻抗)$$

变压器的外特性与效率：

外特性：由于内阻抗的存在，U_2 随 I_2 的增加而变化，其变化程度用电压变化率来衡量：

$$\Delta U\% = \frac{U_{20} - U_2}{U_{20}} \times 100\%$$

效率：由于变压器运行有损耗（铜损和铁损），所以变压器输出功率 P_2 总小于输入功率 P_1，他们的比值称为效率：

$$\eta = \frac{P_2}{P_1} = \frac{P_2}{P_2 + \Delta P_{Fe} + \Delta P_{Cu}} \times 100\%$$

特殊用途的变压器：

自耦变压器：在闭合的铁芯上只有一个绕组，它既是原绕组又是副绕组。低压绕组是高压绕组的一部分，原副绕组有电的直接联系。也具有变换电压和电流的作用。

电流互感器：电流互感器是用来将大电流变为小电流的特殊变压器，它的副边额定电流一般设计为标准值5A，以便统一电流表的表头规格。使用中应注意副边不允许开路。

电压互感器：电压互感器是用来将高电压变为低电压的特殊变压器，其副边额定电压一般设计为标准值100V，以便统一电压表的表头规格。使用中应注意副边不允许短路。

习　题

1. 变压器有哪几个主要部件？各部件的功能是什么？

2. 变压器铁芯的作用是什么？为什么要用厚0.35mm、表面涂绝缘漆的硅钢片铁芯？

3. 为什么变压器的铁芯和绕组通常浸在变压器油中？

4. 变压器有哪些主要额定值？一次、二次侧额定电压的含义是什么？

5. 与普通两绕组变压器比较，自耦变压器的主要特点是什么？

6. 电流互感器二次侧为什么不许开路？电压互感器二次侧为什么不许短路？

7. 某单相小容量变压器原绕组为780匝，副绕组为60匝，铁芯截面积$13cm^2$，电压为220V，频率为50Hz，求变比k及副绕组开路电压U_2。

8. 有一台电压为220V/110V的变压器，$N_1 = 2000$匝，$N_2 = 1000$匝。有人想节省铜线，将匝数减为20匝和10匝，是否可以？

9. 变压器具有哪些功能，能否变换直流电压，为什么？

10. 有一台变压器额定电压为220V/110V，匝数为$N_1 = 1000$、$N_2 = 500$。为了节约成本，将匝数改为$N_1 = 10$、$N_2 = 5$是否可行？

11. 有一台单相照明用变压器，容量为10kVA，额定电压为3300V/220V。今欲在二次绕组上接60W/220V的白炽灯，如果变压器在额定状况下运行，这种电灯可以接多少个？并求一次、二次绕组的额定电流。

12. 额定容量$S_N = 2kVA$的单相变压器，一次、二次绕组的额定电压分别为$U_{1N} = 220V$、$U_{2N} = 110V$，求一次、二次绕组的额定电流各为多少？

13. 有一台变压器额定电压为220V/110V，如不慎将低压侧误接到220V的交流电源上，励磁电流将会发生什么变化，为什么？

14. 有一台单相变压器，额定容量为5kVA，高、低压侧均由两个绕组组成，一次侧每个绕组的额定电压为$U_{1N} = 1100V$，二次侧每个绕组的额定电压为$U_{2N} = 110V$，用这个变压器进行不同的联接，问可得几种不同的变比？每种联接时的一、二次侧额定电流为多少？

第6章 油库交流电动机原理及应用

油库中使用电动机主要用于对潜油泵和对各种泵的驱动，它和普通型电动机的差异关键在于密封性，为了学习方便，以普通通用性为学习对象，掌握了普通型电机的结构、原理，也就为应用油库电机奠定了基础。而密封性理论已不属于本学习范畴。电机的工作原理也是利用磁场来实现能量转换的，而磁场又是由线圈中的电流产生的，电动机是利用电磁感应原理实现电能与机械能的相互转换。

本章学习油泵用电动机的构造、原理和机械特性，以及起动、调速及制动，如何正确使用。

6.1 油泵用电动机的结构、原理及铭牌

潜油泵电动机如图6-1所示。

(a)潜油泵外形实物图   (b)潜油泵电机定子与转子外形实物图

图6-1 潜油泵电动机

6.1.1 交流电动机的构造

普通型三相异步电动机的两个基本组成部分为定子(固定部分)和转子(旋转部分)。此外还有端盖、风扇等附属部分，其结构示意如图6-2所示。

图6-2 三相电动机的结构示意

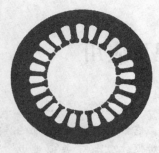

图6-3 定子铁心冲片

（1）三相异步电动机的定子由三部分组成。

① 定子铁心：由厚度为 0.5mm 的相互绝缘的硅钢片叠成，硅钢片内圆上有均匀分布的槽，如图6-3所示，其作用是嵌放定子三相绕组。即 $U_1 - U_2$、$V_1 - V_2$、$W_1 - W_2$。

② 定子绕组：三组用漆包线绕制好的，对称地嵌入定子铁心槽内的相同的线圈。这三相绕组可接成星形或三角形。

③ 机座：机座用铸铁或铸钢制成，其作用是固定铁心和绕组。

（2）三相异步电动机的转子由三部分组成。

① 转子：转子铁心由厚度为 0.5mm 相互绝缘的硅钢片叠成，硅钢片外圆上有均匀分布的槽，如图6-4所示，其作用是嵌放转子三相绕组。

图6-4 转子铁心及转子导体

② 转子绕组：转子绕组有两种形式：a. 鼠笼式如图6-5所示。鼠笼式电动机由于构造简单，价格低廉，工作可靠，使用方便，成为了生产上应用得最广泛的一种电动机。

为了保证转子能够自由旋转，在定子与转子之间必须留有一定的空气隙，中小型电动机的空气隙约在 0.2~1.0mm 之间。

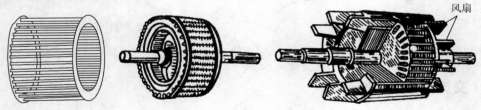

图6-5 鼠笼型转子

b. 绕线式如图6-6所示。有转子绕组、滑环和电刷。

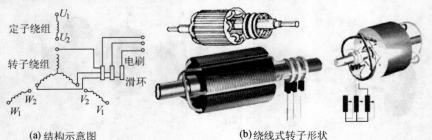

(a) 结构示意图　　　　(b) 绕线式转子形状

图6-6 绕线式异步电动机转子结构

③ 转轴：转轴由中碳钢制成，其两端由轴承支撑着，它用来输出转矩。

6.1.2 交流异步电动机的转动原理

（1）电生磁。定子三相对称绕组通往三相对称交流电流产生圆形旋转磁场，其旋转方向由电源电流相序决定。用右手螺旋定则表述，如图 6-7 所示。即右手握住通电导线，让大拇指指向电流的方向，那么四指的指向就是磁感线的环绕方向。

（2）磁生电。旋转磁场与转子导体相对运动，切割转子导体绕组感应电动势。方向由右手定则判定，如图 6-8 所示。即右手平展，使大拇指与其余四指垂直，并且都跟手掌在一个平面内。把右手放入磁场中，若磁感线垂直进入手心，大拇指指向导线运动方向，则四指所指方向为导线中感应电流（感生电动势）的方向。由于转子绕组自身闭合，便有电流流过，电流方向与电动势方向相同。

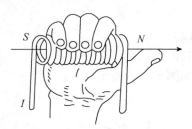  

图 6-7　右手螺旋定则　　　　　图 6-8　右、左手判断定则

（3）电磁生力。转子载流（有功分量电流）体在磁场作用下受电磁力作用，形成电磁转矩，驱动电动机旋转，将电能转化为机械能。方向用左手定则判定，如图 6-8 所示。即左手平展放入磁场中，让磁感线穿过手心，使大拇指与其余四指垂直，并且都跟手掌在一个平面内，手心面向 N 极，四指指向电流方向，则大拇指的方向就是导体受力的方向。该力对转轴形成转矩（称电磁转矩），其方向与旋转磁场（即电流相序）一致，于是，电动机在电磁转矩的驱动下，以速度 n 顺着旋转磁场的方向旋转。

（4）电动机转动。如图 6-9 所示，电动机转子转动方向与磁场旋转的方向相同，但转子的转速 n 始终达不到旋转磁场的转速 n_1，即 $n \neq n_1$。会不会随着转子转得越来越快，变成 $n = n_1$。这种现象不会出现，如果相等转子与旋转磁场之间没有相对运动，因而磁力线就不切割转子导体，转子电动势、转子电流以及转矩也就都不存在。也就是说旋转磁场与转子之间存在转速差，$n < n_1$ 是异步电动机旋转的必要条件，异步的名称也由此而来。又因为这种电动机的转动原理是建立在电磁感应基础上的，故又称为感应电动机。

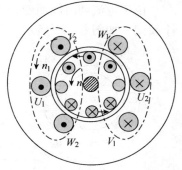

图 6-9　电动机转动原理

异步电动机的转速差（$n_1 - n$）与旋转磁场转速 n_1 的比率，称为转差率，用 S 表示。用来表示转子转速 n 与磁场转速 n_1 相差的程度的物理量，即 $S = \dfrac{n_1 - n}{n_1}$。

转差率是分析异步电动机运行的一个重要参数。

启动瞬间，转子则因机械惯性尚未转动，转子的瞬间转速 $n = 0$、$S = 1$；空载运行时，$n \approx n_1$、$S \approx 0$。

转子转动起来之后 $n > 0$，$(n_1 - n)$ 差值减小，电动机的转差率 $S < 1$。如果转轴上的阻转矩加大，则转子转速 n 降低，即异步程度加大，才能产生足够大的感应电动势和电流，产生足够大的电磁转矩，这时的转差率 S 增大，反之 S 减小。异步电动机运行时，转速与同步转速一般很接近，转差率很小。因此，对异步电动机来说，S 是在 $1 \sim 0$ 范围内变化，在正常运行范围内，异步电动机的转差率很小，仅在 $0.01 \sim 0.06$ 之间。再得电动机的转速常用公式 $n = (1 - s)n_1$。

6.1.3 旋转磁场的产生

三相异步电动机的三相绕组用三个线圈 U_1U_2、V_1V_2、W_1W_2 表示，它们空间互差120°电角度，接成丫形联结，如图 6 - 10 所示。

设流过三相线圈的电流分别为：

$$i_U = I_m \sin \omega t$$
$$i_V = I_m \sin(\omega t - 120°)$$
$$i_W = I_m \sin(\omega t + 120°)$$

假定电流的正方向由线圈的始端流向末端，其波形如图 6 - 11 所示。

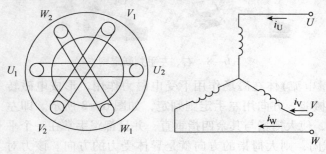
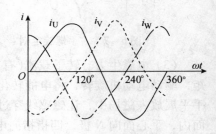

图 6 - 10　对称三相定子绕组　　　　图 6 - 11　三相定子电流波形

由于电流随时间而变，所以电流流过线圈产生的磁场分布情况也随时间而变，现研究几个瞬间，如图 6 - 12 所示。

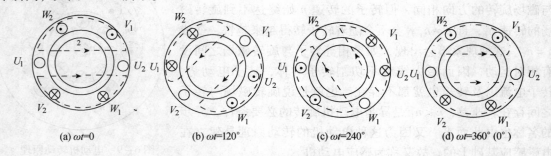

(a) $\omega t = 0$　　(b) $\omega t = 120°$　　(c) $\omega t = 240°$　　(d) $\omega t = 360°(0°)$

图 6 - 12　三相两极旋转磁场

① 当 $\omega t = 0°$ 瞬间，由图 6 - 12(a)看出，$i_U = 0$，U 相没有电流流过，i_V 为负，表示电流由末端流向首端(即 V_2 端为 $\oplus$，V_1 端为 $\odot$)；i_W 为正表示电流由首端流入(即 W_1 端为 $\oplus$，W_2 端为 $\odot$)，这时三相电流所产生的合成磁场方向由右手螺旋定则判得为水平向右。

② 当 $\omega t = 120°$ 瞬间，三相合成磁场顺相序方向旋转了120°，见图 6 - 12(b)所示。

③ 当 $\omega t = 240°$ 瞬间，合成磁场又顺相序方向旋转了240°，见图 6 - 12(c)所示。

④ 当 $\omega t = 360°$(即为00)瞬间，又转回到 $\omega t = 0°$ 的情况，见图 6 - 12(d)所示。

由此可见，三相绕组通入三相交流电流时，将产生旋转磁场。若满足两个对称（即绕组对称、电流对称），则此旋转磁场的大小恒定不变（称为圆形旋转磁场）。

由图 6-12 可看出，旋转磁场的旋转方向与相序方向一致，如果改变相序，则旋转磁场旋转方向也就随之改变。三相异步电动机的反转正是利用这个原理。

三相异步电动机的极数就是旋转磁场的极数，旋转磁场的极数和三相绕组的安排有关。

当每相绕组只有一个线圈，绕组的始端之间相差 120° 空间角时，产生的旋转磁场具有一对极，即 $p=1$；当每相绕组为两个线圈串联，绕组的始端之间相差 60° 空间角时，产生的旋转磁场具有两对极，即 $p=2$；同理，如果要产生三对极，即 $p=3$ 的旋转磁场，则每相绕组必须有均匀安排在空间的串联的三个线圈，绕组的始端之间相差 40° 空间角。极数 p 与绕组的始端之间的空间角 θ 的关系推理出：$\theta = \dfrac{120°}{p}$。

三相异步电动机旋转磁场的转速 n_1 与电动机磁极对数 p 有关，它们的关系是：

$$n_1 = \frac{60f}{p}(\text{r/min})$$

由此可知，旋转磁场的转速 n_1 决定于电流频率 f 和磁场的极数 p。对某一异步电动机而言，f 和 p 通常是一定的，所以磁场转速 n_1 是个常数。在我国工频 $f=50$Hz，对应于不同极对数的旋转磁场转速 n_1，见表 6-1。

表 6-1　极对数 p 与旋转磁场转速 n_1 的对应关系

p	1	2	3	4	5	6
$n_1/(\text{r/min})$	3000	1500	1000	750	600	500

【例 6-1】有一台三相异步电动机，其额定转速 $n=975$r/min，电源频率为工频，求电动机的极数和额定负载时的转差率 S。

【解】由于电动机的额定转速接近而略小于同步转速，而同步转速对应于不同的极对数有一系列固定的数值。显然与 975r/min 最相近的同步转速 $n_1=1000$r/min，与此相应的磁极对数 $p=3$。因此，额定负载时的转差率为：

$$S = \frac{n_0 - n}{n_0} \times 100\% = \frac{1000 - 975}{1000} \times 100\% = 2.5\%$$

6.1.4　电动机技术数据

电动机的主要性能和技术数据是通过机座上的铭牌标注来反映的，见表 6-2。

表 6-2　电动机铭牌

三相异步电动机					
型　号	Y132M-4	功　率	7.5kW	频　率	50Hz
电　压	380V	电　流	15.4A	接　法	△
转　速	1440r/min	绝缘等级	E	工作方式	连续
温　升	80℃	防护等级	IP44	质　量	55kg
年　月　编号				××电机厂	

（1）型号。为不同用途和不同工作环境的需要，电机制造厂把电动机制成各种系列，每个系列的不同电动机用不同的型号表示，见表 6-3。

表 6-3　电动机系列型号表示

Y	315	S	6
三相异步电动机	机座中心高 mm	机座长度代号 S：短铁心 M：中铁心 L：长铁心	磁极数

（2）接法。电动机三相定子绕组的联接方式。一般鼠笼式电动机的接线盒中有六根引出线，标有 U_1、V_1、W_1、U_2、V_2、W_2，其中：U_1、V_1、W_1 是每一相绕组的始端，U_2、V_2、W_2 是每一相绕组的末端。

三相异步电动机的联接方法有两种：星形（Y）联接和三角形（△）联接。通常三相异步电动机功率在 4kW 以下者接成星形（Y）；在 4kW（不含）以上者，接成三角形（△）。

（3）电压。铭牌上所标的电压值是指电动机在额定运行时定子绕组上应加的线电压值。一般规定电动机的电压不应高于或低于额定值的 5%。

必须注意：在低于额定电压下运行时，最大转矩 T_{max} 和启动转矩 T_{st} 会显著地降低，这对电动机的运行是不利的。

（4）电流。铭牌上所标的电流值是指电动机在额定运行时定子绕组的最大线电流允许值。当电动机空载时，转子转速接近于旋转磁场的转速，两者之间相对转速很小，所以转子电流近似为零，这时定子电流几乎全为建立旋转磁场的励磁电流。当输出功率增大时，转子电流和定子电流都随着相应增大。

（5）功率与效率。铭牌上所标的功率值是指电动机在规定的环境温度下，在额定运行时电极轴上输出的机械功率值。输出功率与输入功率不等，其差值等于电动机本身的损耗功率，包括铜损、铁损及机械损耗等。

所谓效率 η 就是输出功率与输入功率的比值。一般鼠笼式电动机在额定运行时的效率约为 72%～93%。

（6）功率因数。由于电动机是电感性负载，定子相电流比相电压滞后一个 φ 角，$\cos\varphi$ 就是电动机的功率因数。三相异步电动机的功率因数较低，在额定负载时约为 0.7～0.9，而在轻载和空载时更低，空载时只有 0.2～0.3。选择电动机时应注意其容量，防止"大马拉小车"，并力求缩短空载时间。

（7）转速。电动机额定运行时的转子转速，单位为 r/min，不同的磁极数对应有不同的转速等级。

（8）绝缘等级。绝缘等级是按电动机绕组所用的绝缘材料在使用时容许的极限温度来分级的，见表 6-4。所谓极限温度是指电机绝缘结构中最热点的最高容许温度。

表 6-4　电动机容许温升和极限允许温度

绝缘等级	环境温度40℃时的容许温升/℃	极限允许温度/℃
A	65	105
E	80	120
B	90	130

6.2 油泵用电动机的转矩特性与机械特性

6.2.1 电动机的转矩特性

异步电动机的转矩 T 是由旋转磁场的每极磁通 Φ 与转子电流 I_2 相互作用而产生的。电磁转矩的大小与转子绕组中的电流及旋转磁场的强弱有关，如图 6-13 所示。

经理论证明，它们的关系是：

$$T = K_T \Phi I_2 \cos\varphi_2$$

式中，T 为电磁转矩；K_T 为与电机结构有关的常数；Φ 为旋转磁场每个极的磁通量；I_2 为转子绕组电流的有效值；φ_2 为转子电流滞后于转子电势的相位角。

若考虑电源电压及电机的一些参数与电磁转矩的关系，修正为：

$$T = K_T' \frac{sR_2 U_1^2}{R_2^2 + (sX_{20})^2}$$

式中，K_T' 为常数；U_1 为定子绕组的相电压；S 为转差率；R_2 为转子每相绕组的电阻；X_{20} 为转子静止时每相绕组的感抗。

由式可知，电磁转矩 T 与定子每相电压 U_1 的平方成正比，所以当电源电压有所变动时，对转矩的影响很大。此外，当外加电压 U_1 及 f 一定时，转子电阻 R_2 和漏抗 X_{20} 都是常数时，T 只随转差率 S 而变化。

当电动机接通电源转子尚未转动的瞬间 $S=1$，其对应的转矩 T_{st} 称为启动转矩。如果启动转矩大于机械转矩，电动机转子将升速，S 将减小，如图 6-14 所示。

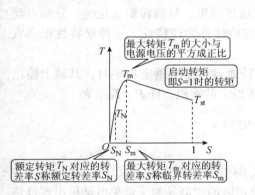

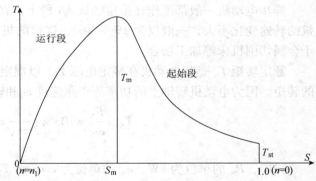

图 6-13　电动机的转矩特性　　　　　　图 6-14　转矩特性曲线分析

在电动机启动的一段时间里 $(1 \sim S_m)S$ 较大，此时，$R_2^2 \ll (SX_{20})^2$，上面的转矩特性曲线可近似为 $T \propto 1/S$。转矩特性曲线呈双曲线形状。转差率越小，转矩越大。随着电动机转速的不断升高，电磁转矩将达到一个最大值 T_m，此时 $S=S_m$（称为临界转差率）。随后因转速升高，S 值很小。此时，$R_2^2 \gg (SX_{20})^2$，所以转矩关系近似为 $T \propto S$，呈直线关系。当 S 继续减小，T 将趋于零 $(T=0$，理想空载运行$)$。

6.2.2 电动机的机械特性

转矩特性曲线表示了电源电压一定时电磁转矩 T 与转差率 S 的关系。但在实际应用中，更直接需要了解的是电源电压 U_1 一定时，转速 n 与电磁转矩 T 的关系，即 $n = f(T)$ 曲线。这条曲线称为电动机的机械特性曲线。

在转矩特性曲线中，将 S 轴变换为 n 轴，将 T 轴平移到 $S = 1$ 处，再按顺时针方向旋转 $90°$，便得到机械特性曲线 $n = f(T)$，如图 6 – 15 所示。

为了正确使用异步电动机，应注意 $n = f(T)$ 曲线上的两个区域和三个重要转矩。

稳定区和不稳定区，如图 6 – 16 所示。当电动机启动时，只要启动转矩大于负载转矩，电动机便转动起来，电磁转矩 T 的变化沿曲线 BC 段运行。随着转速的上升，BC 段中转子一直被加速，使电动机很快越过 BC 段而进入 BA 段，随着转速上升，电磁转矩下降，当转速上升为某一定值时，电磁转矩 T 与负载转矩相等，此时转速不在上升，稳定运行在 AB 段。所以 BC 段为不稳定区，AB 段为稳定区。

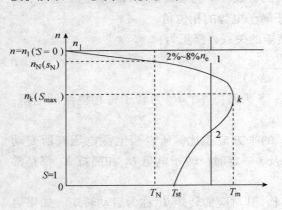

图 6 – 15　电动机的机械特性　　　　图 6 – 16　$n = f(T)$ 的稳定区和不稳定区

异步电动机一般都工作在稳定区域 AB 段上。在这区域里，负载转矩变化时，异步电动机的转速变化不大，一般仅为 $2\% \sim 8\%$，这样的机械特性称为硬特性。这种硬特性很适宜于金属切削机床等加工场合。

额定转矩 T_N 是指电动机在额定电压下，以额定转速运行输出额定功率时，其轴上输出的转矩。因为电动机转轴上的功率等于角速度 ω 和转矩 T 的乘积，即 $P = T\omega$，故：

$$T_N = \frac{P_N}{\omega_N} = 103 \times \frac{P_N}{\dfrac{2\pi n_N}{60}} = 9550 \times \frac{P_N}{n_N}$$

式中，P_N 的单位为 kW；n_N 的单位为 r/min；T_N 的单位为 N·m。

异步电动机的额定工作点通常大约在机械特性稳定区的中部。为了避免电动机出现过热现象，一般不允许电动机在超过额定转矩的情况下长期运行，但允许短期过载运行。

当忽略电动机本身机械摩擦转矩时，阻转矩近似为负载转矩 T_L，电动机作等速旋转时，电磁转矩 T 必与阻转矩 T_L 相等，即 $T = T_L$。额定负载时，则有 $T_N = T_L$。

最大转矩 T_m 为电动机转矩的最大值，是电动机能够提供的极限转矩，由于它是机械特性上稳定区和不稳定区的分界点，故电动机运行中的机械负载不可超过最大转矩，否则电动机的转速将越来越低，很快导致堵转。异步电动机堵转时电流最大，一般达到额定电流的 $4 \sim 7$ 倍，这样大的电流如果长时间通过定子绕组，会使电动机过热，甚至烧毁。因此异步电动机在运行时应注意避免出现堵转。一旦出现堵转应立即切断电源，并卸掉过重的负载。

为了描述电动机允许的瞬间过载能力，通常用过载系数来表示，即：

$$\lambda = \frac{T_m}{T_N} \qquad 一般\ \lambda = 1.8 \sim 2.5$$

在选用电动机时，必须考虑可能出现的最大负载转矩，而后根据所选电动机的过载系数算出电动机的最大转矩，它必须大于最大负载转矩，否则就要重选电动机。

启动转矩 T_{st} 是指电动机刚接入电源但尚未转动时的转矩，称为启动转矩。如果启动转矩小于负载转矩，则电动机不能启动，与堵转同样情况。

当启动转矩大于负载转矩时，电动机沿着机械特性曲线很快进入稳定运行状态。

为确保电动机能够带额定负载启动，必须满足 $T_{st} > T_N$，一般三相异步电动机有：

$$\lambda_{st} = \frac{T_{st}}{T_N} = (1.1 \sim 2.0)$$

由于电动机的最大转矩 T_m 和启动转矩 T_{st} 都与定子电路外加电压 U_1^2 成正比，而临界转速 n_m 与 U_1 无关。因此，当 U_1 增加时，T_m、T_{st} 都增大，n_m 不变，相当于机械特性曲线向右移动，如图 6-17 所示。

当 U_1 一定时，临界转差率 S_m 与 R_2 成正比，最大转矩 T_m 与 R_2 无关，而启动转矩 T_{st} 与 R_2 有关。当 R_2 增大时，S_m 增大，n_m 下降，T_m 不变，而 T_{st} 也有所增大，机械特性曲线向下移动，如图 6-18 所示。

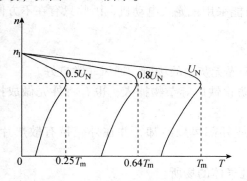

图 6-17　降低 U_1 时的机械特性

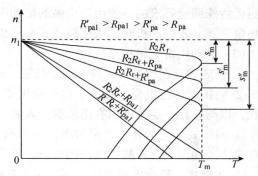

图 6-18　增大 R_2 时的机械特性

由此可见，异步电动机在转子电阻增大时，其机械特性曲线变弯，故异步电动机可以通过在转子电路中串接不同的电阻来实现调速。

6.3　油库用电动机的选择及导线选配

6.3.1　电动机功率的选择

选用电动机的功率大小是根据生产机械的需要所确定的。选大了虽然能保证正常运行，但是不经济，电动机的效率和功率因数都不高；选小了就不能保证电动机和生产机械的正常运行，不能充分发挥生产机械的效能，并使电动机由于过载而过早地损坏。

（1）连续运行电动机功率的选择。对连续运行的电动机，先算出生产机械的功率，所选电动机的额定功率等于或稍大于生产机械的功率即可。如连续运行的油泵，其电动机的功率为：

$$P = \frac{P_1}{\eta_1} = \frac{F \cdot v}{1000 \times 60 \times \eta_1} (\text{kW})$$

式中，P_1 为设备所需的驱动功率；F 为设备驱动力，N；v 为设备驱动线速度，m/min；η_1 为传动机构的效率。

（2）短时运行电动机功率的选择。如果没有合适的专为短时运行设计的电动机，可选用连续运行的电动机。由于发热惯性，在短时运行时可以容许过载。工作时间愈短，则过载可以愈大。但电动机的过载是受到限制的，通常是根据过载系数 λ 来选择短时运行电动机的功率。电动机的额定功率可以是生产机械所要求的功率的 $1/\lambda$。如短时切削加工车床，其电动机的功率为：$P = \dfrac{P_1}{\eta_1} = \dfrac{F \cdot v}{1000 \times 60 \times \eta_1 \times \lambda} (\text{kW})$。

6.3.2 电动机种类和型式的选择

选择电动机的种类是从交流或直流、机械特性、调速与启动性能、维护及价格等方面来考虑的。

（1）交、直流电动机的选择。如没有特殊要求，一般都应采用交流电动机。

（2）鼠笼式与绕线式的选择。三相鼠笼式异步电动机结构简单，坚固耐用，工作可靠，价格低廉，维护方便，但调速困难，功率因数较低，启动性能较差。因此在要求机械特性较硬而无特殊调速要求的一般生产机械的拖动应尽可能采用鼠笼式电动机，因此只有在不方便采用鼠笼式异步电动机时才采用绕线式电动机。

（3）电动机常见结构型式（图 6-19）。

① 开启式。在构造上无特殊防护装置，用于干燥无灰尘的场所，通风非常良好。

② 防护式。在机壳或端盖下面有通风罩，以防止铁屑等杂物掉入，也有将外壳做成挡板状，以防止在一定角度内有雨水滴溅入其中。

③ 封闭式。它的外壳严密封闭，靠自身风扇或外部风扇冷却，并在外壳带有散热片。在灰尘多、潮湿或含有酸性气体的场所，可采用它。

④ 防爆式。整个电机严密封闭，用于有爆炸性气体的场所。

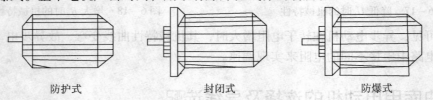

防护式　　　　　　　　封闭式　　　　　　　　防爆式

图 6-19　电机结构型式

（4）安装结构型式的选择。分为机座带底脚，端盖无凸缘（B3）；机座不带底脚，端盖有凸缘（B5）；机座带底脚，端盖有凸缘（B35）。

6.3.3 电动机电压和转速的选择

电动机电压等级的选择，要根据电动机类型、功率以及使用地点的电源电压来决定。Y系列鼠笼式电动机的额定电压只有 380V 一个等级，只有大功率异步电动机才采用 3000V 和 6000V。

电动机电压等级的选择要根据电动机的类型、功率以及使用地点的电压来决定。额定转速根据生产机械的要求决定，但通常转速不低于500r/min，一般尽量采用高转速的电动机。因为当功率一定时，电动机的转速愈低，则其尺寸愈大，价格愈贵，且效率也较低。因此就不如购买一台高速电动机再另配减速器来得合算。

6.3.4　电动机导线的配用

电动机配线可参考口诀："1.5加二，2.5加三"，"4加四，6后加六"，"25后加五，50后递增减五"，"百二导线，配百数"。

该口诀是按三相380V交流电动机容量直接选配导线的。此口诀熟记后，不用查表，只要通过快速心算，即知电动机选配导线截面的大小。

口诀使用说明："1.5加二"即1.5mm²的铜芯塑料线，能配3.5kW的及以下的电动机。"2.5加三"、"4后加四"即2.5mm²及4mm²的铜芯塑料线分别能配5.5kW、8kW电动机。"6后加六"，是说从6mm²的开始，能配"加大六"kW的电动机。即6mm²的可配12kW，选相近规格即配11kW电动机。10mm²可配16kW，选相近规格即配15kW电动机。16mm²可配22kW电动机。这中间还有18.5kW电动机，亦选16mm²的铜芯塑料线。"25后加五"是说从25mm²开始，加数由六改为五了，即25mm²可配30kW的电动机。35mm²可配40kW，选相近规格即配37kW电动机。"50后递增减五"是说从50mm²开始，由加大变成减少了，而且是逐级递增减五的，即50mm²可配45kW电动机（50-5），70mm²可配60kW（70-10），选相近规格即配55kW电动机。95mm²可配80kW（95-15），选相近规格即配75kW电动机。"百二导线，配百数"是说120mm²的铜芯塑料线可配100kW电动机，选相近规格即90kW电动机。

如果采用BLV型塑料铝芯线，其规格要降一级选用，即2.5mm²铝芯线可代替1.5mm²铜芯线，4mm²铝芯线可代替2.5mm²铜芯线……，其他依次类推。

【例6-2】有一Y225M-4型三相鼠笼式异步电动机，额定数据如下：试求（1）额定电流；（2）额定转差率S_N；（3）额定转矩T_N、最大转矩T_{max}、启动转矩T_{st}。

功　　率	转　　速	电　压	效　　率	功率因数	I_{st}/I_N	T_{st}/T_N	$T_{max}/T_N(\lambda)$
45kW	1480r/min	380V	92.3%	0.88	7.0	1.9	2.2

【解】

（1）$I_N = \dfrac{P_2}{\sqrt{3}\,U_N\cos\varphi_N\eta} = \dfrac{45 \times 10^3}{\sqrt{3} \times 380 \times 0.88 \times 0.923} = 84.2(\text{A})$

（2）已知电动机是四极的，即$p = 2$，$n_0 = 1500\text{r/min}$。

$$S_N = \frac{n_0 - n}{n_0} = \frac{1500 - 1480}{1500} = 0.013$$

（3）$T_N = 9550\dfrac{P_N}{n_N} = 9550 \times \dfrac{45}{1480} = 290.4(\text{N}\cdot\text{m})$

$T_{st} = \dfrac{T_{st}}{T_N}T_N = 1.9 \times 290.4 = 551.8(\text{N}\cdot\text{m})$

$T_{max} = \lambda T_N = 2.2 \times 290.4 = 638.9(\text{N}\cdot\text{m})$

6.4 油库用电动机的启动、调速和制动

6.4.1 启动

（1）直接启动。小容量的三相异步电动机可以采用，如图6－20所示。

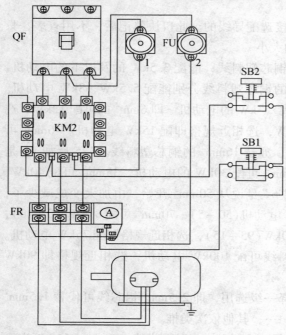

图6－20 交流电动机启动线路图

容量较大的笼型电动机可以采用降压启动。降压启动分为定子串接电阻或电抗降压启动、Y－△降压启动和自耦变压器降压启动。

（2）定子串电阻或电机降压启动。启动电流随电压一次方关系减小，而启动转矩随电压的平方关系减小，它适用于轻载启动。

（3）Y－△降压启动。只适用于正常运行时为三角形联结的电动机，其启动电流和启动转矩均降为直接启动时的1/3，它也适用于轻载启动。

（4）自耦变压器降压启动。启动电流和启动转矩均降为直接启动时的$1/k$（k为自耦变压器的变比），适合带较大的负载启动。

（5）转子串接电阻或频敏变阻器启动。采用于绕线转子异步电动机，其启动转矩大、启动电流小，适用于中、大型异步电动机的重载启动。

（6）软启动器。是一种集电机软启动、软停车、轻载节能和多种保护功能于一体的新型电动机控制装置，国外称为 Soft Starter。它的主要构成是串接于电源与被控电动机之间的三相并联晶闸管及其电子控制电路，运用串接于电源与被控电动机之间的软启动器，以不同的方法，控制其内部晶闸管的导通角，使电动机输入电压从零以预设函数关系逐渐上升，直至启动结束，赋予电动机全电压，即为软启动。在软启动过程中，电动机启动转矩逐渐增加，转速也逐渐增加。软启动器实际上是个调压器，用于电动机启动时，输出只改变电压并没有改变频率。

在刚启动时，由于旋转磁场对静止的转子有着很大的相对转速，磁力线切割转子导体的速度很快，这时转子绕组中感应出的电动势和产生的转子电流均很大，同时，定子电流必然也很大。一般中小型鼠笼式电动机定子的启动电流可达额定电流的5~7倍。

$$I_{st} = (4 \sim 7) I_N$$

注意：在实际操作时应尽可能不让电动机频繁启动。如在切削加工时，一般只是用摩擦离合器或电磁离合器将主轴与电机轴脱开，而不将电动机停下来。

电动机启动时，转子电流I_2虽然很大，但转子的功率因数$\cos\varphi_2$很低。

由公式$T = K_r \Phi I_2 \cos\varphi_2$可知，电动机的启动转矩$T_{st}$较小，这将造成启动时间较长，也无

106

法在满载情况下启动，为此应设法提高。但启动转矩如果过大，还会使传动机构受到冲击而损坏，所以一般电动机空载启动为宜。

6.4.2 调速

三相异步电动机的调速方法有变极调速、变频调速和变转差率调速。其中变转差率调速包括绕线转子异步电动机的转子串接电阻调速、串级调速和降压调速。

（1）变极调速。是通过改变定子绕组接线方式来改变电机极数，从而实现电机转速的变化。变极调速为有级调速，变极调速时的定子绕组联结方式有三种：丫－丫丫、顺串丫反串丫、△－丫丫。其中丫－丫丫联结方式属于恒转矩调速方式，另外两种属于恒功率调速方式。变极调速时，应同时对调定子两相接线，这样才能保证调速后电动机的转向不变。变极调速方法为有级调速，但它简单方便，常用于金属切割机床或其他生产机械上。

（2）变频调速。是现代交流调速技术的主要方向，它可实现无级调速，利用变频器把电压和频率固定不变的工频交流电变换为电压或频率可变的交流电，如图 6－21 所示，适用于恒转矩和恒功率负载。变频调速方法可获得平滑且范围较大的调速效果，且具有硬的机械特性；但须有专门的变频装置——由晶闸管整流器和晶闸管逆变器组成，设备复杂，成本较高，应用范围不广。

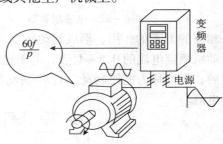

图 6－21　交流电动机调速

（3）绕线转子电动机的转子串接电阻调速。是在绕线式异步电动机的转子电路中，串入一个三相调速变阻器进行调速。此方法能平滑地调节绕线式电动机的转速，且设备简单、投资少，易于实现，但调速是有级的，不平滑，且低速时特性软，转速稳定性差，同时转子铜损耗大，电动机的效率低。故常用于短时调速或调速范围不太大的场合。

（4）异步电动机的降压调速。主要用于风机类负载的场合，或高转差率的电动机上，同时应采用速度负反馈的闭环控制系统。为了产生可变的电压和频率，该设备首先通过整流把交流电源变换为直流电源，再逆变把直流电变换为交流电。对于逆变为频率可调、电压可调的逆变装置称为变频器，其输出波形为模拟正弦波，主要用在三相异步动机的调速。

$$\because \quad S = \frac{n_1 - n}{n_1}$$

$$\therefore \quad n = (1 - S)n_1 = (1 - S)\frac{60f}{p}$$

可见调速的方法可通过三个途径进行调速：改变电源频率 f，改变磁极对数 p，改变转差率 S。前两者是鼠笼式电动机的调速方法，后者是绕线式电动机的调速方法。

6.4.3 制动

制动分为机械制动和电气制动两种方式，机械制动是通过电磁制动器来实现的，如图 6－22 所示。是给电动机一个与转动方向相反的转矩，促使它在断开电源后很快地减速或停转。常见的电气制动方法有：

（1）反接制动。是指当电动机快速转动而需停转时，改变电源相序，使转子受一个与原

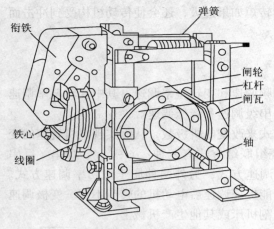

图 6-22 电磁制动器

转动方向相反的转矩而迅速停转。

注意:当转子转速接近零时,应及时切断电源,以免电机反转。为了限制电流,对功率较大的电动机进行制动时必须在定子电路(鼠笼式)或转子电路(绕线式)中接入电阻。

这种方法比较简单,制动力强,效果较好,但制动过程中的冲击也强烈,易损坏传动器件,且能量消耗较大,频繁反接制动会使电机过热。

(2)能耗制动。是指电动机脱离三相电源的同时,给定子绕组接入一直流电源,使直流电流通入定子绕组。于是在电动机中便产生一方向恒定的磁场,使转子受一与转子转动方向相反的力 F 的作用,形成制动转矩,实现制动,如图6-23所示。直流电流的大小一般为电动机额定电流的0.5~1倍。由于这种方法是用消耗转子的动能(转换为电能)来进行制动的,所以称为能耗制动。这种制动能量消耗小,制动准确而平稳,无冲击,但需要直流电流。

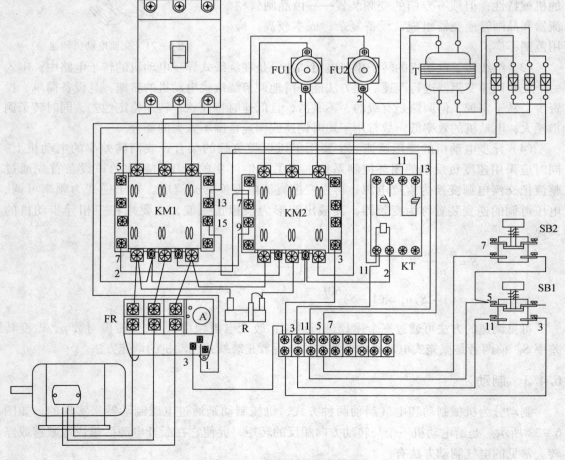

图 6-23　能耗制动控制线路

108

（3）再生发电回馈制动。是指当转子的转速 n 超过旋转磁场的转速 n_0 时，这时的转矩也是制动的。如：起重机快速下放重物时，重物拖动转子，使其转速 $n > n_0$，此时重物会受到制动而等速下降。

6.5 油库特种电机

油库电控系统中的各种特种电机如图 6-24 所示。

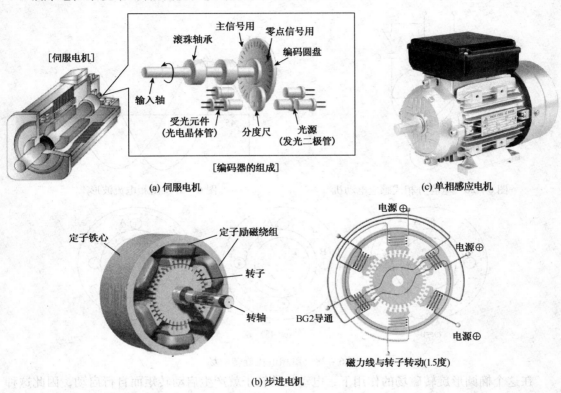

(a) 伺服电机

(b) 步进电机

(c) 单相感应电机

图 6-24 油库电控系统中的各种特种电机

6.5.1 单相感应电动机

单相感应电动机的定子为单相绕组，而转子大多均为鼠笼型的，如图 6-25 所示。当单相正弦电流通过绕组时，电动机内就产生一交变磁通。但这个磁通的方向总是垂直向上或向下，其轴线始终在 YY' 位置上。所以这个磁场是一个位置固定，大小和方向随时间按正弦规律变化的脉动磁场。我们知道：三相鼠笼式转子在旋转磁场的作用下，在启动时能产生电磁转矩，因而能自行启动。由于单相电动机产生的磁场是个脉动磁场，而不是旋转磁场，在启动时它的电磁转矩等于零，因此单相感应电动机不能自行启动。

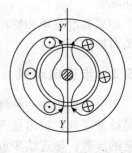

图 6-25 单相感应电动机

为了使单相感应电动机能自行启动，通常在电动机的定子中另外装一套启动绕组 B，它与工作绕组 A 在空间位置上相差 90°，如图 6-26 所示。启动绕组 B 与电容器 C 串联后，再与工作绕组 A 并联接入电源。电容器 C 的作用是使工作绕组中的电流和启动绕组中的电流产生一个相位差。也就是说，电容的作用是把单相交流电分裂成两相交流电，分别加在工作绕组与启动绕组上。设两相电流为：

$$i_A = i_{Am}\sin\omega_t \qquad i_B = i_{Bm}\sin(\omega_t + 90°)$$

电流波形如图 6-27 所示。按照分析三相电流在三相绕组中产生旋转磁场的方法，可以得到两相电流所产生的合成磁场也是在空间旋转的，如图 6-28 所示。

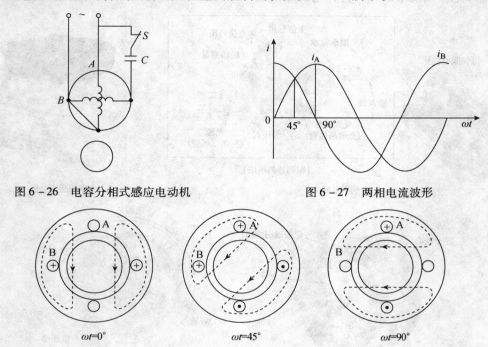

图 6-26　电容分相式感应电动机　　　　　图 6-27　两相电流波形

图 6-28　单相电机旋转磁场

在这个椭圆形旋转磁场的作用下，电动机的转子就产生启动转矩而自行启动，因此这种电机也称为单相电容式电动机。

单相感应电动机在启动后，若把启动绕组去掉，电动机仍能继续旋转，故通常在单相感应电动机内装一离心开关，当电动机启动后，达到一定转速，离心开关断开，使启动绕组自动切除。

如果要改变单相感应电动机的转动方向，只需将工作绕组或启动绕组与电源连接的两个接头对换即可。

6.5.2　步进电动机

步进电动机是一种将电脉冲信号转换成角位移或线位移的机电元件。步进电动机的输入量是脉冲序列，输出量则为相应的增量位移或步进运动。正常运动情况下，它每转一周具有固定的步数；做连续步进运动时，其旋转转速与输入脉冲的频率保持严格的对应关系，不受电压波动和负载变化的影响。由于步进电动机能直接接受数字量的控制，所以特别适宜采用微机进行控制。

目前常用的有三种步进电动机：反应式、永磁式和混合式。反应式步进电动机（VR）其结构简单，生产成本低，步距角小，但动态性能差。永磁式步进电动机（PM）其出力大，动态性能好，但步距角大。混合式步进电动机（HB）综合了反应式和永磁式两者的优点，它的步距角小，出力大，动态性能好，是目前性能最高的步进电动机，它有时也称作永磁感应子式步进电动机。

图 6-29 所示是最常见的三相反应式步进电动机的剖面示意图。电机的定子上有六个均布的磁极，其夹角是 60°。各磁极上套有线圈，按图连成 A、B、C 三相绕组，转子上均布 40 个小齿。所以每个齿的齿距为 $\theta_z = 360°/40 = 9°$，而定子每个磁极的极弧上也有 5 个小齿，且定子和转子的齿距和齿宽均相同。由于定子和转子的小齿数目分别是 30 和 40，其比值是一分数，这就产生了齿错位情况。若以 A 相磁极小齿和转子的小齿对齐，那么 B 相和 C 相磁极的齿就会分别和转子齿相错三分之一的齿距，即 3°。因此，B 磁极、C 磁极下的磁阻比 A 磁极下的磁阻大。若给 B 相通电，B 相绕组产生定子磁场，其磁力线穿越 B 相磁极，并按磁阻最小的路径闭合，这就使转子受到反应转矩（磁阻转矩）的作用而转动，直到 B 磁极上的齿与转子齿对齐，恰好转子转过 3°；此时 A、C 磁极下的齿又分别与转子齿错开三分之一齿距。接着停止对 B 相绕组通电，而改为 C 相绕组通电，同理受反应转矩的作用，转子按顺时针方向再转过 3°。依次类推，当三相绕组按 A→B→C→A 顺序循环通电时，转子会按顺时针方向，以每个通电脉冲转动 3° 的规律步进式转动起来。若改变通电顺序，按 A→C→B→A 顺序循环通电，则转子就按逆时针方向以每个通电脉冲转动 3° 的规律转动，如图 6-30 所示。因为每一瞬间只有一相绕组通电，并且按三种通电状态循环通电，故称为单三拍运行方式。单三拍运行时的步矩角 θ_b 为 30°，三相步进电动机还有两种通电方式，它们分别是双三拍运行，即按 AB→BC→CA→AB 顺序循环通电的方式，以及单、双六拍运行，即按 A→AB→B→BC→C→CA→A 顺序循环通电的方式，六拍运行时的步矩角将减小一半。

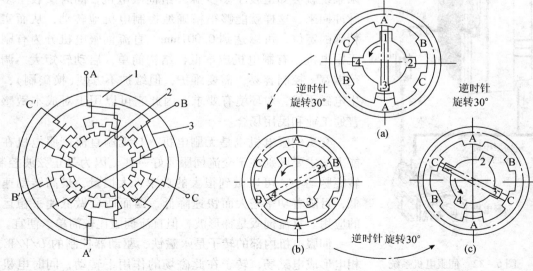

图 6-29 反应式步进电动机的结构示意图

1—定子；2—转子；3—定子绕组

图 6-30 步进电机转动原理

反应式步进电动机的步距角可按下式计算：

$$\theta_b = \frac{360°}{N \cdot E_r}$$

式中，E_r 为转子齿数；N 为运行拍数；$N = km$，m 为步进电动机的绕组相数，$k = 1$ 或 $k = 2$。

步进电动机不能直接接到工频交流或直流电源上工作，而必须使用专用的步进电动机驱动器，如图 6 - 31 所示，它由脉冲发生控制单元、功率驱动单元、保护单元等组成。图中点划线所包围的两个单元可以用微机控制来实现。驱动单元与步进电动机直接耦合，也可理解成步进电动机微机控制器的功率接口。

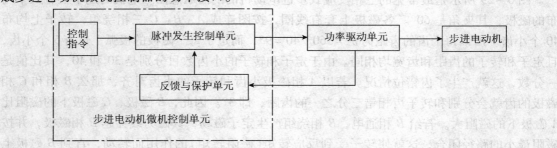

图 6 - 31　步进电动机驱动控制器

6.5.3　伺服电动机

如图 6 - 32 所示，伺服系统是使物体的位置、方位、状态等输出被控量能够跟随输入目标（或给定值）的任意变化的自动控制系统。伺服主要靠脉冲来定位，基本上可以这样理解，伺服电机接收到 1 个脉冲，就会旋转 1 个脉冲对应的角度，从而实现位移，因为伺服电机本身具备发出脉冲的功能，所以伺服电机每旋转一个角度，都会发出对应数量的脉冲，这样与伺服电机接受的脉冲形成了呼应，或者叫闭环，如此一来系统就会知道发了多少脉冲给伺服电机，同时又收了多少脉冲回来，这样就能够很精确地控制电机地转动，从而实现精确的定位，可以达到 0.001mm。直流伺服电机分为有刷和无刷电机。有刷电机成本低，结构简单，启动转矩大，调速范围宽，控制容易，需要维护，但维护不方便（换碳刷），产生电磁干扰，对环境有要求。因此它可以用于对成本敏感的普通工业和民用场合。

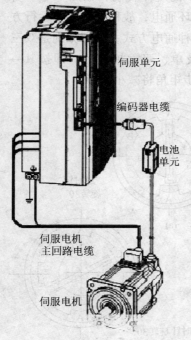

图 6 - 32　伺服电机系统

交流伺服电机也是无刷电机，与无刷直流伺服电机在功能上的主要区别在于交流伺服要好一些，因为是正弦波控制，转矩脉动小，可以做到很大的功率、大惯量，最高转动速度低，且随着功率增大而快速降低，因而适合做低速平稳运行的应用。直流伺服是梯形波，但直流伺服比较简单、便宜。

伺服电机内部的转子是永磁铁，驱动器控制的 $U/V/W$ 三相电形成电磁场，转子在此磁场的作用下转动，同时电机自带的编码器反馈信号给驱动器，驱动器根据反馈值与目标值进行比较，调整转子转动的角度。伺服电机的精度决定于编码器的精度（线数）。

交流伺服电动机定子的构造基本上与电容分相式单相异步电动机相似。其定子上装有两个位置互差 90° 的绕组，一个是励磁绕组 R_f，它始终接在交流电压 U_f 上；另一个是控制绕组 L，联接控制信号电压 U_c。其转子通常做成鼠笼式，但为了使伺服电动机具有较宽的调速

112

范围、线性的机械特性，无"自转"现象和快速响应的性能，它与普通电动机相比，应具有转子电阻大和转动惯量小这两个特点。目前应用较多的转子结构有两种形式：一种是采用高电阻率的导电材料做成的高电阻率导条的鼠笼转子，为了减小转子的转动惯量，转子做得细长；另一种是采用铝合金制成的空心杯形转子，杯壁很薄，仅 0.2～0.3mm，为了减小磁路的磁阻，要在空心杯形转子内放置固定的内定子，空心杯形转子的转动惯量很小，反应迅速，而且运转平稳，因此被广泛采用。

交流伺服电动机在没有控制电压时，定子内只有励磁绕组产生的脉动磁场，转子静止不动。当有控制电压时，定子内便产生一个旋转磁场，转子沿旋转磁场的方向旋转，在负载恒定的情况下，电动机的转速随控制电压的大小而变化，当控制电压的相位相反时，伺服电动机将反转。

伺服电机在安装使用时应注意：

① 伺服电机油和水的保护。伺服电机可以用在会受水或油滴侵袭的场所，但是它不是全防水或防油的。因此，伺服电机不应当放置或使用在水中或油侵的环境中。如果伺服电机连接到一个减速齿轮，使用伺服电机时应当加油封，以防止减速齿轮的油进入伺服电机，伺服电机的电缆不要浸没在油或水中。

② 伺服电机电缆要注意减轻应力。确保电缆不因外部弯曲力或自身质量而受到力矩或垂直负荷，尤其是在电缆出口处或连接处。在伺服电机移动的情况下，应把电缆（就是随电机配置的那根）牢固地固定到一个静止的部分（相对电机），并且应当用一个装在电缆支座里的附加电缆来延长它，这样弯曲应力可以减到最小。电缆的弯头半径做到尽可能大。

③ 伺服电机允许的轴端负载。确保在安装和运转时加到伺服电机轴上的径向和轴向负载控制在每种型号的规定值以内。在安装一个刚性联轴器时要格外小心，特别是过度的弯曲负载可能导致轴端和轴承的损坏或磨损。最好用柔性联轴器，以便使径向负载低于允许值，此物是专为高机械强度的伺服电机设计的。关于允许轴负载，请参阅"允许的轴负荷表"（使用说明书）。

④ 伺服电机的安装。在安装/拆卸耦合部件到伺服电机轴端时，不要用锤子直接敲打轴端。（锤子直接敲打轴端，伺服电机轴另一端的编码器要被敲坏）。竭力使轴端对齐到最佳状态（对不好可能导致振动或轴承损坏）。

伺服电机是在一个封闭的环里面使用，就是说它随时把信号传给系统，同时把系统给出的信号来修正自己的运转。伺服电机也可用单片机控制。

伺服电机和其他电机（如步进电机）相比体现在精度方面，实现了位置、速度和力矩的闭环控制，克服了步进电机失步的问题；转速方面，高速性能好，一般额定转速能达到2000～3000r/min；适应性上，抗过载能力强，能承受 3 倍于额定转矩的负载，对有瞬间负载波动和要求快速启动的场合特别适用；稳定方面，低速运行平稳，低速运行时不会产生类似于步进电机的步进运行现象。适用于有高速响应要求的场合；及时性上，电机加减速的动态相应时间短，一般在几十毫秒之内；舒适性上，发热和噪音明显降低。

简单地说就是平常看到的那种普通的电机，断电后它还会因为自身的惯性再转一会儿，然后停下。而伺服电机和步进电机是说停就停，说走就走，反应极快。但步进电机存在失步现象。伺服电机在管道输送方面的应用具有较高的工艺精度、工作效率和可靠性等。

如图 6-33 所示，输入轴上装有玻璃制的编码圆盘。圆盘上印有能够遮住光的黑色条纹，圆盘两侧有一对光源与受光元件，此外中间还有一个分度尺。圆盘转动时，遇到玻璃透明的地方光就会透过，遇到黑色条纹光就会被遮住。受光元件将光的有无转变为电信号后就成为脉冲(反馈脉冲)。

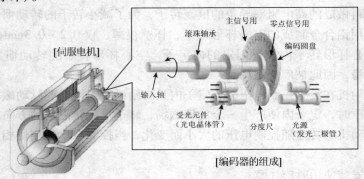

图 6-33　伺服电动机

"圆盘上条纹的密度 = 伺服电机的分辨率"，亦即"每转的脉冲数"。

根据条纹可以掌握圆盘的转动量，同时表示转动量的条纹中还有表示转动方向的条纹，此外，还有表示每转基准(叫做"零点")的条纹，此脉冲每转输出 1 次，叫做零点信号。根据这 3 种条纹，即可掌握圆盘亦即伺服电机的位置、转动量和转动方向。

本 章 小 结

三相异步电动机的结构与原理：

三相异步电动机的两个基本组成部分为定子(固定部分)和转子(旋转部分)。三相异步电动机中的电磁关系同变压器类似，定子绕组相当于变压器的原绕组，转子绕组(一般是短接的)相当于副绕组。欲使异步电动机旋转，必须有旋转的磁场和闭合的转子绕组，并且旋转的磁场和闭合的转子绕组的转速不同。三相电源流过在空间互差一定角度按一定规律排列的三相绕组时，便会产生旋转磁场，旋转磁场的方向是由三相绕组中电源相序决定的。

三相异步电动机旋转磁场的转速 n_0 与电动机磁极对数 p 有关，它们的关系是：

$$n_0 = \frac{60f_1}{p}$$

转差率 S 是用来表示转子转速 n 与磁场转速 n_0 相差的程度的物理量。即：

$$S = \frac{n_1 - n}{n_0} = \frac{\Delta n}{n_1}$$

转差率是异步电动机的一个重要的物理量，异步电动机运行时，转速与同步转速一般很接近，转差率很小。在额定工作状态下约为 0.015 ~ 0.06 之间。

电磁转矩与机械特性：

电磁转矩 T 的大小与转子绕组中的电流 I 及旋转磁场的强弱有关。

$$T = K_T \Phi I_2 \cos\varphi_2$$

转矩 T 还与定子每相电压 U_1 的平方成比例，所以当电源电压有所变动时，对转矩的影响很大。此外，转矩 T 还受转子电阻 R_2 的影响。

在一定的电源电压 U_1 和转子电阻 R_2 下，电动机的转矩 T 与转差率 n 之间的关系曲线

$T = f(S)$ 或转速与转矩的关系曲线 $n = f(T)$，称为电动机的机械特性曲线。

额定转矩 T_N 是异步电动机带额定负载时，转轴上的输出转矩。

$$T_N = 9550 \frac{P_2}{n}$$

最大转矩 T_m 又称为临界转矩，是电动机可能产生的最大电磁转矩。它反映了电动机的过载能力。

启动转矩 T_{st} 为电动机启动初始瞬间的转矩，即 $n = 0$，$S = 1$ 时的转矩。

电动机的铭牌数据与电动机选择：

电动机的铭牌数据用来标明电动机的额定值和主要技术规范，在使用中应遵守铭牌的规定。

选择电动机时，应根据负载和使用环境的实际情况进行选择，选择时应注意电动机的功率应尽可能与负载相匹配，既不宜"大"，更不宜"小马拉大车"。

异步电动机的启动、调速和制动：

异步电动机有两种直接启动方法：直接启动和降压启动。直接启动简单、经济，应尽量采用；电机容量较大时应采用降压启动以限制启动电流，常用的降压启动方法有丫 – △降压启动、自耦变压器降压启动和定子串电阻降压启动等。

电动机调速有变频调速、变极调速和转子电路串电阻调速。

电动机制动有反接制动、能耗制动和发电反馈制动。

单相感应电动机：

单相感应电动机的定子为单相绕组，转子为鼠笼型的。当单相正弦电流通过绕组时，电动机内就产生一交变磁通。但这个磁通的方向总是垂直向上或向下，形成的磁场是一个位置固定，大小和方向随时间按正弦规律变化的脉动磁场。在启动时它的电磁转矩等于零，单相感应电动机不能自行启动。为了使单相感应电动机能自行启动，通常在电动机的定子中另外装一套启动绕组 B，它与工作绕组 A 在空间位置上相差 $90°$，启动绕组 B 与电容器 C 串联后，再与工作绕组 A 并联接入电源。电容器 C 的作用是使工作绕组中的电流和启动绕组中的电流产生一个相位差。

步进电动机：

步进电动机是一种将电脉冲信号转换成角位移或线位移的机电元件。步进电动机的输入量是脉冲序列，输出量则为相应的增量位移或步进运动。正常运动情况下，它每转一周具有固定的步数；做连续步进运动时，其旋转转速与输入脉冲的频率保持严格的对应关系，不受电压波动和负载变化的影响。由于步进电动机能直接接受数字量的控制，所以特别适宜采用微机进行控制。

伺服电动机：

伺服电机和其他电机(如步进电机)相比体现在精度方面，实现了位置、速度和力矩的闭环控制，克服了步进电机失步的问题；转速方面，高速性能好，一般额定转速能达到 $2000 \sim 3000$ 转；适应性上，抗过载能力强，能承受 3 倍于额定转矩的负载，对有瞬间负载波动和要求快速启动的场合特别适用；稳定方面，低速运行平稳，低速运行时不会产生类似于步进电机的步进运行现象。适用于有高速响应要求的场合；及时性上，电机加减速的动态相应时间短，一般在几十毫秒之内；舒适性上，发热和噪音明显降低。

习　题

1. 三相鼠笼式异步电动机主要由哪些部分组成？各部分的作用是什么？

2. 什么是旋转磁场？旋转磁场的方向如何改变？

3. 说明三相异步电动机的工作原理？为什么叫异步电动机？

4. 稳定运行的三相异步电动机，当负载转矩增加，为什么电磁转矩相应增大；当负载转矩超过电动机的最大磁转矩时，会产生什么现象？

5. 有一台四极三相异步电动机，电源电压的频率为50Hz，满载时电动机的转差率为0.02，求电动机的同步转速、转子转速。

6. 一台三相交流电动机，额定相电压为220V，工作时每相负载 $Z = (50 + j25)\Omega$。(1)当电源线电压为380V时，绕组应如何连接？(2)当电源线电压为220V时，绕组应如何连接？

7. 某三相异步电动机 $P_N = 4kW$，$U_N = 380V$，$n_N = 2920r/min$，$\eta = 0.87$，$\cos\varphi_2 = 0.88$，$\lambda = 2.2$，求额定转矩，最大转矩和额定电流各为多少？

8. 某四极三相异步电动机的额定功率为30kW，额定电压为380V，三角形接法，频率为50Hz。在额定负载下运行时，其转差率为0.02，效率为90%，线电流为57.5A，试求：(1)转子旋转磁场对转子的转数；(2)额定转矩；(3)电动机的功率因数。

9. 什么是三相异步电动机的启动？启动方法有哪些？

10. 什么是三相异步电动机的调速？对三相鼠笼式异步电动机有哪几种调速方法？比较其优缺点。

11. 什么是三相异步电动机的制动？电气制动有哪几种方法？

12. 三相异步电动机如果断掉一根电源线能否启动？为什么？如果在运行时断掉一根电源线能否继续运行？

13. Y2 – 160M2 – 2 三相异步电动机的额定转速 $n = 2930r/min$，$f_1 = 50Hz$，$2p = 2$，求转差率 S。

14. 已知 Y160L – 4 三相异步电动机磁极对数 $p = 2$，电源频率 $f_1 = 50Hz$，转差率 $S = 0.026$，求电动机转速 n。

15. 某台进口设备上的三相异步电动机频率为60Hz，现将其接在50Hz交流电源上使用，问电动机的实际转速是否会改变？若改变的话，是升高还是降低？为什么？

第7章　油库电气控制电路

用继电器、接触器、按钮、行程开关和电动机等构成的继电接触器控制系统是最常见的一种控制方式。由于继电接触器控制系统具有结构简单、实用、价格便宜等特点，而且这种控制系统效率高、控制方便、能实现远距离操作和易于实现自动控制，所以应用仍十分广泛。

对生产机械用继电接触器控制起动、调速和制动的电路不论多复杂，都是由典型的基本控制环节组成，在分析控制电路时，从这些基本的控制环节入手。

本章主要介绍一些常用的低压控制电器、三相异步电动机的基本控制环节和基本控制原则以及阅读设计控制电路原理图的方法。

7.1　通断控制电器

常用控制电器见图7-1所示，控制电器在电路中的作用见图7-2所示。

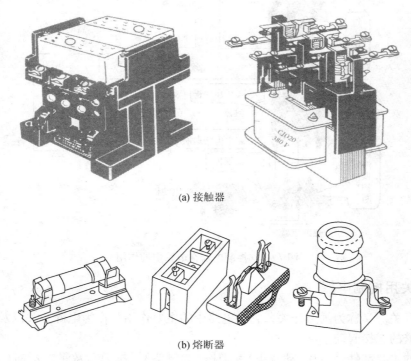

(a) 接触器

(b) 熔断器

图7-1　常用控制电器

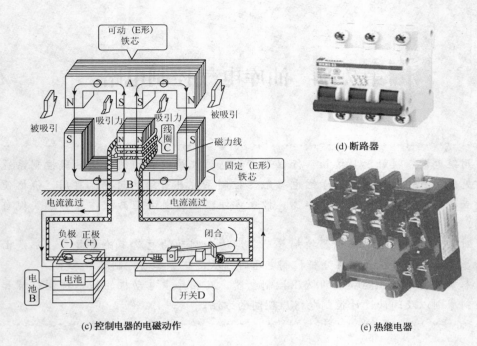

(c) 控制电器的电磁动作

(d) 断路器

(e) 热继电器

图 7－1　常用控制电器(续)

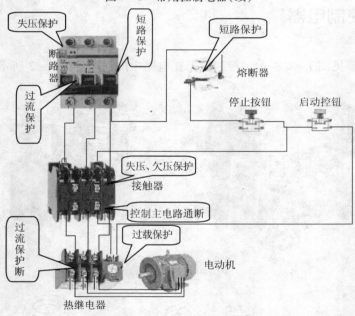

图 7－2　控制电器在电路中的作用

7.1.1　开关用控制电器

　　(1) 刀开关。又称为闸刀开关，它在电路中的主要作用是作为电源开关以及用于小容量电动机不频繁的直接起动。

　　刀开关的主要部件是刀片(动触头)和刀座(静触头)。按刀片数量的不同，刀开关分为单刀、双刀和三刀。刀开关是利用刀片和刀座之间的接通或断开来控制电路的通断的。常见的胶盖瓷底座三刀开关的结构如图 7-3 所示，刀片和刀座安装在瓷质底座上，并用胶木盖罩住。胶木盖有利于熄灭接通刀片和刀座安装在瓷质底座上，并用胶木盖罩住。胶木盖有利于熄灭接通或断开电感性电路时产生的电弧，并保障操作人员的安全。

常用的国产 HK2 系列胶盖瓷底座刀开关，额定电压有 220V、380V 两种，额定电流有 10A、15A、30A 和 60A 几种。

刀开关在安装和使用时应注意：不得将刀开关平装或倒装，以免发生误动作。刀开关作隔离开关使用时，要注意操作顺序。分闸时应先断开负荷开关，再新开刀开关；合闸时顺序相反。刀开关在合闸时，应保证三相同时合闸。没有灭弧室的刀开关，不能用作负荷开关来分断电流。

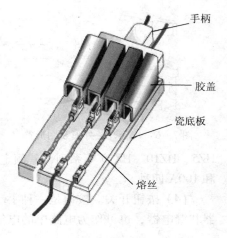

图 7-3　刀开关实物图

刀开关的图形及文字符号如图 7-4 所示。

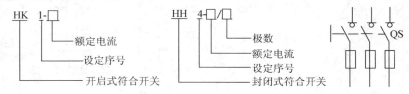

图 7-4　刀开关图形及文字符号

（2）封闭式负荷开关。又称铁壳开关，其结构如图 7-5 所示。它与闸刀开关基本相同，但在铁壳开关内装有速断弹簧，它的作用是使闸刀快速接通和断开，以消除电弧。另外，在铁壳开关内还设有联锁装置，即在闸刀闭合状态时，开关盖不能开启，以保证安全。铁壳开关的型号有 HH10、HH11 等系列。

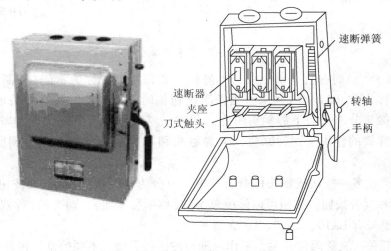

图 7-5　封闭式负荷开关

（3）组合开关。又称为转换开关，其用途主要是实现电路的转换，常用在控制和测量系统中。图 7-6 所示是组合开关的外形及图形符号，它是由数层动、静触片分别装在胶木盒

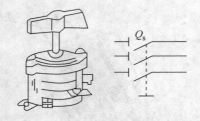

图 7-6　组合开关外形及图形符号

内组成的。它的动触片随转轴转动而改变各对触片的通断状态，能组成各种不同的线路。动触片装在附有手柄的绝缘方轴上，方轴可 90°旋转，转动手柄，转轴上装有弹簧和凸轮机构，可使动、静触片迅速离开，快速熄灭切断电路时产生的电弧。动触片随方轴的旋转使其与静触片接通或断开。它是多级组合，转换电路数目较多，所以适合复杂控制系统的需要。型号有 HZ5、HZ10、HZ15 等系列，其额定电压有 220V 和 380V 两种，额定电流有 10A、25A、60A 和 100A 四种。

（4）按钮开关。按钮是一种手动操作接通或断开控制电路的主令电器。它主要控制接触器和继电器，也可作为电路中的电气联锁，如图 7-7 所示。

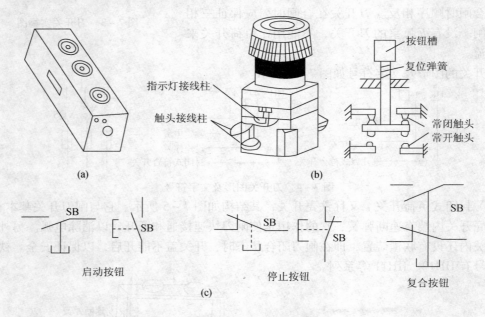

图 7-7　按钮开关

常态（未受外力）时，桥式动触头与上静触头紧密接触，称为常闭（动断）触头，与下静触头分断，称为常开（动合）触头。当按下按钮帽时，桥式动触头在外力的作用下向下运动，与上静触头分断，与下静触头闭合。此时，复位弹簧为受压状态。当外力撤消后，桥式动触头在弹簧的作用下回到原位，上静触头和下静触头也随之恢复到原位，此过程为复位。

按钮的种类较多。按钮按触头的分合状况，可分为常开按钮（或起动按钮）、常闭按钮（或停止按钮）和复合按钮。按钮可以做成单个的（称单联按钮）、两个的（称双联按钮）和多个的。按钮的型号有 LA10、LA20、LA25 等系列。

（5）行程开关。又称限位开关，工作原理与按钮相类似，不同的是行程开关触头动作不靠手工操作，而是利用机械运动部件的碰撞使触头动作，从而将机械信号转换为电信号，再通过其他电器间接控制机床运动部件的行程、运动方向或进行限位保护等。

行程开关有直动式、单轮旋转式和双轮式等，如图 7-8 所示。

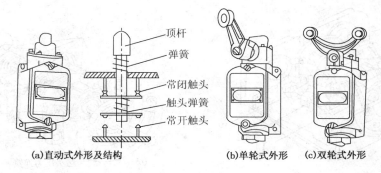

(a)直动式外形及结构   (b)单轮式外形 (c)双轮式外形

图 7 - 8 行程开关外形

  直动式行程开关：当运动机械的挡铁撞到行程开关的顶杆时，顶杆受压触动使常闭触头断开，常开触头闭合；顶杆上的挡铁移走后，顶杆在弹簧作用下复位，各触头回至原始通断状态。单、双轮式行程开关：当运动机械的挡铁撞到行程开关的滚轮时，行程开关的杠杆连同转轴、凸轮一起转动，凸轮将撞块压下，当撞块被压至一定位置时便推动微动开关动作，使常闭触头断开，常开触头闭合；当滚轮上的挡铁移走，复位弹簧就使行程开关各部件恢复到原始位置，如图 7 - 9 所示。

  行程开关图形文字符号如图 7 - 10 所示。

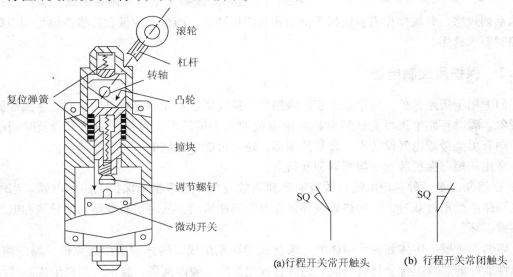

(a)行程开关常开触头   (b) 行程开关常闭触头

图 7 - 9 轮式行程开关结构   图 7 - 10 行程开关触头图形与文字符号

  行程开关根据使用场合和控制对象确定行程开关种类。当机械运动速度不太快时通常选用一般用途的行程开关，在直线往复运动行程通过路径上不宜装直动式行程开关，而应选用轮式行程开关。行程开关额定电压与额定电流则根据控制电路的电压与电流选用。

  （6）转换开关。在电气控制线路中常用于 5kW 以下电动机的起动、停止、变速、换向和星形-三角形起动，还可用于电气测量仪表的转换。转换开关其结构如图 7 - 11 所示。

  用作小容量异步电动机正反转控制的转换开关，其开关右侧装有三副静触头，标注号分别为 L_1、L_2 和 W，左侧也装有三副静触头，标注号分别为 U、V、L_3。转轴上固定有两组共 6 个动触头。开关手柄有"倒"、"停"、"顺"三个位置，当手柄置于"停"位置时，两组动触头与静触头均不接触。当手柄置于"顺"位置时，一组 3 个动触头分别与左侧三副静触头接

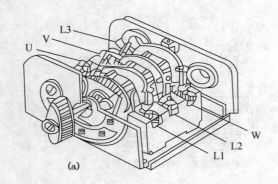

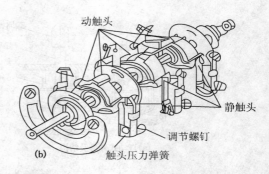

图 7-11 转换开关外形及结构

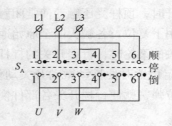

图 7-12 转换开关图形文字符号

通；当手柄置于"倒"位置时，转轴上另一组 3 个动触头分别与右侧三副静触头接通。

转换开关图形文字符号如图 7-12 所示。图中小黑点表示开关手柄在不同位置上各支路的通断状况。开关手柄置于"停"位置时支路 1~6 均不接通，置于"顺"位置时支路 1、2、3 接通，置于"倒"位置时则支路 4、5、6 接通。

转换开关选用是按额定电压与额定电流等参数选择合适的系列规格，并按操作需要选择手柄型式和定位特征，而触头数量和接线图编号则根据不同控制要求选用。

7.1.2 保护用控制电器

（1）用于短路保护。短路是由于绝缘损坏、接线错误等原因导致电流从非正常路径流过的现象。瞬时短路电流可能达到电机额定电流的几十倍甚至上百倍，如果不能及时切断电源，则有可能造成电气设备不可修复的损坏，还有可能导致触电、火灾等危险。

常用的短路保护装置有熔断器和断路器。

① 熔断器是一种利用电流热效应原理和热效应导体热熔断来保护电路的电器。当电路发生短路或严重过载时，它的热效应导体能自动迅速熔断，从而切断电路，使导线和电气设备不致损坏。

熔断器主要由熔体和安装熔体的绝缘管或绝缘座组成。熔体一般由熔点低、易于熔断、导电性能好的热效应合金材料制成；绝缘管或绝缘座一般由陶瓷、胶木或塑料组成。从结构上分熔断器有插入式、螺旋式、密封式和自复式。

插入式熔断器有 RC1A 系列。由软铝丝或铜丝制成熔体，这种熔断器一般用在油库照明线路末端或分支电路中作短路保护及高倍过流保护之用，如图 7-13（a）所示。

无填料密封管式熔断器有 RM10 系列。当发生短路时，熔体在最细处熔断，并且多处同时熔断，有助于提高分断能力。熔体熔断时，电弧被限制在封闭管内，不会向外喷出，故使用起来较为安全。另外，在熔断过程中，密闭管内产生大量气体，气体压力达到 30~80 个大气压（1 大气压 = 101.325kPa）。在此大气压的作用下，电弧受到剧烈的压缩，加强了复合作用，促使电弧很快熄灭，从而提高了熔断器的分断能力。无填料密闭管式熔断器常用于油库低压电力线路或成套配电设备中的连续过载和短路保护，如图 7-13（c）所示。

螺旋式熔断器有 RLS 系列和 RL1 系列。熔体是一个瓷管，内装石英砂和熔丝，石英砂用于熔断时的消弧和散热，瓷管头部装有一个染成红色的熔断指示器，一旦熔体熔断，指示器马上弹出脱落，透过瓷帽上的玻璃孔可以看到，起到指示的作用。螺旋式熔断器具有较大的热惯性和较小的安装面积，其缺点是熔体为一次性使用，成本较高，如图7-13(b)所示。

瓷质管体内充满石英砂填料，起冷却和消弧的作用，加上熔体的特殊结构，使有填料封闭管式熔断器可以分断较大的电流，故常用于油库变电所的配电线路中，如图7-13(c)所示。

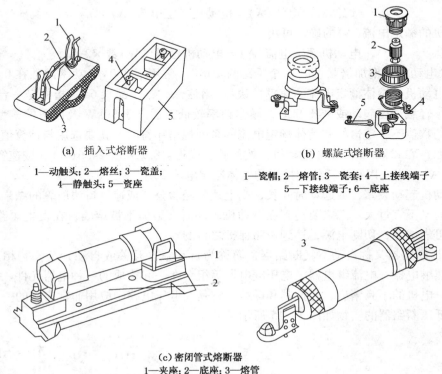

(a) 插入式熔断器

1—动触头；2—熔丝；3—瓷盖；
4—静触头；5—瓷座

(b) 螺旋式熔断器

1—瓷帽；2—熔管；3—瓷套；4—上接线端子
5—下接线端子；6—底座

(c)密闭管式熔断器
1—夹座；2—底座；3—熔管

图7-13 低压熔断器

自复式熔断器采用低熔点金属钠作熔体。当发生短路故障时，短路电流产生高温使钠迅速气化，呈现高阻状态，从而限制了短路电流的进一步增加。一旦故障消失，温度下降，金属钠蒸气冷却并凝结，重新恢复原来的导电状态，为下一次动作作好准备。由于自复式熔断器只能限制短路电流，却不能真正切断电路，故常与断路器配合使用。它的优点是不必更换熔体，可重复使用。

熔断器的图形、文字符号表示如图7-14所示。

一般情况下，当通过的电流不超过$1.25I_N$时，熔体将长期工作；当电流不超过$2I_N$时，约在30~40s后熔断；当电流达到$2.5I_N$时，约在8s左右熔断；当电流达到$4I_N$时，约在2s左右熔断；当电流达到$10I_N$时，熔体瞬时熔断。所以当电路发生短路时，短路电流使熔体瞬时熔断。

FU

图7-14 熔断器图形、
文字符号

熔断器一般是根据保护线路的工作电压和额定电流来选择的。对一般电路、直流电动机和线绕式异步电动机的保护来说，熔断器是按它们的额定电流选择的。但对于鼠笼式异步电

123

动机，却不能这样。因为鼠笼式异步电动机直接起动时的起动电流为额定电流的 4～7 倍，按额定电流选择时，熔体将即刻熔断。因此，为了保证所选的熔断器既能起到短路保护的作用，又能使电机起动，一般鼠笼式异步电动机的熔断器按起动电流的 $1/k(k=1.6～2.5)$ 来选择。轻载起动、起动时间短的 k 选大一些，重载起动、起动时间长的 k 选小一些。由于电动机的起动时间是短促的，故这样选择的熔断器在起动过程中是来不及熔断的。

在选择配用熔断器保护电动机时，熔断器的熔体额定电流可用经验公式：

熔体额定电流(A) = 电动机额定电流(A) ×3

电动机的额定电流(A)的确定可用：

电动机额定电流(A) = 电动机容量(kW)数 ×2

口诀"电动机功率加倍"，即"一个千瓦两安培"。常用于380V、功率因数在 0.8 左右的三相异步电动机。熔体额定电流的速算口诀："熔体保护，千瓦乘6"。指的是一台 380V 笼型电动机，轻载全压起动或减压起动，操作频率较低，适合于 90kW 及以下的笼型电动机。当所算得的数值不一定恰好和熔体额定电流的系列规格相符时，就要选用与计算值相接近的规格。例如，Y112M-2、4kW 电动机，按经验公式得：$8.2 \times 3 = 24.6(A)$。按速算口诀得：$4 \times 6 = 24(A)$。应选用和计算值相接近的熔体额定电流 25A。

若电动机起动频繁，或起动时间长，则上述的经验公式或速算口诀所算的结果可适当加大一点，但又不宜过大。总之要达到在电动机起动时，熔体不被熔断；在发生短路故障时，熔体必须可靠熔断，切断电源，达到短路保护之目的。

② 低压断路器又称自动空气断路器，简称为自动空气开关或自动开关，它相当于把手动开关、热继电器、电流继电器、电压继电器等组合在一起构成的一种电器元件。主要用于供电控制、电机的不频繁启、停控制和保护，它是在低压电路中应用非常广泛的一种保护电器。常用低压断路器的实物如图 7-15 所示。

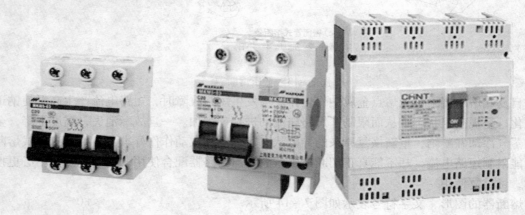

图 7-15 低压断路器的实物图

低压断路器主要由触头系统、操作机构和各种保护元件三大部分组成。主触头由耐弧合金(如银钨合金)制成，较大容量的还采用灭弧栅片灭弧，具有直接断开负荷主回路的能力。各种保护元件实质就是各种脱扣器，不仅具有作为短路保护的过电流脱扣器，还具有作为长期过载保护的热脱扣器，还有失压保护脱扣器。

低压断路器的种类按用途分有保护配电线路用、保护电动机用、保护照明线路用及漏电保护用；按结构型式分有框架式(又称万能式)和装置式(又称塑壳式)自动空气开关；按极数分有单极、双极、三极、四极自动空气开关；按限流性能分有不限流和快速限流自动空气开关；按操作方式分有直接手柄操作式、杠杆操作式、电磁铁操作式、电动机操作式自动空气开关。常用型号有 DZ5、DZ20、DZ47、C45、3VE 等系列。

低压断路器的工作原理如图 7 - 16 所示，低压断路器的图形及文字符号如图 7 - 17 所示。

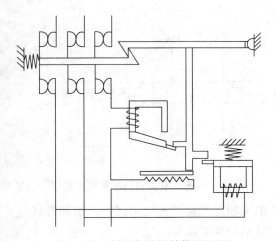
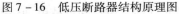

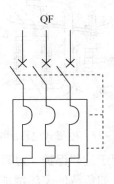

图 7 - 16　低压断路器结构原理图　　　　　图 7 - 17　低压断路器的图形及文字符号

低压断路器的工作原理如下：主触头 1 串联在被控制的电路中，将操作手柄扳到合闸位置时，搭扣 3 勾住锁键 2，主触头 1 闭合，电路接通。由于触头的连杆被锁钩 3 锁住，使触头保持闭合状态，同时分断弹簧被拉长，为分断作准备。瞬时过电流脱扣器（磁脱扣）12 的线圈串联于主电路，当电流为正常值时，衔铁吸力不够，处于打开位置。当电路电流超过规定值时，电磁吸力增加，衔铁 11 吸合，通过杠杆 5 使搭扣 3 脱开，主触头在弹簧 13 作用下切断电路，这就是瞬时过电流或短路保护作用。当电路失压或电压过低时，欠压脱扣器 8 的衔铁 7 释放，同样由杠杆 5 使搭扣 3 脱开，起到欠压和失压保护作用。当电源恢复正常时，必须重新合闸后才能工作。长时间过载使得过流脱扣器的双金属片式（热脱扣）10 弯曲，同样由杠杆 5 使搭扣 3 脱开，起到过载（过流）保护作用。

（2）用于过电流保护。过电流是指电动机的工作电流超过其额定值，如果时间久了，就会使电机过热损坏电机，因此需要采取保护措施。

过电流时，电流仍由正常路径流通，其值比短路电流值要小。过电流一般是由于负载过大或是起动不正确。为了避免影响电动机正常工作，过电流保护动作值应该比正常起动电流略大一些。过电流保护也要求保护装置能瞬时动作，过电流保护一般采用过电流继电器，而低压断路器也具有过电流保护的功能。

电流继电器是根据电流信号工作的，根据线圈电流的大小来决定触头动作。电流继电器的线圈的匝数少而线径粗，使用时其线圈与负载串联。按线圈电流的种类可分为交流电流继电器和直流电流继电器；按动作电流的大小又可分为过电流继电器和欠电流继电器。

① 对于过电流继电器，工作时负载电流流过线圈，一般选取线圈额定电流（整定电流）等于最大负载电流。当负载电流不超过整定值时，衔铁不产生吸合动作。当负载电流高出整定电流时衔铁产生吸合动作，所以称为过电流继电器。过电流继电器在电路中起过流保护作用，特别是对于冲击性过流具有很好的保护效果，结构如图 7 - 18 所示。

② 对于欠电流继电器，当线圈电流达到或大于动作电流值时，衔铁吸合动作。当线圈电流低于动作电流值时衔铁立即释放，所以称为欠电流继电器。正常工作时，由于负载电流大于线圈动作电流，衔铁处于吸合状态。当电路的负载电流降至线圈释放电流值以下时，衔铁释放。欠电流继电器在电路中起欠电流保护作用。在交流电路中需要欠电流保护的情况比较少见，所以产品中没有交流欠电流继电器，只有直流欠电流继电器。电流继电器的图形、文字符号如图 7 - 19 所示。

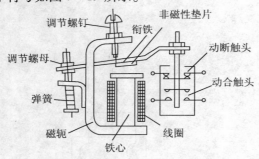

图 7 - 18　电磁式电流继电器结构示意图

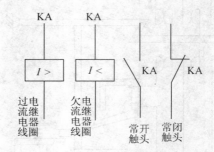

图 7 - 19　电流继电器的图形及文字符号

（3）用于过载保护。过载是指电气设备的工作电流超过额定值使绕组过热。引起过载的原因很多，如负载的突然增加、电源电压降低、电动机轴承磨损等。

为了充分发挥电动机的过载能力，电动机短时过载是允许的。但长期过载电动机就要发热，电动机工作时，是不允许超过额定温升的，否则会降低电动机的寿命。熔断器和过电流继电器只能保护电动机不超过允许最大电流，不能反映电动机的发热情况，不能起到恰当的保护作用。因此，必须采用一种其工作原理与电动机过载发热温升特性相吻合的保护电器来有效保护电动机，这种电器就是热继电器。

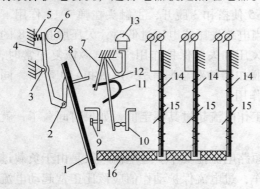

图 7 - 20　热继电器结构原理图

① 热继电器是利用电流的热效应和金属材料的热膨胀系数差异的原理而工作的电器，它主要用来保护三相交流电动机的出现长时间过载。图 7 - 20 所示是热继电器的结构原理示意图。

其主要由发热元件、双金属片和触头组成。发热元件与双金属片作为反映温度信号的感应部分；触头作为控制电流通、断的执行部分。发热元件 15 用镍铬合金丝等电阻材料做成，直接串连在被保护的电动机主电路内，它随电流 I 的大小和时间的长短而发出不同的热量，这些热量加热双金属片 14。双金属片是由两种膨胀系数不同的金属片碾压而成，右层采用高膨胀系数的材料，如铜或铜镍合金，左层采用低膨胀系数的材料。双金属片的一端是固定的，另一端为自由端。当电机正常运行时，热元件产生的热量使双金属片略有弯曲，并与周围环境保持热交换平衡。当电机过载运行时，热元件产生的热量来不及与周围环境进行热交换，使双金属片进一步弯曲，推动导板 16 向左移动，并推动补偿双金属片 1 绕轴 2 顺时针转动，推杆 8 向右推动簧片 7 到一定位置时，弓形弹簧片 11 作用力方向发生改变，使簧片 12 向左运动，动合触头 9 闭合，动断触头 10 断开。用此触头断开电机的控制电路，从而使电动机

126

得到保护。主电路断电后，随着温度的下降，双金属片恢复原位。可使用手动复位按钮 13 使触头 10 复位。借助凸轮 6、和推杆 4 可以在额定电流的 66% ~100% 范围内调节动作电流。热继电器的图形、文字符号如图 7 - 21 所示。

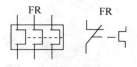

图 7 - 21 热继电器的图形、文字符号

② 热继电器是串联在电机主电路中的，通过的电流是线电流。对于丫形接法，当电路发生缺相运行时，另两相电流明显增大，流过热继电器的电流等于电机相（绕组）电流，热继电器可以起到保护作用。而对于△形接法，电机的相电流小于线电流，热继电器是按线电流来整定的，当电路发生缺相运行时，另两相电流明显增大，但不至于超过线电流或超过有限，这时热继电器就不会动作，也就起不到保护作用。所以，对于△形接法的电路必须采用带缺相保护装置具有三个热元件的热继电器。

热继电器有制成单个的，亦有和接触器制成一体一同安放在磁力起动器的壳体之内的。目前一个热继电器内一般有两个或三个加热元件，通过双金属片和杠杆系统作用到同一常闭触头上，如图 7 - 22 所示。

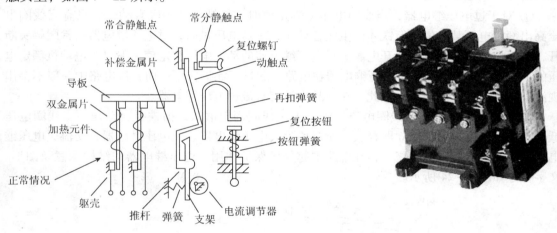

图 7 - 22 热继电器

③ 热继电器具有热惯性，大电流出现时它不能立即动作，故热继电器不能用作短路保护。用热继电器保护三相异步电动机时，至少需要用有两个热元件的热继电器，从而在不正常的工作状态下，也可对电动机进行过载保护。例如，电动机单相运行时，至少有一个热元件能起作用。当然，最好采用有三个热元件带缺相保护的热继电器。

（4）用于欠电压、失电压保护。当电网电压降到额定电压的 60% ~80% 时，油库电气设备就要求能自动切除电源而停止工作，这种保护称为欠电压保护。电动机在电网电压降低时，其转速、转矩都将降低甚至堵转。在负载一定的情况下，一方面电动机电流增大，而其增加程度又不足以使熔断器和热继电器动作，因此必须要采取欠压保护措施。

除了利用接触器本身的欠电压保护作用之外，还可以采用低压断路器或专门的电磁式电压继电器来进行欠电压保护，其方法是将电压继电器线圈跨接在电源上，其动合触头串接在接触器控制回路中。当电网电压低于额定值时，电压继电器动作使接触器释放，如图 7 - 23 所示。

如果电动机在正常工作时突然掉电，那么在电源电压恢复时，就可能自行起动，造成人身事故或机械设备损坏。为防止电压恢复时电动机的自行起动或电器元件自行投入工作而设

图 7 - 23　具有失压、欠压保护的接触器

置的保护，称为失压保护。采用接触器和按钮控制电动机的起动制动就具有失压保护功能。如果正常工作中电网电压消失，接触器会自动释放而切断电动机电源。

（5）用于过电压保护。当电源电压超过额定值时，电动机的定子电流增大，使电动机发热增多，时间久了就会造成电动机损坏。如果电压比额定值高很多，则电动机定子电流就会超出额定值许多而可能烧坏电机。因此，需要进行过电压保护。

电压继电器是根据电压信号工作的，根据线圈电压的大小来决定触头动作。电压继电器的线圈的匝数多而线径细，使用时其线圈与负载并联。按线圈电压的种类可分为交流电压继电器和直流电压继电器；按动作电压的大小又可分为过电压继电器和欠电压继电器。

①对于过电压继电器，当线圈电压为额定值时，衔铁不产生吸合动作。只有当线圈电压高出额定电压某一值时衔铁才产生吸合动作，一旦电压过高，过电压继电器的常闭触头断开，从而控制接触器及时断开电源。过电压继电器的动作电压整定值一般可为电动机额定电压的 $1.05 \sim 1.2$ 倍，交流过电压继电器在电路中起过压保护作用。而直流电路中一般不会出现波动较大的过电压现象，因此，在产品中没有直流过电压继电器。

②欠电压继电器，当线圈电压达到或大于线圈额定值时，衔铁吸合动作。当线圈电压低于线圈额定电压时衔铁立即释放，所以称为欠电压继电器。欠电压继电器有交流欠电压继电器和直流欠电压继电器之分，在电路中起欠压保护作用。电压继电器的结构示意及图形、文字符号如图 7 - 24 所示。

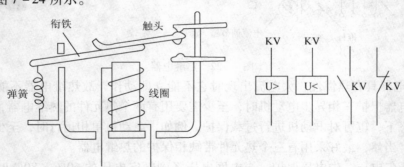

图 7 - 24　电压继电器的结构示意及图形、文字符号

（6）用于漏电流保护。为了防止直接接触电击事故和间接接触电击事故，防止电气线路或电气设备接地故障引起电气火灾和电气设备损坏事故，低压配电系统配置漏电保护装置。漏电保护根据工作零线是否穿过电流感应器，分为零序电流保护和剩余电流保护。零序电流保护与剩余电流保护的基本原理都是基于基尔霍夫电流定律：流入电路中任一节点的瞬时电流代数和等于零。不同之处是零序电流保护检测的是各相线中电流的相量和，而剩余电流保护检测的是各相线还有零线中的电流相量和。如图 7 - 25 所示，三相线负载平衡且电路正常工作的情况下，理论上各相线电流相量和应为零。在实际的产品制造中，受生产工艺、使用条件及电源品质等因素的制约，理想的三相完全平衡负载不大可能存在，其三相电流的相量

和不为零，而且很容易达到漏电保护器的动作电流值。

① 漏电保护器一定要选用获得中国电工产品认证委员会的产品认证证书的漏电保护器，上面具有 CCEE 安全"长城"认证标志。根据电气设备的供电方式选用不同的漏电保护器，单相 220V 电源供电的电气设备，应选用二极二线或单极二线式漏电保护器。三相三线式 380V 电源供电的电气设备，应选用三极式漏电保护器。三相四线式 380V 电源供电的电气设备或单相设备与三相设备共用的电路，应选用三极四线或四极四线式漏电保护器。根据电气线路

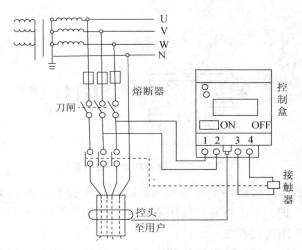

图 7 - 25　漏电保护的接线

的正常泄漏电流，选择漏电保护器的额定漏电动作电流。选择漏电保护器的额定漏电动作电流值时，应充分考虑到被保护线路和设备可能发生的正常漏电流值。选用的漏电保护器的额定漏电不动作电流，应小于电气线路和设备的正常漏电电流的最大值的 2 倍。漏电保护器的额定电压、额定电流、短路分断能力、额定漏电电流、分断时间应满足被保护供电线路和电气设备的要求。

② 漏电保护器的接线中应注意：漏电保护器负载侧的中性线，不得与其他回路共用。漏电保护器标有负载侧和电源侧时，应按规定安装接线，不得反接。安装带有短路保护的漏电保护器，必须保证在电弧喷出方向有足够的飞弧距离。飞弧距离大小按漏电保护器生产厂家的规定，安装时必须严格区分中性线和保护线，三极四线式或四极式漏电保护器的中性线应接入漏电保护器。经过漏电保护器的中性线不得作为保护线，不得重复接地或接设备外漏可导电部分，保护线不得接入漏电保护装置。

7.1.3　接触器

接触器是一种根据外来输入信号利用电磁铁操作，频繁地接通或断开交、直流主电路及大容量控制电路的自动切换电器。主要用于控制电动机、电焊机、电热设备、电容器组等。其工作原理为：当电磁铁线圈得电、电磁铁吸合时，带动接触器触头闭合，使电路接通。线圈失电时，电磁铁在弹簧力作用下释放，接触器触头断开，使电路切断。

（1）交流接触器主要由电磁机构（包括电磁线圈、铁芯和衔铁）如图 7 - 26 所示，触头系统（主触头和辅助触头）如图 7 - 27 所示，灭弧装置等组成如图 7 - 28、图 7 - 29 所示。

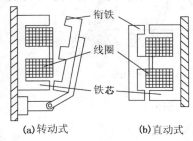

图 7 - 26　电磁机构的结构形式

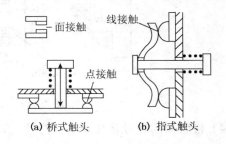

图 7 - 27　触头的结构形式

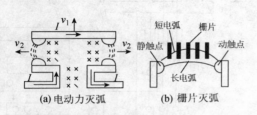

(a) 电动力灭弧　　(b) 栅片灭弧

图 7-28　交流接触器的灭弧装置

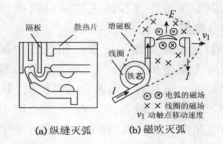

(a) 纵缝灭弧　　(b) 磁吹灭弧

图 7-29　直流接触器的灭弧装置

接触器不仅能实现远距离集中控制，而且操作频率高、控制容量大，具有低压释放保护、工作可靠、使用寿命长和体积小等优点，是继电器——接触器控制系统中最重要和最常用的元件之一。

（2）接触器的基本参数。包括：主触头的额定电压、主触头允许切断电流、触头数、线圈电压、操作频率、机械寿命和电寿命等。现代生产的接触器，其额定电流最大可达2500A，允许接通次数为 150~1500 次/h，总寿命可达到 1500 万~2000 万次。

（3）按吸引线圈所通电流性质的不同，电磁铁分为直流电磁铁和交流电磁铁。

① 直流电磁铁通入的是直流电，其铁芯不发热，只有线圈发热，因此线圈与铁芯接触以利散热，线圈做成无骨架、高而薄的瘦高型，以改善线圈自身散热。铁芯和衔铁由软钢和工程纯铁制成。

② 交流电磁铁通入的是交流电，铁芯中存在磁滞损耗和涡流损耗，线圈和铁心都发热，所以交流电磁铁的吸引线圈有骨架，使铁芯与线圈隔离并将线圈制成短而厚的矮胖形，以利于铁芯和线圈的散热。铁芯用硅钢片叠加而成，以减小涡流。

若直流电通过线圈时，气隙磁感应强度不变，直流电磁铁的电磁吸力为恒值。若交流电通入线圈时，磁感应强度为交变量，交流电磁铁的电磁吸力随交流电的变化而变化，在一个周期内，当电磁吸力的瞬时值大于弹簧弹力时，衔铁吸合；当电磁吸力的瞬时值小于弹簧弹力时，衔铁释放。所以电源电压每变化一个周期，电磁铁吸合两次、释放两次，使电磁机构产生剧烈的振动和噪声，因而不能正常工作。为了消除交流电磁铁产生的振动和噪声，在铁芯的端面开一小槽，在槽内嵌入铜制短路环，如图 7-30 所示。

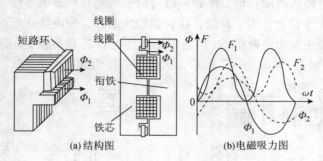

(a) 结构图　　　　　　(b) 电磁吸力图

图 7-30　交流电磁铁和短路环

（4）接触器的型号含义及电气符号，如图 7-31 所示。

130

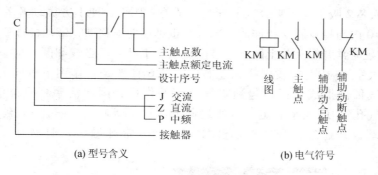

(a) 型号含义　　　　　　　(b) 电气符号

图 7 - 31　接触器的型号含义及图形、文字符号

7.1.4　继电器

继电器是一种根据外来电信号来接通或断开电路，以实现对电路的控制和保护作用的自动切换电器。继电器一般不直接控制主电路，而反映的是控制信号。继电器的种类很多，根据用途可分为控制继电器和保护继电器，对常用的保护继电器我们已作了介绍，控制继电器常用的有中间继电器、时间继电器、速度继电器、温度继电器和压力继电器等。

（1）中间继电器。实质上是一种电压继电器，它的特点是触头数目较多，电流容量可增大，起到中间放大（触头数目和电流容量）的作用。中间继电器的外形及图形、文字符号如图 7 - 32 所示。

中间继电器的工作原理与接触器相同，但它的功能与接触器不同，它主要用于反映控制信号，其触头通常接在控制电路中，用以弥补接触器辅助触头的不足。因此中间继电器触头的额定电流都比较小，一般不超过 5A，但触头数较多。选择中间继电器主要考虑的是中间继电器的线圈电压和触头数量是否能满足电路要求。

（2）时间继电器。在自动控制系统中，有时需要继电器得到信号后不立即动作，而是要顺延一段时间后再动作并输出控制信号，以达到按时间顺序进行控制的目的。时间继电器就能实现这种功能。

时间继电器按工作原理分可分为：电磁式、空气阻尼式、晶体管式、单片机控制式等。空气阻尼式时间继电器是利用空气阻尼原理获得延时的，其外形如图 7 - 33 所示。

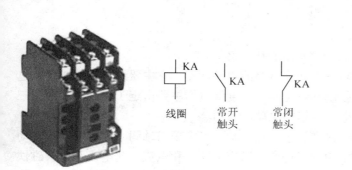

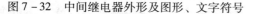

图 7 - 32　中间继电器外形及图形、文字符号

图 7 - 33　空气阻尼式时间继电器外形

空气阻尼时间继电器由电磁机构、延时机构、触头系统三部分组成。延时方式有通电延时和断电延时两种。断电延时型结构及工作原理如图 7 - 34 所示：当线圈 1 通电后，衔铁 3

连同推板 5 被铁芯 2 吸引向下吸合，上方微动开关 4 压下，使上方微动开关触头迅速转换。同时在空气室 10 内与橡皮膜 9 相连的活塞杆 6 也迅速向下移动，带动杠杆 7 左端迅速上移，微动开关 14 的延时常开触头马上闭合，常闭触头马上断开。当线圈断电时，微动开关 4 迅速复位，在空气室 10 内与橡皮膜 9 相连的活塞杆 6 在弹簧 8 作用下也向上移动，由于橡皮膜下方的空气稀薄形成负压，起到空气阻尼的作用，因此活塞杆只能缓慢向上移动，移动速度由进气孔 12 的大小而定，可通过调节螺钉 11 调整。经过一段延时后，活塞 13 才能移到最上端，并通过杠杆 7 压动开关 14，使其常开触头延时断开，常闭触头延时闭合。

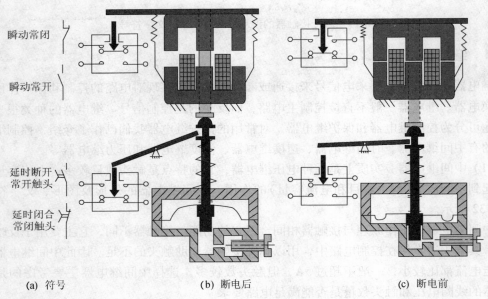

图 7-34　断电延时型时间继电器结构及原理图

时间继电器的图形、文字符号如图 7-35 所示。

图 7-35　时间继电器的图形、文字符号

（3）速度继电器。是利用转轴的转速来切换电路的自动电器，它主要用作鼠笼式异步电动机的反接制动控制中，故也称为反接制动继电器。速度继电器主要由定子、转子和触头三部分组成。如图 7-36 所示为速度继电器的结构原理示意图。

速度继电器的轴与电动机的轴相连接，转子固定在轴上，定子与轴同心。当电动机转动时，速度继电器的转子随之转动，绕组切割磁场产生感应电动势和电流，此电流和永久磁铁的磁场作用产生转矩，使定子向轴的转动方向偏摆，通过摆锤拨动触头，使常闭触头断开、常开触头闭合。当电动机转速下降到接近零时，转矩减小，摆锤在弹簧力的作用下恢复原位，触头也复位。速度继电器根据电动机的额定转速进行选择，速度继电器的图形和文字符号如图 7-37 所示。

132

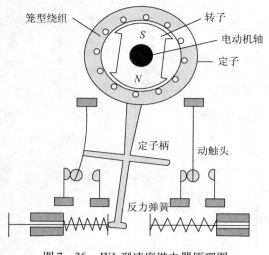

图 7 - 36　JY1 型速度继电器原理图

图 7 - 37　速度继电器的图形和文字符号

7.2　油泵电机的基本控制电路

7.2.1　电气图绘制规则和符号

　　电气控制线路是由许多电器元件按照一定的要求和规律连接而成的。将电气控制系统中各电器元件及它们之间的连接线路用一定的图形表达出来,这种图形就是电气控制系统图,一般包括电气原理图、电气布置图和电气安装接线图三种。

　　在国家标准中,电气技术中的文字符号分为基本文字符号(单字母或双字母)和辅助文字符号。基本文字符号中的单字母符号按英文字母将各种电气设备、装置和元器件划分为23 个大类,每个大类用一个专用单字母符号表示。如"K"表示继电器、接触器类,"F"表示保护器件类等,单字母符号应优先采用。双字母符号是由一个表示种类的单字母符号与另一字母组成,其组合应以单字母符号在前,另一字母在后的次序列出。

　　(1) 电气原理图。用图形和文字符号表示电路中各个电器元件的连接关系和电气工作原理,它并不反映电器元件的实际大小和安装位置,如图 7 - 38 所示。

　　① 电气原理图一般分为主电路、控制电路和辅助电路三个部分。

　　② 电气原理图中所有电器元件的图形和文字符号必须符合国家规定的统一标准。

　　③ 在电气原理图中,所有电器的可动部分均按原始状态画出。

　　④ 动力电路的电源线应水平画出,主电路应垂直于电源线画出,控制电路和辅助电路应垂直于两条或几条水平电源线之间,耗能元件(如线圈、电磁阀、照明灯和信号灯等)应接在下面一条电源线一侧,而各种控制触头应接在另一条电源线上。

　　⑤ 应尽量减少线条数量,避免线条交叉。

　　⑥ 在电气原理图上应标出各个电源电路的电压值、极性或频率及相数;对某些元器件还应标注其特性(如电阻、电容的数值等);不常用的电器(如位置传感器、手动开关等)还要标注其操作方式和功能等。

　　⑦ 为方便阅图,在电气原理图中可将图幅分成若干个图区,图区行的代号用英文字母

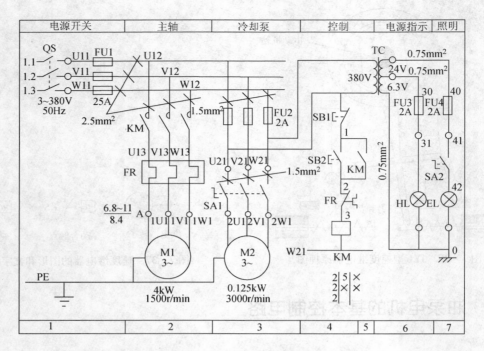

图 7 - 38　CW6132 型普通车床的电气原理图

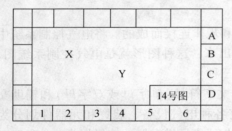

图 7 - 39　图幅分区示例

表示,一般可省略,列的代号用阿拉伯数字表示,其图区编号写在图的下面,并在图的顶部标明各图区电路的作用,如图 7 - 39 所示。

⑧ 在继电器、接触器线圈下方均列有触头表以说明线圈和触头的从属关系,即"符号位置索引"。也就是在相应线圈的下方,给出触头的图形符号(有时也可省去),对未使用的触头用"×"表明(或不作表明)。

⑨ 接触器各栏表示的含义如下:

左　栏	中　栏	右　栏
主触头所在图区号	辅助动合触头所在图区号	辅助动断触头所在图区号

继电器各栏表示的含义如下:

左　栏	右　栏
动合触头所在图区号	动断触头所在图区号

(2)电器元件布置图。反映各电器元件的实际安装位置,在图中电器元件用实线框表示,而不必按其外形形状画出;在图中往往还留有 10% 以上的备用面积及导线管(槽)的位置,以供走线和改进设计时用;在图中还需要标注出必要的尺寸,如图 7 - 40 所示。

(3)电气安装接线图。反映的是电气设备各控制单元内部元件之间的接线关系,如图 7 - 41 所示。

134

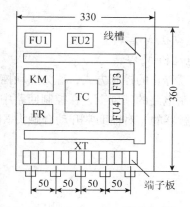

图 7 - 40 CW6132 型车床电气位置图

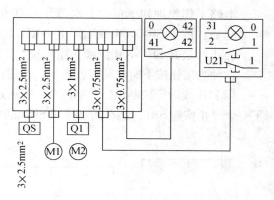

图 7 - 41 CW6132 型车床电气互连图

7.2.2 油库电机的单向运行控制

（1）点动控制电路。点动控制电路是用按钮和接触器控制电动机的最简单的控制线路，其原理图如图 7 - 42 所示，分为主电路和控制电路两部分。

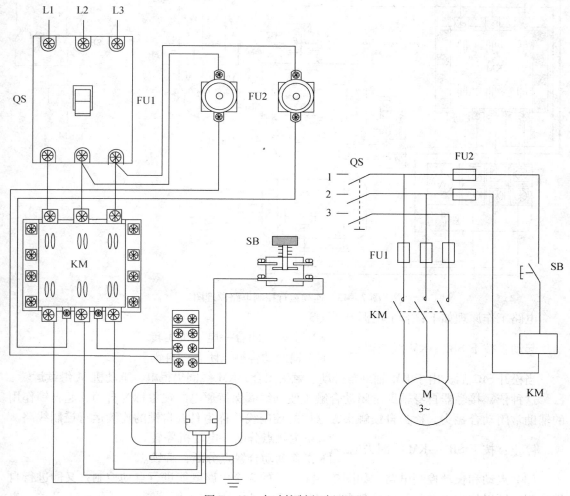

图 7 - 42 点动控制电路原理图

135

电路工作原理如下：合上电源开关 QS。

起动：按下 SB→KM 线圈得电→KM 主触点闭合→电动机 M 运转

停止：松开 SB→KM 线圈失电→KM 主触点分断→电动机 M 停转

这种当按钮按下时电动机就运转，按钮松开后电动机就停止的控制方式，称为点动控制。

（2）连续运行控制电路。如图 7-43 所示，在点动控制电路的基础上，在控制回路中增加了一个停止按钮 SB1，还在起动按钮 SB2 的两端并接了接触器的一对辅助常开动合触头 KM。

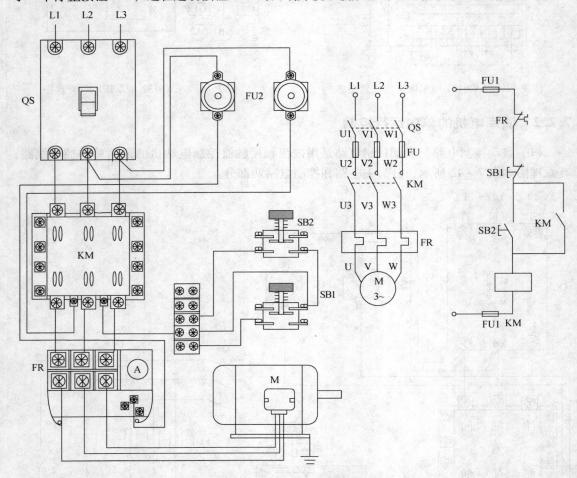

图 7-43　连续运行控制电路原理图

电路工作原理如下：合上电源开关 QS。

起动：按下 SB2→KM 线圈得电→ ⎰ KM 主触点闭合→电动机运转。
　　　　　　　　　　　　　　　 ⎱ KM 辅助动合触点闭合，自锁。

当松开 SB2 后，由于 KM 辅助常开动合触头闭合，KM 线圈仍得电，电动机 M 继续运转。

这种依靠接触器自身辅助常闭动合触头使其线圈保持通电的现象称为自锁，起自锁作用的辅助常闭动合触头，称为自锁触头，这样的控制线路称为具有自锁的连续运行控制线路。

停止：按下 SB1→KM 线圈失电→ ⎰ KM 主触点分断→电动机停转。
　　　　　　　　　　　　　　　 ⎱ KM 辅助动合触点分断，解锁。

（3）点动和长动控制电路。如图 7-44 所示的 3 个电路既能进行点动控制，又能进行自锁控制，所以称为点动和长动控制电路。如图 7-44（a）需要自锁控制时，闭合 SA 开关，再

136

按下 SB2 即可长动，点动控制时断开 SA，再按下 SB2 即可长动。如图 7 - 44(b)，按下 SB2 为点动控制，按下 SB3 为自锁控制。如图 7 - 44(c) 按下 SB2 时，KA 触头自锁，形成自锁控制，按下 SB3 为点动控制。

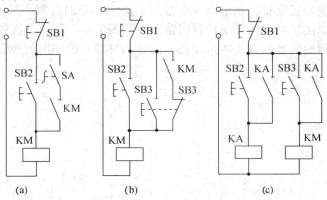

图 7 - 44　点动和长动控制电路原理图

7.2.3　油库电机的正反转控制

油库电机拖动的有些设备需要做两个相反方向的转动，这种相反方向的运动大多靠电动机的正反转来实现。三相电动机正反转的原理很简单，只需将三相电源中的任意两相对调，就可使电动机反向运转。

（1）开关控制的正、反转控制电路。倒顺开关是一种组合开关，如图 7 - 45 所示为 HZ3 - 132 型倒顺开关的工作原理示意图。

倒顺开关有六个固定触头，其中 U1、V1、W1 为一组，与电源进线相连，而 U、V、W 为另一组，与电动机定子绕组相连。当开关手柄置于"顺转"位置时，动触片 S1、S2、S3 分别将 U - U1、V - V1、W - W1 相连接，使电动机正转；当开关手柄置于"逆转"位置时，动触片 S1′、S2′、S3′分别将 U - U1、V - W1、W - V1 接通，使电动机实现反转；当手柄置于中间位置时，两组动触片均不与固定触头连接，电动机停止运转。

如图 7 - 46 所示是用倒顺开关控制的电动机正反转控制电路。其工作原理是利用倒顺开关来改变电动机的相序，预选电动机的旋转方向后，再通过按钮 SB2、SB1 控制接触器 KM 来接通和切断电源，控制电动机的起动与停止。

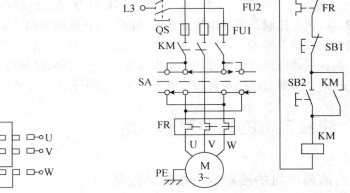

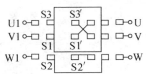

图 7 - 45　倒顺开关示意图　　　　图 7 - 46　倒顺开关控制的正反转电路

倒顺开关正反转控制电路所用电器少，线路简单，但这是一种手动控制线路，频繁换向时操作人员的劳动强度大、操作不安全，因此一般只用于控制额定电流10A、功率在3kW以下的小容量电动机。生产实践中更常用的是接触器正反转控制电路。

（2）接触器互锁的正反转控制电路。在控制电路中，分别将两个接触器KM1、KM2的辅助常闭动断触点串接在对方的线圈控制回路里，如图7-47所示。这种利用两个接触器的常闭动断触点互相制约的控制方法叫做互锁，而这两对起互锁作用的触头称为互锁触头。

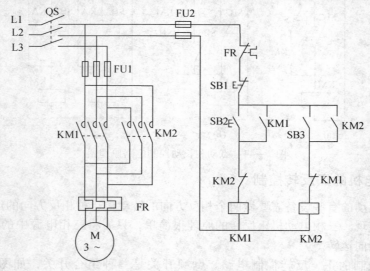

图7-47 接触器互锁的正反转控制电

接触器互锁的电动机正反转控制的工作原理如下：合上电源开关QS。

正转起动：按下SB3→KM2线圈得电→$\begin{cases} \text{KM2 主触点闭合→电动机 M 反转} \\ \text{KM2 辅助动合触点分断，对 KM1 互锁} \\ \text{KM2 辅助动合触点闭合，自锁} \end{cases}$

停止：按下SB2→KM1线圈得电→$\begin{cases} \text{KM1 主触点闭合→电动机 M 正转} \\ \text{KM1 辅助动断触点分断，对 KM2 互锁} \\ \text{KM1 辅助动合触点闭合，自锁} \end{cases}$

反转起动：按下SB1→KM1线圈得电→$\begin{cases} \text{KM1 主触点分断→电动机 M 停转} \\ \text{KM1 辅助动断触点闭合，互锁解锁} \\ \text{KM1 辅助动合触点分断，自锁解锁} \end{cases}$

（3）按钮、接触器机械电气双重互锁的正反转控制电路。如图7-48所示的按钮、接触器机械电气双重互锁的正反转控制电路。所谓按钮互锁，就是将复合按钮动合触点作为起动按钮，而将其动断触点作为互锁触点串接在另一个接触器线圈控制支路中。这样，要使电动机改变转向，只要直接按反转按钮就可以了，而不必先按停止按钮，简化了操作。

7.3 油泵电机的起动控制电路

7.3.1 油库电机的接触器直接起动控制

对能够采取直接起动的电机，一般可尽量采用接触器直接起动。如图7-49所示，

138

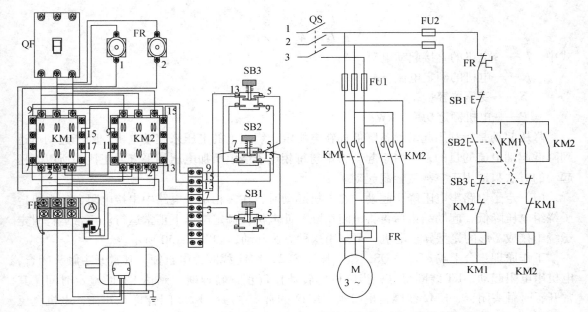

图 7 - 48　按钮、接触器机械电气双重互锁的电动机正反转控制电路

SB1 为停止按钮，SB2 为起动按钮，热继电器 FR 作过载保护，熔断器 FU1、FU2 作短路保护。

工作原理：按下按钮 SB2，接触器线圈 KM 得电，其主触头闭合，电动机得电运转；按下按钮 SB1，线圈 KM 失电，其主触头断开，电动机失电停止。

由图 7 - 49 可知，按下按钮 SB2，接触器线圈 KM 得电，其主触头闭合的同时，其辅助常开触头也闭合，即使 SB2 断开，闭合的辅助触头也能保持 KM 线圈一直处于得电状态，这种状况既保证了电机的持续运转，还具有欠压和失压(零压)保护作用。

欠压保护是指当线路电压下降到某一数值时，接触器线圈两端的电压会同时下降，接触器的电磁吸力将会小于复位弹簧的反作用力，动铁心被释放，带动主、辅触头同时断开，自动切断主电路和控制电路，电动机失电停止，避免电机欠压运行而损坏。

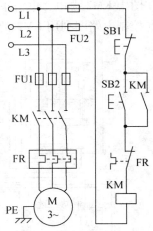

图 7 - 49　接触器直接起动控制电路

失压(零压)保护是指电机在正常工作情况下，由于外界某种原因引起突然断电时，能自动切断电源；当重新供电时，电机不会自行起动。这就避免了突然停电后，操作人员忘记切断电源，来电后电动机自行起动，而造成设备损坏或人身伤亡的事故。

7.3.2　油库电机的降压起动控制

三相笼型异步电动机的直接起动电流是其额定电流的 4 ~ 7 倍。因此，大功率电机若直接起动，会导致电网电压显著下降，从而影响同一电网上其他电器的正常工作。

一般容量在 10kW 以下或其参数满足下式的三相笼型异步电动机可采用直接起动，否则必须采用降压起动。

$$\frac{I_{st}}{I_N} \leqslant \frac{3}{4} + \frac{S}{4 \times P}$$

式中，I_{st}——电机的直接起动电流，A；

I_N——电机的额定电流，A；

S——变压器容量，kVA；

P——电机额定功率，kW。

降压起动是指利用起动设备降低加在电机定子绕组上的电压来起动电机。降压起动可达到降低起动电流的目的，但由于起动力矩与每相定子绕组所加电压的平方成正比，所以降压起动的方法只适用于空载或轻载起动。

（1）定子电路串电阻降压起动。在电机起动时，在三相定子电路中串接电阻，使电机定子绕组电压降低，起动结束后再将电阻切除，使电机在额定电压下正常运行。正常运行时定子绕组接成丫形的笼型异步电机，可采用这种方法起动，如图 7-50 所示。

工作原理：合上隔离开关 QS，按下按钮 SB2，KM1 线圈得电自锁，其常开主触头闭合，电机串电阻起动，KT 线圈得电；当电机的转速接近正常转速时，到达 KT 的整定时间，其常开延时触头闭合，KM2 线圈得电自锁，KM2 的常开主触头 KM2 闭合将 R 短接，电机全压运转。

降压起动用电阻一般采用 ZX1、ZX2 系列铸铁电阻，其阻值小、功率大，可允许通过较大的电流。图 7-50(a)、图 7-50(b) 两图不同之处在于：

① 图中 KM2 得电，电机正常全压运转后，KT 及 KM1 线圈仍然有电，这是不必要的。

② 控制电路图利用 KM2 的常闭动断触头切断了 KT 及 KM1 线圈的电路，克服了上述缺点。

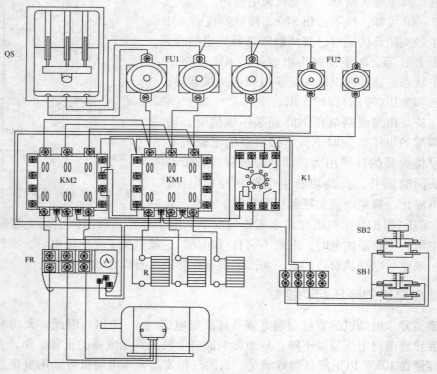

图 7-50　定子绕组串电阻降压起动电路

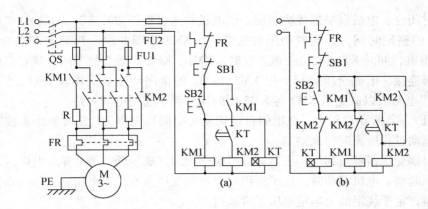

图 7-50　定子绕组串电阻降压起动电路(续)

电路工作原理如下：合上电源开关 QS。

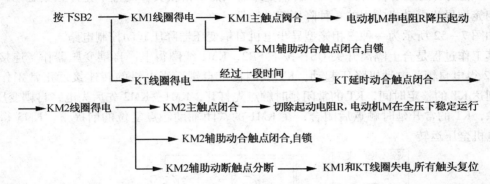

(2) Y-△降压起动。如图 7-51 所示，起动时把绕组接成星形连接，起动完毕后再自动换接成三角形接法而正常运行。凡是正常运行时定子绕组接成三角形的笼型异步电动机，均可采用这种起动方法。

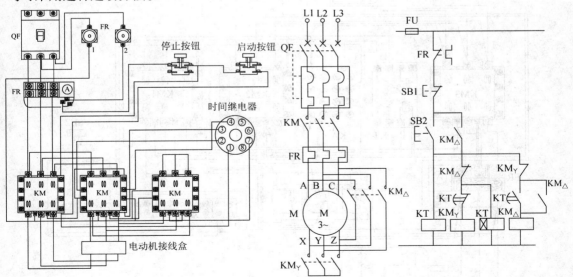

图 7-51　异步电机Y-△降压启动实物接线及原理图

工作原理：按下 SB2 后接触器 KM1 得电并自锁，同时 KT、KM3 也得电，KM1、KM3

141

主触头同时闭合，电机以星形接法起动。当电机转速接近正常转速时，到达通电延时型时间继电器 KT 的整定时间，其延时动断触头断开，KM3 线圈断电，延时常开动合触头闭合，KM2 线圈得电，同时 KT 线圈也失电。这时，KM1、KM2 主触头处于闭合状态，电机绕组转换为三角形连接，电机全压运行。把 KM2、KM3 的常闭动断触头串联到对方线圈电路中，构成"互锁"电路，以避免当 KM2 与 KM3 同时闭合而引起的电源短路。

在电机丫－△起动过程中，绕组的自动切换由时间继电器 KT 延时动作来控制。延时的长短根据起动过程所需时间来整定。

（3）自耦变压器降压起动。正常运行时定子绕组接成丫形的笼型异步电机，还可用自耦变压器降压起动。电机起动时，定子绕组加上自耦变压器的二次电压，一旦起动完成就切除自耦变压器，定子绕组加上额定电压正常运行。

自耦变压器二次绕组有多个抽头，能输出多种电源电压，起动时能产生多种转矩，一般比丫－△起动时的起动转矩大得多。自耦变压器虽然价格较贵，而且不允许频繁起动，但仍是三相笼型异步电动机常用的一种降压起动装置。

如图 7－52 所示为一种三相笼型异步电机自耦变压器降压起动控制电路。

其工作过程是合上隔离开关 QS，按下 SB2，KM1 线圈得电，自耦变压器作丫连接，同时 KM2 得电自锁，电动机降压起动，KT 线圈得电自锁；当电机的转速接近正常工作转速时，到达 KT 的整定时间，KT 的常闭延时触点先打开，KM1、KM2 先后失电，自耦变压器 T 被切除，KT 的常开延时触点后闭合，在 KM1 的常闭辅助触点复位的前提下，KM3 得电自锁，电机全压运转。

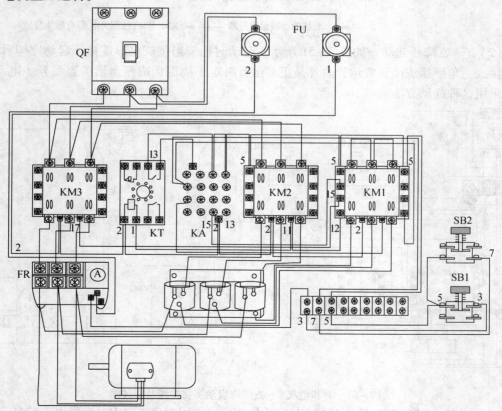

图 7－52　自耦变压器降压起动实物接线电路及原理图

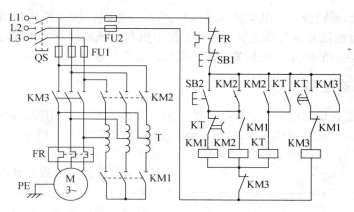

图 7 - 52　自耦变压器降压起动实物接线电路及原理图(续)

电路中 KM1、KM3 的常闭辅助触点的作用是：防止 KM1、KM2、KM3 同时得电使自耦变压器 T 的绕组电流过大，从而导致其损坏。

7.4　油库电机的制动控制电路

由于电机转子惯性的缘故，从切除电源到停转有一个过程，需要一段时间。为了缩短辅助时间、提高生产效率，有些油库设备要求能迅速停车和精确定位。这就要求对电机进行制动，强迫其立即停车。

7.4.1　机械制动控制

利用机械装置使电动机断开电源后迅速停转的方法称为机械制动。机械制动分为通电制动型和断电制动型两种，如图 7 - 53 所示为断电制动型电磁抱闸机构装置，该制动装置是由电磁操作机构和弹簧力机械抱闸机构组成。

如图 7 - 54 所示为电磁抱闸断电制动控制电路。工作原理：合上电源开关 QS，按下起动按钮 SB2 后，接触器 KM 线圈得电自锁，主触头闭合，电磁铁线圈 YB 通电，衔铁吸合，

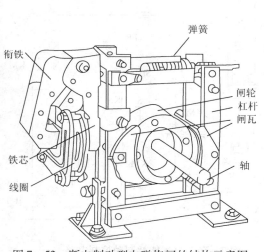

图 7 - 53　断电制动型电磁抱闸的结构示意图

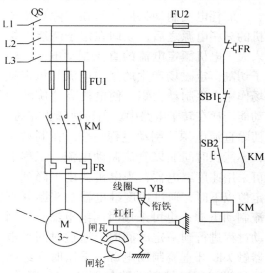

图 7 - 54　电磁抱闸断电制动控制电

143

使制动器的闸瓦和闸轮分开，电动机 M 起动运转。停车时，按下停止按钮 SB1 后，接触器 KM 线圈断电，自锁辅助触头和主触点断开，使电机和电磁铁线圈 YB 同时断电，衔铁与铁芯分开，在弹簧拉力的作用下闸瓦紧紧抱住闸轮，电机迅速停转。

7.4.2 反接制动控制

反接制动就是在切断电机正常供电电源后给电动机施加改变相序的电源，从而使电机迅速停止的制动方法。反接制动开始时，切断电机正常供电电源，电机在机械惯性的作用下在原方向上继续运转。当改变了相序的电源之后，转子与定子旋转磁场之间的相对速度接近于两倍的同步转速，所以在此瞬间定子电流相当于全电压直接起动电流的两倍，则反接制动转矩也很大，制动迅速。并在制动过程中有较大冲击，对传动机构有害，能量消耗也较大。此外，在速度继电器动作不可靠时，反接制动还会引起反向再起动。因此反接制动方式常用于不频繁起动、制动时对停车位置无精确要求而传动机构能承受较大冲击的设备中。

反接制动控制电路如图 7 - 55 所示，按下起动按钮 SB2 后，接触器 KM1 得电并自锁，电机正常运行，转速上升后与电机同轴安装的速度继电器 KS 动作，KS 的常开触头闭合，为 KM2 得电作好了准备。当按下停止按钮 SB1 后，KM1 断电复位，而 KM2 得电并自锁，电机进入反接制动运行，转速迅速下降。当转速下降到一定值(低于 100r/min)时，KS 触头打开，使 KM2 断电，制动过程结束。

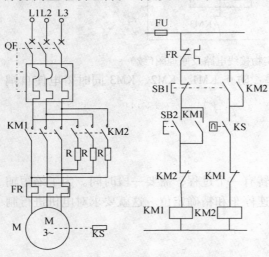

图 7 - 55 电气反接制动控制电路

反接制动为了限制制动电流，一般在制动回路中串接制动电阻 R。

7.4.3 能耗制动控制

能耗电气制动的原理是在切除异步电机的三相电源之后，立即在定子绕组中接入大于电机额定电流的直流制动电流，转子切割恒定磁场产生的感应电流与恒定磁场作用产生制动力矩，使电机高速旋转的动能消耗在转子电路中。当转速降为零时，切除直流电源，制动过程完毕。在制动过程不能长时间通以直流制动电流。工程上可采用速度继电器，当电机速度下降到一定值以下时，通过速度继电器触头断开直流制动电源；也可采用时间继电器，当制动过程进行到一定时间时，通过时间继电器触头断开直流制动电源。采用时间继电器的能耗制动控制电路如图 7 - 56 所示，

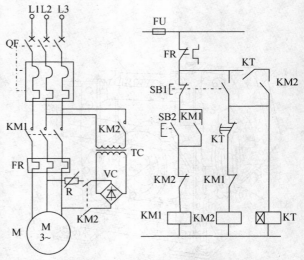

图 7 -56 电气能耗制动控制电路

按下起动按钮 SB2 后，接触器 KM1 得电并自锁，电机正常运行。当按下停止按钮时，KM1 断开三相电源，同时 KM2 接通直流制动电源进行能耗制动，时间继电器也接通开始计时。当制动过程进行到一定时间时，电机速度接近于零，时间继电器延时断开触头断开 KM2，制动过程结束。

7.5 油库特殊用控制电路

7.5.1 油库电机的顺序起动控制

在油库电气控制电路中，经常要求两台电动机有顺序地起动。

（1）主电路的顺序控制。主电路顺序起动控制电路如图 7-57 所示。只有当 KM1 闭合，电动机 M1 起动运转后，KM2 才能使 M2 得电起动，满足电动机 M1、M2 顺序起动的要求。

（2）控制电路的顺序控制。如图 7-58(a)所示为两台主辅油泵电机手动顺序起动控制电路。接触器 KM1 控制辅油泵电机的起、停，保护辅油泵电机的热继电器是 FR1。KM2 及 FR2 控制主油泵电机的起动、停止与过载保护。由图 7-58 可知，只有 KM1 得电，辅油泵电机起动后，KM2 接触器才有可能得电，使主油泵电机起动。停车时主油泵电机可单独停止（按下 SB3），但若辅油泵电机停止时，则主油泵电机立即停车。

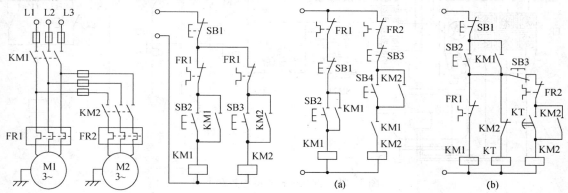

图 7-57 主电路实现顺序控制的电路　　　　图 7-58 两台电机顺序起动控制电路

（3）控制电路的顺序延时控制。如图 7-58(b)所示为两台电机顺序延时起动控制电路。其工作原理是：按下 SB2 后 KM1 得电自锁，电动机 M1 起动，同时，时间继电器 KT 得电，到达 KT 的整定时间后，KT 的常开触点闭合，KM2 得电自锁，同时 KM2 的常闭触点断开，使时间继电器 KT 复位。按 SB3 电机 M2 停止，按 SB1 则电机 M1、M2 同时停止。从而利用接触器 KM1 的常开动合触头实现顺序控制。

从几种控制电路中可归纳出实现顺序起动的方法是：将控制前一台电动机的接触器的常闭动合辅助触头串联在控制后一台电动机的接触器线圈支路中。实现正序起动、逆序停止的方法是：将控制后一台电动机的接触器常闭动合辅助触头与前一台电动机的停止按钮并联。

7.5.2 油库电机的两地控制

在某些油库生产设备上，为方便操作人员在不同位置均能进行操作，常要求多地控制。

一般多地控制只需增加控制按钮即可。多地控制的原则为：起动按钮并联，停止按钮串联。几个起动按钮或停止按钮分别装在不同的位置。

如图 7-59 所示为最简单的两地控制电路，假设在甲地装有起动按钮 SB12、停止按钮 SB11，在乙地装有起动按钮 SB22、停止按钮 SB21，则在甲乙两地都能实现对电动机的起停。

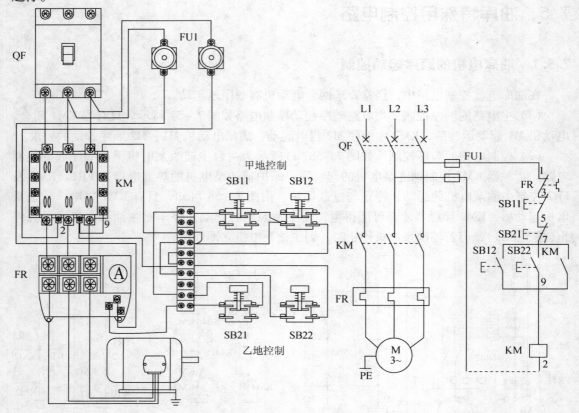

图 7-59　油库电机的两地控制电路

7.5.3　油库电机的间歇运行控制

油库某些生产机械上的电动机要求运行一段时间，停止一段时间，即间歇运行。利用两个时间继电器可实现此控制功能，如图 7-60 所示。KM 为控制电机的接触器，其线圈电路中串接有 KA 的常闭动断触头 KA(3-5)，KA 线圈失电，KA(3-5)闭合，KM 得电吸合，电机工作；KA 线圈得电，KA(3-5)断开，KM 失电释放，电机停止工作。KA 由通电延时时间继电器 KT1 和 KT2 控制，KT1 延时闭合的常开动合触头 KT1(1-7)控制 KA 得电，KT2 的延时断开的动断触头 KT2(7-9)控制 KA 失电，因此 KT1 控制 KM 得电时间，KT2 控制 KM 失电时间，KT1 和 KM 同时得电、失电，KT2 和 KA 同时得电、失电，从而使电机间歇工作。另外，利用此方法，只需将 SA 换成故障信号接通的触头，KM 换成灯泡，即可用于故障报警时的灯光闪烁电路。

【电路工作过程】

合上开关 SA 后，电动机 M 启动，自动循环工作开始。

146

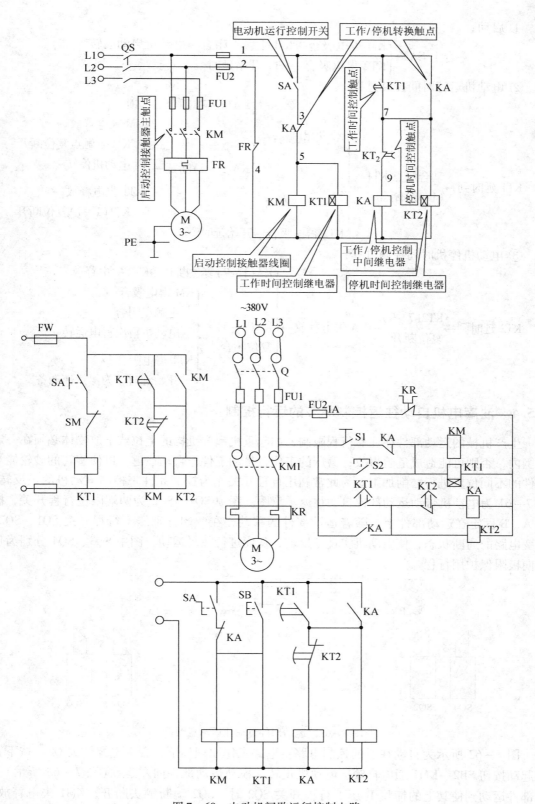

图 7－60　电动机间歇运行控制电路

① 启动：

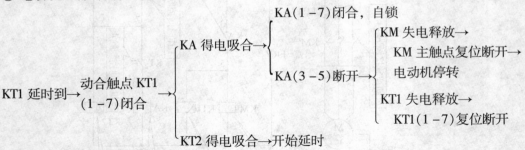

合上 SA→{ KM 得电吸合→KM 主触点闭合→电动机启动运转
KT2 得电吸合→KT1 开始延时

② 电动机运行时间控制过程：

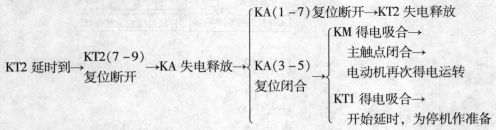

KT1 延时到→动合触点 KT1 (1-7)闭合→KA 得电吸合→{ KA(1-7)闭合，自锁→{ KM 失电释放→KM 主触点复位断开→电动机停转
KA(3-5)断开→KT1 失电释放→KT1(1-7)复位断开 }
KT2 得电吸合→开始延时

③ 电动机停机时间控制过程：

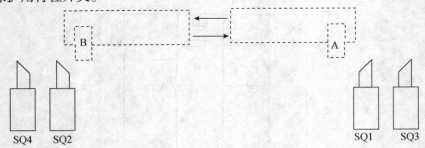

KT2 延时到→KT2(7-9)复位断开→KA 失电释放→{ KA(1-7)复位断开→KT2 失电释放→{ KM 得电吸合→主触点闭合→电动机再次得电运转
KA(3-5)复位闭合→KT1 得电吸合→开始延时，为停机作准备 }

7.5.4　油库电机自动往返控制环节的运行控制

生产机械的运动部件往往有行程限制，如起重机起升机构的上拉或下放物体必须在一定范围内，否则可能造成危险事故；磨床的工作台带动工件作自动往返，以便旋转的砂轮能对工件的不同位置进行磨削加工。为此常利用行程开关作为控制元件来控制电动机的正反转。图 7-61 为电动机带动运动部件自动往返示意图。图中 SQ1、SQ2 为两端限位行程开关，撞块 A、B 固定在运动部件上，随着运动部件的移动，在两端分别压下行程开关 SQ1、SQ2，改变电路的通断状态，使电动机实现正反转，从而进行往复运动。图中 SQ3、SQ4 分别为正反向极限保护用行程开关。

图 7-61　运动部件自动往返示意图

图 7-62 所示为自动往返的控制电路。电路工作原理如下：合上电源开关 QS，按下正转起动按钮 SB2→KM1 通电自锁，电动机正转，拖动运动部件向左运动（图 7-63 所示）→当部件运动到使其上的撞块 B 压下行程开关 SQ2 时，SQ2 动断触头断开，KM1 失电释放，SQ2 动合触头闭合，使 KM2 得电自锁，电动机正转变为反转，拖动运动部件朝右运动→当

148

撞块 A 压下行程开关 SQ1 时，电动机又由反转变正转。如此周而复始，运动部件即在受限制的行程范围内进行往返运动。当按下停止按钮时，电动机失电，运动部件停止运动。当 SQ1 或 SQ2 失灵时，由极限保护行程开关 SQ3、SQ4 动作，实现终端位置的限位保护。此电路具有采用接触器动断触头实现的电气互锁和用按钮实现的机械互锁，同时当电动机功率较小时，在运动过程中可利用按钮实现直接反向。

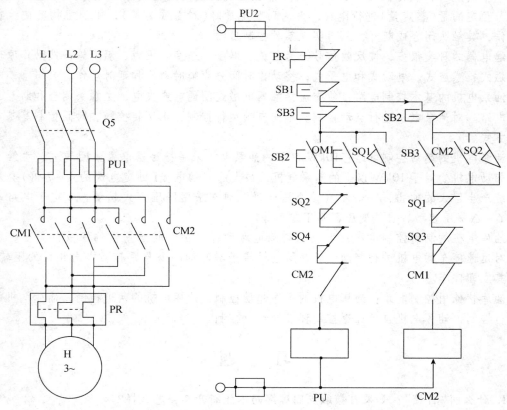

图 7-62　电动机自动往返电路图

图 7-63　电动机自动往返电路图

本 章 小 结

常用控制电器：主要有用于开关控制和保护控制的两大类型。

接触器：是用来频繁接通或分断电机主电路或其他负载电路的控制电器，它具有低电压释放保护功能。它具有比工作电流大数倍乃至十几倍的接通和分断能力，但不能分断短路电流。它是一种执行电器，即使在先进的可编程控制器应用系统中，它一般也不能被取代。

继电器：继电器是一种传递信号的电器，不能像接触器那样直接接到有一定负荷的主回路中。它是一种根据特定形式的输入信号转变为其触头开合状态的电器元件。继电器由承受机构、中间机构和执行机构三部分组成。承受机构反映继电器的输入量，并传递给中间机构，与预定的量（整定量）进行比较，当达到整定量时（过量或欠量），中间机构就使执行机构动作，其触头闭合或断开，从而实现某种控制目的。

继电器的种类很多，按反映信号分为电流、电压、速度、压力、温度等；按动作原理分为电磁式、感应式、电动式和电子式；按动作时间分为瞬时动作和延时动作。

油泵电机的基本控制电路：使交流接触器电磁线圈通电或失电，主触头闭合和断开，来控制电路。对油泵电机进行点动控制、单向自锁运行控制、正反转控制、时间控制等基本的控制方式。

油泵电机的起动控制电路：10kW 以下的油泵电机采用接触器电磁线圈通电，主触头闭合来起动电机。对于 10kW 以上的油泵电机，很大的起动电流（额定电流的 4～7 倍）会对供电系统产生巨大的冲击，一般不直接全压起动，通常采用降压方式起动。如定子电路串电阻、丫－△降压起动、自耦变压器降压起动等。

油库电机的制动控制电路：电机从切除电源到停转由于转子惯性的缘故，需要一段时间。对迅速停车的电机进行制动，就是给电机转子瞬时加一个与原转动方向相反的阻转矩，强迫其立即停车。

油库特殊用控制电路：油库电机的顺序起动控制，油库电机的两地控制，油库电机的间歇运行控制，油库电机自动往返控制环节的运行控制。

习　　题

1. 什么叫"自锁"？如果自锁触点因熔焊而不能断开又会怎么样？

2. 什么叫"互锁"？在控制电路中互锁起什么作用？

3. 既然在电机的主电路中装有熔断器，为什么还要装热继电器？它们的作用有什么不同？如只装有热继电器不装熔断器可以吗？为什么？

4. 断路器在电路中有何作用？按其主触头所控制电流的大小可分为哪两种类型？

5. 熔断器在电路中起什么作用？如何确定熔体的额定电流？

6. 单相交流电磁铁的短路环断裂和脱落后会出现什么现象？为什么？三相交流电磁铁要不要装短路环？为什么？

7. 电动机的起动电流很大，当电动机起动时，热继电器会不会动作？为什么？

8. 中间继电器在电路中的作用是什么？如果接触器的辅助触头数量不够，能否用中间继电器来扩展？这时应如何连接？

9. 线圈电压为 220V 的交流接触器，误接到交流 380V 电源上会发生什么问题？为什么？

10. 什么是失压、欠压保护？利用哪些电器电路可以实现失压、欠压保护？

11. 封闭式负荷开关与开启式负荷开关在结构和性能上有什么区别？

12. 电机正、反转直接起动控制电路中，为什么正反向接触器必须互锁？

13. 按钮和接触器双重联锁的控制电路中，为什么不要过于频繁进行正反相直接换接？

什么是按时间原则控制? 什么是按速度原则控制? 在电动机采用电源反接制动停转的控制电路中, 应采用什么原则控制? 为什么?

14. 试分析三个接触器控制的电机星形、三角形降压起动控制电路的工作原理。

15. 按下列要求画出三相笼型异步电动机的控制线路: (1)既能点动又能连续运转; (2)能正反转控制; (3)能在两处起停; (4)有必要的保护。

16. 试设计一个可以在甲、乙两地对一台三相异步电动机单向连续运转进行控制的电路。要求具有短路保护、过载保护和失压保护。

17. 试设计鼠笼式三相异步电动机既能点动又能连续运转的电路, 并说明其工作原理。

18. 试设计两台三相异步电动机(M_1、M_2)联锁控制电路。要求: M_1 起动后, M_2 才能起动; M_2 停车后, M_1 才能停车。

19. 试画出既能实现对电动机正反转连续运转, 又能实现正反转点动控制的控制电路。

20. 根据图7-64所示的控制电路实物接线图, 试画出控制电路的原理图, 并阐述其工作过程。

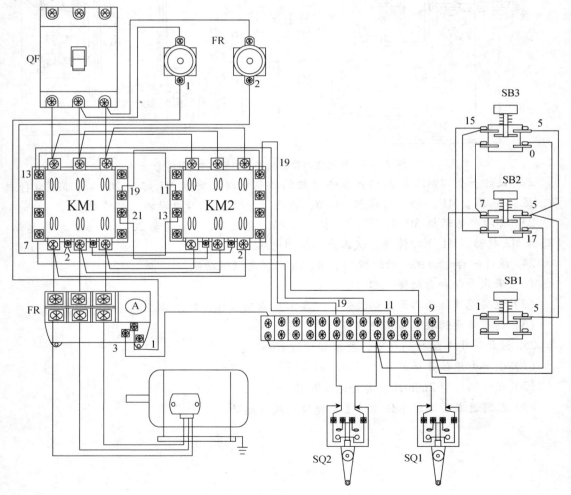

图7-64 控制电路实物接线图

21. 如图7-65所示为频敏变阻器起动的控制电路实物接线图, 试画出控制电路的原理图, 并阐述其工作过程。

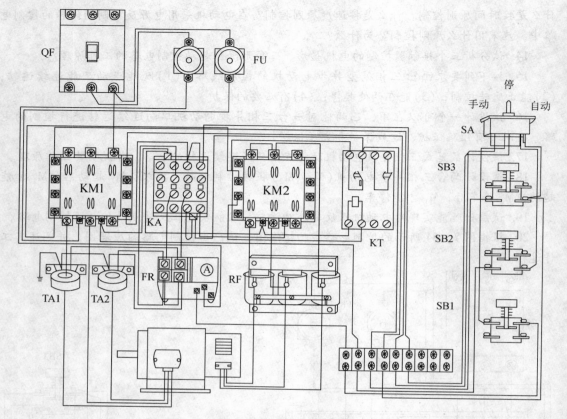

图 7－65　频敏变阻器起动控制电路实物接线图

22. 设计一个控制三台三相异步电动机的控制电路，要求 M1 起动 20s 后，M2 自行起动，运行 5s 后，M1 停转，同时 M3 起动，再运行 5s 后，三台电动机全部停转。

23. 有两台电动机 M1 和 M2，要求：（1）M1 先起动，M1 起动 20s 后，M2 才能起动；（2）若 M2 起动，M1 立即停转。试画出其控制电路。

24. 设计一台电动机起动的控制电路，要求满足以下功能：

（1）采用手动和自动降压起动；

（2）能实现连续运转和点动控制，且要求当点动工作时处于降压运行状态；

（3）具有必要的联锁与保护环节。

25. 设计一小车运行的电路，要求动作过程如下：

（1）小车由原位开始前进，到终端后自动停止。

（2）在终端停留 2min 后，自动返回原位停止。

（3）在前进或后退途中任意位置都能停止或再起动。

第8章 油库设施及电气设备防火防爆技术

工厂用防爆电气设备90%是用于石化行业，行业中的危险化学品作业场所存在的易燃、易爆气体种类大约有4000余种，生产、储存、运输等环节工艺装备复杂多变，释放源种类繁多，爆炸危险因素难以分析判定，如何全面正确认识电气防爆安全技术，是学习的根本目的。

如何在爆炸火灾危险场所去防范电气设备发生事故？需要正确合理地选用适合这个场所的电气设备，危险场所之所以危险，是因为它有危险物质。对于储存输转具有易挥发、易流失特性的各种易燃、易爆油品的油库而言，防火、防爆是工作的重中之重。

本章主要讲解油库爆炸危险场所划分及判断，防爆电气设备的选用、安装，防爆电气设备运行与检修，针对油库特点，学会依据基本原则选型，依据爆炸危险区域等级确定设备种类和结构，依据爆炸性气体混合确立设备的类别、级别和组别；对防爆灯具、钢管配线、电缆线路连接、电缆引入等方面提出防爆电气设备的正确安装方法；从维护保养、修复更换损坏零件、整改不规范安装多方面提出设备的维护检修方法。

8.1 油库爆炸性危险物资的特性及分类

油库电气系统防火防爆就是防止由电气作为引燃源引发的烷式爆炸，在石油开采现场和精炼厂，约有60%～80%的场所，都属于爆炸性危险环境。

8.1.1 电气引燃源

可燃物被点燃除明火之外，还有温度升到一定程度，就会自燃的无明火形式，电气设备这两种点燃都会出现。为此，危险温度、电火花和电弧是电气引燃源的直接引燃因素。

（1）危险温度。由电气设备产生，如旋转的电气设备因摩擦产生高温，如图8-1所示。电气设备内部的导体通过电流会发热。另外，接触不良、过载、短路、绝缘损坏、操作不当、老化等也会因为绝缘材料产生高温。

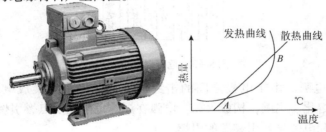

图8-1 防爆电机的发热与散热

铁芯内部在有磁通而变化的时候产生涡流现象和感应流发热。铁芯也会因磁通来回变的时候，磁通内部的微小离子磁畴要不断地沿着磁通的方向去转向，在转向的过程中，微小的离子磁畴之间相互摩擦，最后也会产生热，如图8-2(a)、图8-2(c)所示。

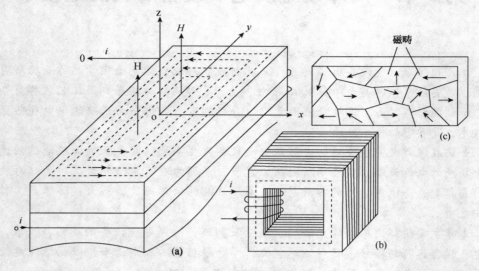

图8-2 铁芯涡流及磁畴

为了防止涡流损耗，铁芯都是用一片一片的硅钢片叠成，每一片硅钢片之间是绝缘的，即使如此，铁芯的高温也会产生危险温度，如果绝缘被破坏掉了，产生了更大的涡流，温度就会上升。如图8-2(b)所示。此外，电气照明和电加热，在正常情况下也要发热。危险温度分类如图8-3所示。

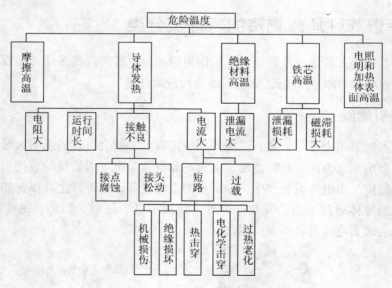

图8-3 危险温度分类图

（2）电火花和电弧。由于电极之间的击穿放电，电火花汇集成电弧，电弧高温可达8000℃，能使金属熔化、飞溅，构成火源。电弧在爆炸危险场所点燃引燃源，因此，在爆炸危险场所，电火花和电弧导致引燃源的引燃。

154

电火花可分为：
① 正常工作时无引燃危险的工作火花；
② 因电路短路、断线引起的事故火花；
③ 雷电、静电、电磁感应造成的其他火花。

在电路之中，当分断电路的时候，就会产生电弧，特别是在高压状态下，既把电路切断，又将电弧灭掉，是靠高压断路器来实现的，如图8-4所示。断路器内部有很强的灭弧功能，它具灭电弧功能，因为电弧灭掉了，电路才能真正断开。

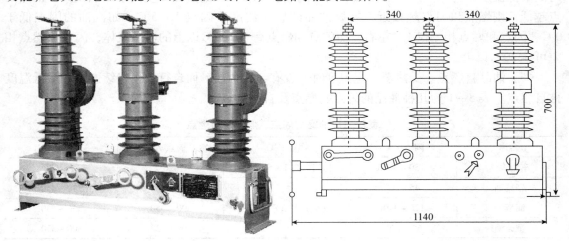

图8-4 户外高压真空断路器

8.1.2 油库爆炸危险性物质特性

油库爆炸性物质主要是石油产品，而石油产品是由各种碳氢化合物及其衍生物的混合物所组成。其物理化学性质不像单质和纯化合物那样明确，而是所含各种化合物的综合表现。了解油品的特性，对确保油库防爆电气系统整体防爆功能的安全可靠具有重要的意义。

（1）物质密度。是指单位体积内所含物质的质量。油品的密度小于水，并随外部温度在一定范围内变化。通常车用汽油的密度为 $0.710 \sim 0.730 g/cm^3$，轻柴油的密度为 $0.800 \sim 0.830 g/cm^3$，油蒸气的密度一般是纯空气的 $1.1 \sim 5.9$ 倍，当油蒸气与空气混合后，混合气体有集中于地面或较低地势的趋势，油库中如果管沟没有填沙，则混合气体可能积聚于此，留下隐患。当油品发生燃烧时，由于油气密度比空气大，为此油库中用于灭火的灭火器喷出的气体密度一定要高于油气密度。

（2）蒸发和凝结。蒸发和凝结是油品液体最常见的汽化现象，其实质是液体分子克服表面层中其他分子的束缚逸出液面成为气态分子。而气态分子受到液体表面层分子的吸引，重新回到液体表面称为凝结。蒸发和凝结这两种现象是同时存在的，并且这过程是可逆的。蒸发和凝结速度相等时称为动态平衡。液体处于动态平衡时的蒸气压称为该温度下的液体饱和蒸气压。不同性质的液体，在同一温度下饱和蒸气压大的容易挥发；同一种液体，其自由面积越大，温度越高，蒸发就越快；液面上蒸气浓度的压强越高，则蒸发越慢。

油品饱和蒸气压越大，蒸发性越强，相应的蒸发损耗也越大，同时形成火灾爆炸危险的油气浓度可能性就越大，就更易发生事故。

（3）油品闪点。在规定条件下加热到它的蒸气与空气形成的混合气体，接触火焰发生闪火时的最低温度称为闪点。闪火是一闪即灭的燃烧，在闪点温度下，油品蒸发速度较慢，油蒸气很快烧完，新的油蒸气来不及与空气形成混合气体，于是燃烧就停止。闪点是出现火灾危险的最低温度。闪点越低，火灾危险性越大。闪点的一般规律是油品的相对分子质量越小，馏分组成越轻，蒸气压越高，则油品的闪点越低，反之馏分组成重的油品，则具有较高的闪点。

（4）油品燃点。在规定条件下，加热到它的蒸气能被接触的火焰引燃并燃烧不少于 5s 时的最低温度称为燃点。油品的燃点高于闪点，受引火源能量和环境因素影响就大。油品闪点越低，则燃点和闪点越接近，易燃油品的燃点约高于闪点 1~5℃。如汽油的闪点低于 0℃，闪点和燃点相差仅 1℃左右，而闪点和燃点高于 100℃以上的可燃液体，闪点与燃点相差可达 30℃以上。

（5）油品自燃点。受热至一定温度时，没有与火源接触而自行发生持续燃烧的最低温度称自燃点。表 8-1 为几种油品的闪点、燃点及自燃点。

表 8-1　油品的闪点、燃点及自燃点

名称	闪点/℃	燃点/℃	自燃点/℃	一般沸程/℃
车用汽油	-50~-20	比闪点高 1~5℃	426	35~205
轻柴油	45~90	比闪点高 30℃以上	350~380	180~360
润滑油	120~340		300~350	350~530
重柴油	65~120		300~330	300~370

油品除了具有上述的理化特性外，还具有易燃、易爆、易积聚静电、易受热膨胀、易扩散流淌和毒性的危险特性。

（6）油品的易燃和易爆性。油品主要成分是碳氢化合物及其衍生物，是可燃性有机物质，在常温下蒸发速度比较快，当油蒸气积聚或飘移空气中，只要有足够的点火能量，就容易引发燃烧，造成严重后果。油品蒸气中存在一定数量的氢分子，含有氢分子的油蒸气在空气中达到一定的比例时，即使遇到很小的能量，也会引发爆炸。

油品的易燃性与易爆性决定了油品的燃烧与爆炸是可以互相转变的。若油蒸气的浓度较高，具备了燃烧的条件，遇火源则先燃烧；若油蒸气的浓度降到爆炸极限范围内时，便由燃烧转为爆炸。

油品的易爆性还表现在爆炸温度极限越接近环境温度，越容易发生爆炸。冬天室外储存汽油，发生爆炸的危险性比夏天还大。夏天因为室外温度较高，汽油蒸气的浓度容易处于饱和状态，遇火源易发生燃烧。

（7）油品具有易积聚静电荷特性。两种不同物体，包括固体、液体、气体和粉尘，通过摩擦、接触、分离等相互运动的机械作用，能产生静电荷。当油品在运输和装卸作业时，会产生大量静电，并且油品产生静电的速度远远大于流散速度，因此要求加油站在油罐车卸油或利用油枪加油时，一定要有可靠的静电接地装置，及时消除静电。

（8）油品具有易受热膨胀特性。油品受热后温度升高，体积膨胀，同时也使蒸气压增高。当容器内油品减少或温度降低时，又会使油品体积收缩而造成容器内负压，引起容器吸瘪，这种热胀冷缩现象会损坏储油容器而发生漏油现象。因此在加油站的埋地油罐上一定要设通气管，及时调节油罐内压力，防止油罐出现吸瘪及胀裂事故。

（9）液体油品有扩散和流淌的特性。油品的流动和扩散能力取决于油品的黏度。低黏度的轻质油品密度小，流动扩散性强；重质油品的黏度高，其流动扩散性弱，但随着温度的升高，黏度降低，其流动扩散性也增强。所以储存油品的设备由于穿孔、破损，会导致漏油事故。

（10）石油产品及其蒸气具有毒性。一般属于刺激型、麻醉型或腐蚀型的低毒或中等毒性的物质。特别是油品中的某些添加剂，虽含量较少，但毒性较大。因此在工作中要注意采取保护措施，不能吸入过多的油蒸气，更不能用嘴吸油。

8.1.3 油库爆炸危险性物质的分类、分级和分组

可燃性物质包括气体、液体和固体，闪点高于45℃的称为可燃性液体，闪点低于45℃的称易燃性液体。可燃性固体物质是指与空气混合后可能燃烧或闷燃，在常温压力下与空气形成爆炸性混合物的可燃性粉尘和电阻系数等于或小于 $1 \times 10^3 \Omega \cdot m$ 的导电性粉尘等。

（1）分类。爆炸危险性物质分为三类：Ⅰ类：矿井甲烷（CH_4）；Ⅱ类：爆炸性气体、蒸气、薄雾；Ⅲ类：爆炸性粉尘、纤维。

（2）爆炸的基本条件。爆炸是燃烧的加速度反应。它是可燃物质在点燃源能量的作用下，在空气或氧气中，进行化学反应，引起温度的升高，释放出热辐射及光辐射的现象。如果燃烧速度急剧加快，温度猛烈上升，导致燃烧生成物和周围空气激烈膨胀，形成巨大的爆破力和冲击波并发出强光和声响，这就是爆炸。

爆炸的三个基本条件是可燃物质、助燃物质和点燃源，三者缺一不可，如图8-5所示。

（3）爆炸性物质分级和分组。按爆炸性气体混合物的最大试验安全间隙（MESG）或最小点燃电流比（MICR）可将爆炸性物质划分为五级。

① 爆炸性气体混合物的最大试验安全间隙（MESG），它的测量是先用一个容器放入爆炸性气体，再用另一个容器装同样的

图8-5　爆炸的基本条件

爆炸性气体，这两个容器之间，没有任何的连通，然后把这两个容器贴在一起，两个容器之间开两个小口，两个小口对小口连通，一般小开口高为25mm，宽为适当的宽度，点燃其中一个，观察另一个是否跟着燃烧。在做试验的时候，逐渐把宽度变窄，窄到一定程度就会发现，另一边的气体不能跟着燃烧，这个小口的宽度大致是一个定值，反映了引燃的容易程度，这个间隙就是最大试验间隙。

② 最小点燃电流比（MICR）是指和甲烷点燃的电流进行比较，电流持续一定的能量，如果比出来的数很小，还能点燃，就说明很危险。通过最小点燃电流比，能够把不同气体的危险引燃程度体现出来。引燃温度分组有高有低，对其进行排序，从T1到T6，T6最危险。

③ 爆炸性物质的五个级为ⅡA、ⅡB、ⅡC的爆炸性气体和ⅢA、ⅢB的爆炸性粉尘。

④ 按引燃温度即自燃点分的九组为Ⅱ类爆炸性气体的T1、T2、T3、T4、T5、T6和Ⅲ类爆炸性粉尘的T11、T12、T13。表8-2列出了部分爆炸性气体的分类、分级和分组。

表8-2　爆炸性气体分类、分级、分组举例

类和级	最大试验安全间隙MESC/mm	最小点燃电流比MICR	引燃温度T/℃与组别					
			T1	T2	T3	T4	T5	T6
			T>450	450≥T>300	300≥T>200	200≥T>135	135≥T>100	100≥T>85
Ⅰ	MESC 1.14	MICR 1.0	甲烷					
ⅡA	0.9<MESC<1.14	0.8<MICR≤1.0	乙烷、丙烷、甲苯、苯、氨、甲醇、一氧化碳、丙烯、氯乙烯	丁烷、丁醇、乙酸		戊烷、乙烷、庚烷、辛烷、硫化氢、汽油、柴油、煤油、松节油	乙醚、乙醛	亚硝酸乙酯
ⅡB	0.5<MESC≤0.9	0.45<MICR≤0.8	二甲醚、民用煤气、环丙烷	乙烯、环氧乙烷、丁二烯	异戊二烯			
ⅡC	MESC≤0.5	MICR≤0.45	水煤气、氢	乙炔			二硫化碳	硝酸乙酯

表8-3列出的是部分爆炸性粉尘的分组和分级。

表8-3　爆炸性粉尘的分组、分级

种类和级别		引燃温度(℃)及组别		
		T11	T12	T13
		T>270	200<T≤270	140<T≤200
ⅢA	非导电性可燃纤维	木棉纤维、烟草纤维、纸纤维、亚硫酸盐纤维、人造毛短纤维、亚麻	木质纤维	—
	非导电性爆炸性粉尘	小麦、玉米、砂糖、橡胶、染料、苯酚树脂、聚乙烯	可可、米糠	—
ⅢB	导电性爆炸性粉尘	镁、铝、铝青铜、锌、钛、焦炭、炭黑	铝(含油)、铁、煤	—
	火炸药粉尘	—	黑火药、TNT	硝化棉、吸收药、黑素金、特屈儿、泰安

8.2　油库爆炸性危险区域及范围等级划分

8.2.1　油库爆炸危险场所的区域划分

　　划分爆炸危险区域在于确定易燃油品设备周围可能存在爆炸性气体混合物的范围，要求布置在这一区域内的电气设备具有防爆功能，使可能出现的明火或火花避开这一区域。为了对防爆电气提出不同程度的防爆要求，将爆炸危险区域划分为不同的等级，如图8-6所示。

　　(1)爆炸性气体混合物环境。能形成爆炸性气体混合物，或爆炸性气体混合物能侵入以致有爆炸危险的场所称爆炸危险场所。

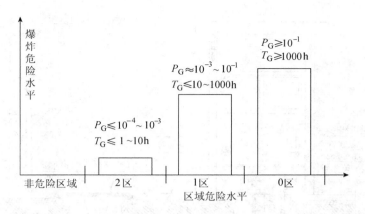

图 8-6　危险水平比较概念图

P_G—爆炸性气体环境生成概率；T_G—爆炸性气体环境存在时间

对爆炸性气体混合物环境存在的条件是：在大气条件下，有可能出现易燃气体、易燃液体的蒸气或薄雾等易燃物质与空气混合形成爆炸气体混合物，闪点低于或等于环境温度的可燃液体的蒸气或薄雾与空气混合形成爆炸性气体混合物，在物料操作温度高于可燃液体闪点的情况下，可燃液体有可能泄漏时，其蒸气与空气混合形成爆炸性气体混合物的环境。

（2）油库爆炸危险场所的区域划分。是根据爆炸性气体混合物出现的频繁程度和持续时间确定的。国家标准《爆炸和火灾危险环境电力装置设计规范》（GB50058）将爆炸性气体环境划分为三级危险区域，见表 8-4。

表 8-4　爆炸性气体危险环境划分标准特征及其区域符号

区域符号	区 域 特 征
0 区	在正常情况下，爆炸性混合气体连续地、短时间地频繁出现或长时间存在的场所
1 区	在正常情况下，爆炸性混合气体有可能形成、积聚的场所
2 区	在正常情况下，爆炸性混合气体不能出现，但不正常情况下偶尔或短时间出现的场所

注：正常情况是指设备设施的正常起动、停止、运行，以及正常的装卸、测量、取样等作业活动
不正常情况是指设备设施发生故障、检修拆卸、检修失误以及误操作等

如油罐内部液面上部空间为 0 级危险区域，油罐顶上呼吸阀附近属 1 级危险区域，油罐外 3m 内属 2 级危险区域。如图 8-7 所示，统属为油库 1 级爆炸危险性场所。

（3）危险物质释放源的分级。油库中可释放出能形成爆炸性混合物物质的所在位置或地点称为危险物质释放源，如图 8-8 所示。

第一级：预计会长期释放或短期频繁释放易燃物质的释放源为连续级释放源。

没有用惰性气体覆盖的固定顶储罐及卧式储罐中的易燃液体的表面；

油水分离器等直接与空气接触的易燃液体的表面；

经常或长期向空间释放易燃气体或易燃液体的蒸气的自由排气孔或其他孔口（如易燃液体储罐的通气孔、盛装易燃液的油罐车的加油口等）。

第二级：预计正常运行时会周期或偶尔释放易燃物质的释放源。

正常运行时会释放易燃物质的泵、压缩机和阀门的密封处；

正常运行时会向空间释放易燃物质，安装在储有易燃液体的容器上的排水系统；

正常运行时会向空间释放易燃物质的取样点。

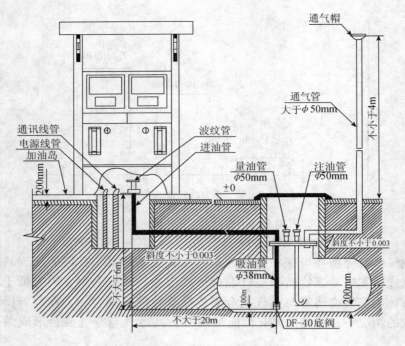

图 8-7 油库 1 级爆炸危险场所示意图

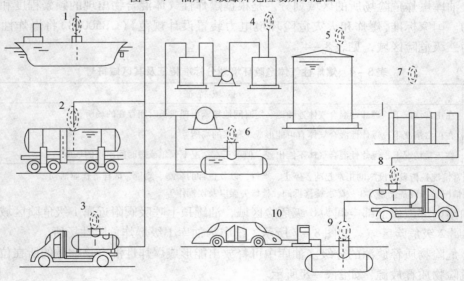

图 8-8 油库油气的主要释放源

1—油船；2—铁路油罐车；3—汽车油罐车；4—真空泵；5—储油罐；6—回空罐；
7—高位油罐；8—汽车油罐车；9—加油站脏油罐；10—汽车油箱

第三级：预计正常运行时不会释放易燃物质，即使释放也仅是偶尔短时释放易燃物质的
释放源。

正常运行时不能释放易燃物质的泵、压缩机和阀门的密封处；

正常运行时不能释放易燃物质的法兰、连接件和能拆卸的管道接头；

正常运行时不能释放易燃物质的安全阀、排气孔或其他孔口。

也可以按危险物质释放源的级别来划分爆炸危险区域。对存在连续级释放源的区域划为

0 区；存在第一级释放源的区域划为 1 区；存在第二级释放源的区域划为 2 区。如图 8 - 9 所示，释放源在生产装置区域划分举例。

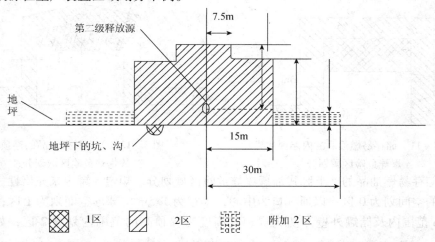

图 8 - 9　释放源接近地坪时易燃物质重于空气、通风不良的生产装置区图例

8.2.2　油库内爆炸危险区域的等级范围

爆炸危险区域的等级定义应符合现行国家标准《爆炸和火灾危险环境电力装置设计规范》GB 50058 的规定。

易燃油品设施的爆炸危险区域内地坪以下的坑、沟划为 1 区。储存易燃油品的地上固定顶油罐爆炸危险区域划分，规定为：罐内未充惰性气体的油品表面以上空间划为 0 区；以通气口为中心，半径为 1.5m 的球形空间划为

1 区；距储罐外壁和顶部 3m 范围内及储罐外

壁至防火堤，其高度为堤顶高的范围内划为 2 区，如图 8 - 10 所示。

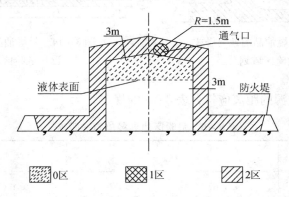

图 8 - 10　储存易燃油品的地上固定顶油罐爆炸危险区域划分

（1）储存易燃油品的内浮顶油罐爆炸危险区域划分。规定：浮盘上部空间及以通气口为中心、半径为 1.5m 范围内的球形空间划为 1 区；距储罐外壁和顶部 3m 范围内及储罐外壁至防火堤，其高度为堤顶高的范围划为 2 区。如图 8 - 11 所示。储存易燃油品的内浮顶油罐爆炸危险区域划分，规定为：浮盘上部至罐壁顶部空间为 1 区；距储罐外壁和顶部 3m 范围内及储罐外壁至防火堤，其高度为堤顶高的范围内划为 2 区，如图 8 - 12 所示。

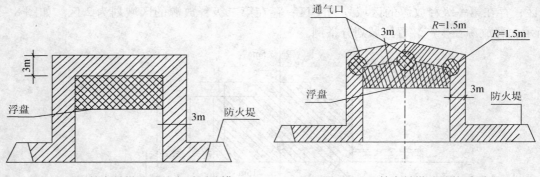

图 8 – 11　储存易燃油品的内浮顶油罐　　　　　图 8 – 12　储存易燃油品的浮顶
　　　　　　爆炸危险区域划分　　　　　　　　　　　　　　　油罐爆炸危险区域划分

（2）储存易燃油品的地上卧式油罐爆炸危险区域划分。规定：罐内未充惰性气体的液体表面以上的空间划为 0 区；以通气口为中心，半径为 1.5m 的球形空间划为 1 区；距罐外壁和顶部 3m 范围内及储罐外壁至防火堤，其高度为堤顶高的范围内划为 2 区，如图 8 – 13 所示。

（3）易燃油品泵房、阀室爆炸危险区域划分。规定：易燃油品泵房和阀室内部空间划为 1 区；有孔墙或开式墙外与墙等高、L2 范围以内且不小于 3m 的空间及距地坪 0.6m 高、L1 范围以内的空间划为 2 区，如图 8 – 14 所示。

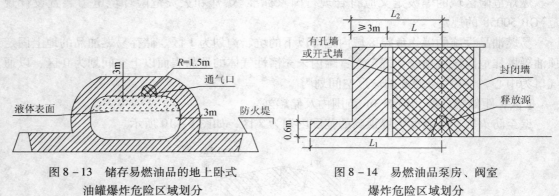

图 8 – 13　储存易燃油品的地上卧式　　　　　图 8 – 14　易燃油品泵房、阀室
　　　　　　油罐爆炸危险区域划分　　　　　　　　　　　　　爆炸危险区域划分

危险区边界与释放源的距离应符合表 8 – 5 的规定。

表 8 – 5　危险区边界释放源的距离

距离/m 名称 工作压力/MPa	L_1		L_2	
	≤1.6	>1.6	≤1.6	>1.6
油泵房	L + 3	15	L + 3	7.5
阀室	L + 3	L + 3	L + 3	L + 3

（4）易燃油品泵棚、露天泵站的泵和配管的阀门、法兰等为释放源的爆炸危险区域划分。规定：以释放源为中心，半径为 R 的球形空间和自地面算起高为 0.6m，半径为 L 的圆柱体的范围划为 2 区，如图 8 – 15 所示。危险区边界与释放源的距离应符合表 8 – 6 的规定。

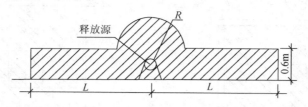

图 8 - 15　易燃油品泵棚、露天泵站的泵及配管的阀门、
法兰等为释放源的爆炸危险区域划分

表 8 - 6　危险区边界与释放源的距离

名称	距离/m	L		R	
	工作压力/MPa	≤1.6	>1.6	≤1.6	>1.6
油泵房		3	15	1	7.5
阀室		3	3	1	1

（5）易燃油品灌桶间爆炸危险区域划分。规定：油桶内部液体表面以上的空间划为 0 区；灌桶间内空间划为 1 区；有孔墙或开式墙外 3m 以内与墙等高且距释放源 4.5m 以内的室外空间和自地面算起 0.6m 高、距释放源 7.5m 以内的室外空间划为 2 区，如图 8 - 16 所示。

（6）易燃油品灌桶棚或露天灌桶场所的爆炸危险区域划分。规定：油桶内液体表面以上空间划为 0 区；以灌桶口为中心，半径为 1.5m 的球形空间划为 1 区；以灌桶口为中心，半径为 4.5m 的球形并延至地面的空间划为 2 区，如图 8 - 17 所示。

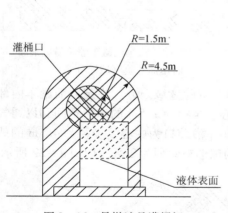

图 8 - 16　易燃油品灌桶间
爆炸危险区域划分

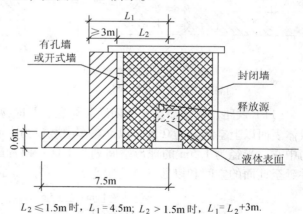

$L_2 ≤ 1.5m$ 时，$L_1 = 4.5m$；$L_2 > 1.5m$ 时，$L_1 = L_2 + 3m$.

图 8 - 17　易燃油品灌桶棚或露天灌桶
场所爆炸危险区域划分

（7）易燃油品汽车油罐车库、易燃油品重桶库房的爆炸危险区域划分。规定：建筑物内空间及有孔或开式墙外 1m 与建筑物等高的范围内划为 2 区，如图 8 - 18 所示。

（8）易燃油品汽车油罐车棚、易燃油品重桶堆放棚的爆炸危险区域划分。规定：棚的内部空间划为 2 区，如图 8 - 19 所示。

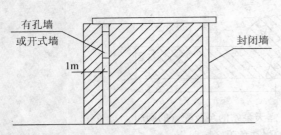

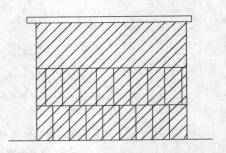

图 8-18 易燃油品汽车油罐车库、易燃油品　　　图 8-19 易燃油品汽车油罐车棚、易燃
重桶库房爆炸危险区域划分　　　　　　　油品重桶堆放棚爆炸危险区域划分

（9）铁路、汽车油罐车卸易燃油品时爆炸危险区域划分。规定：油罐车内的液体表面以上空间划为 0 区；以卸油口为中心，半径为 1.5m 的球形空间和以密闭卸油口为中心、半径为 0.5m 的球形空间划为 1 区；以卸油口为中心，半径为 3m 的球形并延至地面的空间、以密闭卸油口为中心，半径为 1.5m 的球形并延至地面的空间划为 2 区，如图 8-20 所示。

（10）铁路、汽车油罐车灌装易燃油品时爆炸危险区域划分。规定：油罐车内部的液体表面以上空间划为 0 区；以油罐车灌装口为中心、半径为 3m 的球形并延至地面的空间划为 1 区；以灌装口为中心，半径为 7.5m 的球形空间和以灌装口轴线为中心线、自地面算起高为 7.5m、半径为 15m 的圆柱形空间划为 2 区，如图 8-21 所示。

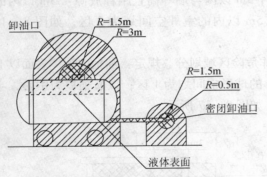

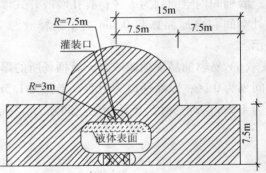

图 8-20 铁路、汽车油罐车卸易燃　　　图 8-21 铁路、汽车油罐车灌装易燃油品
油品时爆炸危险区域划分　　　　　　　时爆炸危险区域划分

（11）铁路、汽车油罐车密闭灌装易燃油品时爆炸危险区域划分。规定：油罐车内部的液体表面以上空间划为 0 区；以油罐车灌装口为中心、半径为 1.5m 的球形空间和以通气口为中心、半径为 1.5m 的球形空间划为 1 区；以油罐车灌装口为中心、半径为 4.5m 的球形并延至地面的空间和以通气口为中心、半径为 3m 的球形空间划为 2 区，如图 8-22 所示。

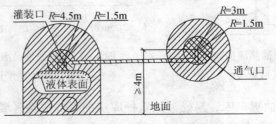

图 8-22 铁路、汽车油罐车密闭灌装易燃油品时爆炸危险区域划分

（12）油船、油驳灌装易燃油品时爆炸危险区域划分。规定：油船、油驳内液体表面以上空间划为 0 区；以油船、油驳的灌装口为中心、半径为 3m 的球形并延至水面的空间划为 1 区；

以油船、油驳的灌装口为中心、半径为7.5m，并高于灌装口7.5m的圆柱形空间和自水面算起7.5m高、以灌装口轴线为中心线、半径为15m的圆柱形空间划为2区。如图8-23所示。

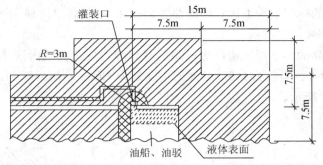

图8-23 油船、油驳灌装易燃油品时爆炸危险区域划分

（13）油船、油驳密闭灌装易燃油品时爆炸危险区域划分。规定：油船、油驳内的液体表面以上空间划为0区；以灌装口为中心、半径为1.5m的球形空间及以通气口为中心、半径为1.5m的球形空间划为1区；以灌装口为中心、半径为4.5m的球形并延至水面的空间和以通气口为中心、半径为3m的球形空间划为2区，如图8-24所示。

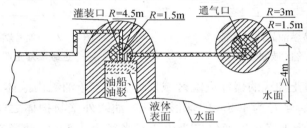

图8-24 油船、油驳密闭灌装易燃油品时爆炸危险区域划分

（14）油船、油驳卸易燃油品时爆炸危险区域划分。规定：油船、油驳内部的液体表面以上空间划为0区；以卸油口为中心、半径为1.5m的球形空间划为1区；以卸油口为中心、半径为3m的球形延至水面的空间划为2区，如图8-25所示。

（15）易燃油品人工洞石油库爆炸危险区域划分。规定：油罐内液体表面以上空间划为0区；罐室和阀室内部及以通气口为中心、半径为3m的球形空间划为1区。通风不良的人工洞石油库的洞内空间均应划为1区；通风良好的人工洞石油库的洞内主巷道、支巷道、油泵房及以通气口为中心、半径为7.5m的球形空间、人工洞口外3m范围内空间划为2区，如图8-26所示。

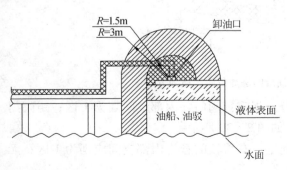

图8-25 油船、油驳卸易燃油品时爆炸危险区域划分

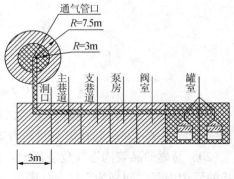

图8-26 易燃油品人工洞石油库爆炸危险区域划分

（16）易燃油品的隔油池爆炸危险区域划分。规定：有盖板的隔油池内液体表面以上的空间划为0区；无盖板的隔油池内的液体表面以上空间和距隔油池内壁1.5m、高出池顶1.5m至地坪范围内的空间划为1区；距隔油池内壁4.5m，高出池顶3m至地坪的范围内的空间划为2区，如图8-27所示。

（17）含易燃油品的污水浮选罐爆炸危险区域划分。规定：罐内液体表面以上空间划为0区；以通气口为中心、半径为1.5m的球形空间划为1区；距罐外壁和顶部3m以内范围划为2区，如图8-28所示。

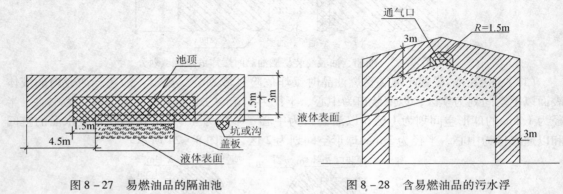

图8-27　易燃油品的隔油池　　　　　　图8-28　含易燃油品的污水浮
爆炸危险区域划分　　　　　　　　　　选罐爆炸危险区域划分

（18）易燃油品覆土油罐的爆炸危险区域划分。规定：油罐内液体表面以上空间划为0区；以通气口为中心、半径为1.5m的球形空间、油罐外壁与护体之间的空间、通道口门（盖板）以内的空间划为1区；以通气口为中心、半径为4.5m的球形空间、以通道口的门（盖板）为中心、半径为3m的球形并延至地面的空间及以油罐通气口为中心、半径为15、高0.6m的圆柱形空间划为2区，如图8-29所示。

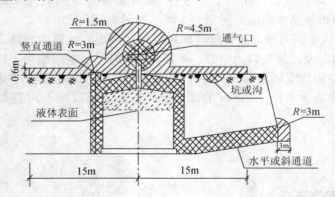

图8-29　易燃油品覆土油罐的爆炸危险区域划分

（19）易燃油品阀门井的爆炸危险区域划分。规定：阀门井内部空间划为1区；距阀门井内壁1.5m、高1.5m的柱形空间划为2区，如图8-30所示。

（20）易燃油品管沟爆炸危险区域划分。规定：有盖板的管沟内部空间应划为1区；无盖板的管沟内部空间划为2区，如图8-31所示。

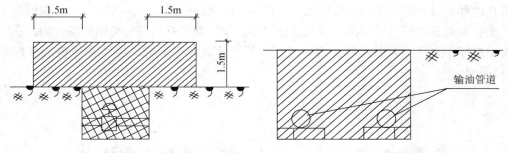

图 8 - 30 　易燃油品阀门井爆炸危险区域划分　　　图 8 - 31 　易燃油品管沟爆炸危险区域划分

8.3 油库电气设备的防火防爆

8.3.1 防爆电气设备类型

在爆炸危险场所安全运行的所有带电设备统称为防爆电气设备。防爆电气设备主要用在煤矿和石化行业，在煤矿用的防爆电气设备为 I 类，石油和化工用防爆电气设备为 II 类，另外粉尘类用"DIP"表示。

爆炸性气体环境中使用的电气设备其类型及代号见表 8 - 7 所示。

表 8 - 7 　类型及代号

类型	代号	设备特征
增安型	e	正常运行条件下，不能产生点燃爆炸性混合物的电弧、火花或过热，并在结构上采取措施，提高其安全程度，以避免在正常和规定的过载条件下出现的电气设备
隔爆型	d	具有隔爆外壳的电气设备，即把能点燃爆炸性混合物的部件封闭在一外壳内，该外壳能承受内部爆炸性混合物的爆炸压力，并能阻止向周围爆炸性混合物传爆的电气设备
本安型	i	在标准试验条件下，正常运转或故障情况下产生的火花或热效应，均不能点燃爆炸性混合物的电路和电气设备
正压型	p	具有保持电气设备内部非爆炸性气体压力高于周围爆炸性气体压力的外壳，以避免外部爆炸性气体进入外壳内的电气设备
充油型	o	全部或某些带电部件浸在油中，使之不能点燃油面以上和外壳周围的爆炸性混合物的电气设备
充砂型	q	外壳内充填不燃性颗粒材料，以便在规定使用条件下，外壳内产生的电弧、火焰传播，壳壁或颗粒材料表面的过热温度，均不能够点燃周围的爆炸性混合物的电气设备
特殊型	s	不属于以上类型的其他防爆电气设备

（1）增安型电气设备（e）。在正常运行条件下不会产生电弧、火花和危险高温的设备结构上，采取措施提高安全程度，以避免在正常和认可的过载条件下出现电弧、火花和高温的电气设备，进一步提高设备的安全性和可靠性。这种设备在正常运行时没有引燃源，可用于爆炸危险环境，如图 8 - 32 所示。

（2）隔爆型电气设备（d）。将可能产生火花、电弧和危险温度的电气零部件置于隔爆外壳内，当隔爆外壳内部产生电火花或爆炸时，不会点燃存在于隔爆外壳外部的爆炸性混合物的电气设备。这种隔爆型结构能够承受电气设备外壳内部爆炸性气体混合物的爆炸压力，并且阻止内部的爆炸向外壳周围爆炸混合物传播。隔爆外壳是电气设备的一种防爆形式，这种外壳能够承受通过外壳任何接合面或结构间隙，渗透到外壳内部的可燃性混合物，在内部爆炸而不损坏，并且不会引起外部由一种、多种气体或蒸气形成的爆炸性环境的点燃，如图8-33所示。

图8-32　增安型图示

图8-33　隔爆型图示

隔爆型电气仪表能把点燃爆炸混合物的仪表部件封闭在一个外壳内，该外壳特别牢固，能承受内部爆炸性混合物的爆炸压力，并阻止向壳外的爆炸性混合物传爆。就是隔爆型仪表的壳体内部发生爆炸，也不会传到壳体外面来，这种仪表的各部件的接合面，如仪表盖的螺纹圈数，螺纹精度，零点，量程调整螺钉和表壳之间，变送器的检测部件和转换部件之间的间隙，以及导线口等，都有严格的防爆要求。隔爆型仪表除了较笨重外，其他比较简单，不需要如安全栅之类的关联设备。但是在打开表盖前，必须先把电源关掉，否则万一产生火花，便会暴露在大气之中，从而出现危险。

增安型电气设备和隔爆型电气设备相比，其主要优点是成本低、质量轻、便于维护，因此比较经济。但它的防爆安全性能比隔爆型电气设备差，它的安全程度不仅取决于本身的结构形式，而且和使用的环境、维护情况直接有关。目前只在石油化工企业用得较多，而在煤矿井下爆炸危险性较大的场所均不得使用增安型电气设备，如图8-34所示。

（3）本质安全型电气设备(i)。设备内部的电路在规定的条件下，正常工作或规定的故障状态下产生的电火花和热效应均不能点燃爆炸性混合物。本质安全型电气设备及其关联设备，按本质安全电路视环境及安全程度分为ia和ib两个等级，如图8-35所示。

图8-34　Exed Ⅱ CT4 增安隔爆灯

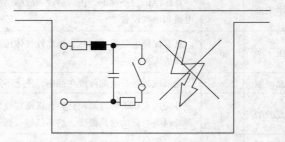

图8-35　本安型图示

本质安全型电气仪表(ia和ib)的特点是仪表在正常状态下和故障状态下，电路、系统产生的火花和达到的温度都不会引燃爆炸性混合物。它的防爆主要是因为：采用新型集成电路元件等组成仪表电路，在较低的工作电压和较小的工作电流下工作；用安全栅把危险场所和非危险场所的电路分隔开，限制由非危险场所传递到危险场所去的能量；仪表的连接导线不得形成过大的分布电感和分布电容，以减少电路中的储能。本质安全型仪表的防爆性能，不是采用通风、充气、充油、隔爆等外部措施实现的，而是由电路本身实现的，因而本质是安全的。它能适用于一切危险场所和一切爆炸性气体、蒸气混合物，并可以在通电的情况下进行维修和调整。但是它不能单独使用，必须和本质安全型关联设备(安全栅)、外部配线一起组成本质安全型电路，才能发挥防爆功能。

本质安全型仪表分 ia 和 ib 两个等级，ia 等级是在正常工作状态下，若电路中存在一、两个故障时，均不能点燃爆炸性气体混合物，电路的工作电流被限制在 100mA 以下。ib 等级是在正常工作状态下，若电路中存在一个故障时，不能点燃爆炸性气体混合物，电路中的工作电流被限制在 150mA 以下。ia 型仪表适用于 0 区和 1 区，ib 型仪表仅适用于 1 区，如图 8 – 36 所示。不同系列的本质安全型仪表及安全栅等关联设备不应随便混用，必须经有关部门鉴定，确认其技术性能具有兼容性后方可互相替换。本安关联设备如安全栅、电流隔离器、缓冲放大器等，应安装在安全场所一侧，并可靠接地。为防止本安系统的配线与本安关联回路、一般回路的配线间发生混触、静电感应和

图 8 – 36　本安型仪表

电磁感应而引起危险，应采用穿管敷设。本安线路和非本安线路不应共用一根电缆或保护管。两个以上不同系统的本安回路，也不应共用一根电缆(芯线分别屏蔽者除外)或共用同一根保护管(用屏蔽导线者除外)。本安线路与非本安线路在同一汇线槽、电缆沟内敷设时，应用接地的金属板或绝缘隔离，否则应分开排列，间距大于 50mm，并分别固定。仪表盘内本安和非本安线路的端子板应互相分开，间距大于 50mm，否则应用绝缘板隔离，两类线路应分开敷设，绑扎牢固。本安系统的配线一般应设置蓝色标志。本安线路一般不应接地，但当需要设置信号接地基准点时则接地，此接地点应是所有本安仪表系统接地导体的单一接地点，并与电源接地系统分开。

(4) 正压型电气设备(p)。向外壳内充入洁净空气、惰性气体等保护性气体，保持外壳内部保护气体的压力高于周围爆炸性环境的压力，阻止外部爆炸性混合物进入外壳而使电气设备的危险源与环境中爆炸性混合物隔离的电气设备。正压型电气设备的外壳及其连接管道的防护等级不低于 IP40，并能防止从外壳或管道内喷出任何火花和炽热颗粒。正压外壳及其连接管道须采用不燃性或难燃性材料制造，并应对指定的保护气体和运行环境中的有害气体具有充分的抗蚀能力。

正压通风结构有连续正压通风结构和正压补偿结构两种形式，如图 8 – 37 所示。实际使用时要注意，当设备带有内外风扇等旋转部件时，在设备外壳内可能造成局部负压，此时应避免外部爆炸危险环境中含有爆炸性气体混合物进入外壳内部造成危险。

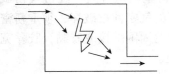

图 8 – 37　正压型图示

正压型电气设备须设置自动装置，保证在起动或运行中，当外壳内正压降至低于规定最小值时，用于 1 区的设备须能自动切断电源；用于 2 区的设备可发出连续声、光报警信号。

正压型电气仪表是向仪表外壳内充入正压的洁净空气、惰性气体，或连续通入洁净空气、不燃性气体，保持外壳内部保护气体的压力高于周围危险性环境的压力，阻止外部爆炸性气体混合物进入壳内，而使电气部件的危险源与之隔离的仪表设备。

(5) 充油型电气设备(o)。充油型电气设备是将设备中可能出现火花、电弧的部件或整个设备浸在油内，使设备不能点燃油面以上或外壳以外的爆炸性混合物，从而达到防爆的目

的，如图 8-38 所示。设备内所充的油应是符合 GB 2536—1990《变压器油》的矿物油。产生火花、电弧和危险温度的零部件，浸入油中的深度要确保不引爆油面上的爆炸性气体混合物，具体数值由试验确定。充油型电气设备的外壳防护等级须不低于 IP43，外壳设有排气孔时，排气孔的防护等级须不低于 IP41。外壳的密封零件，如衬垫、密封圈等，须采用耐油材料制成。这种防爆形式的可靠性与外壳的机械强度及油的状态、数量、监控方法有关。现在充油型电气设备应用有限，品种很少，它只能制成固定式设备。

（6）充砂型电气设备（q）。电气设备是以砂粒材料（一般用石英砂）作保护材料，阻止引燃周围的爆炸性混合物，从而达到防爆的目的。设备的外壳防护等级不低于 IP54。用作填料的石英砂不含金属微粒，且石英含量不少于 96%；石英粒度为 0.25~1.6mm，但 0.5~1.25mm 的应占大多数，且没有小于 0.25mm 和大于 1.6mm 的，含水量须不超过其质量的 0.1%。性能不低于石英的其他材料也允许采用，如图 8-39 所示。此类型只适用于额定电压不超过 6kV，设备活动零件不直接与填料接触的，如电容器、熔断器、变压器等。

图 8-38　充油型图示

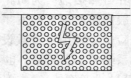

图 8-39　充砂型图示

（7）无火花型电气设备（n）。电气设备在电气、机械上符合设计技术要求，并在制造厂规定的限度内使用不会点燃周围爆炸性混合物，且一般不会发生点燃故障的电气设备。在防止产生危险温度、外壳防护、防冲击、防机械摩擦火花、防电缆头故障等方面采取措施，防止火花、电弧或危险温度的产生，以此来提高安全程度的电气设备。外壳的防护等级须不低于下列要求：绝缘带电部件的外壳应为 Ⅲ44；裸露带电部件的外壳应为 IP54，如图 8-40 所示。

此类设备用于地面工厂 2 区危险场所，包括电机、照明灯具、插销装置；小功率电器和仪表等设备。

（8）气密型电气设备（h）。设备外壳根本不会漏气的，环境中的爆炸性混合物不能进入电气设备外壳内部，从而保证外壳内部带电部分不会接触到爆炸性混合物，达到防止发生点燃爆炸的目的，如图 8-41 所示。该外壳用熔化、挤压或胶黏的方法进行密封，防止壳外的气体进入壳内，使之与引燃源隔开。气密型电气设备的气密外壳各部分间必须用熔化（如软钎焊、硬钎焊、熔接）、挤压或胶黏的方法进行密封，不允许用衬垫密封方式。经过气密试验合格的外壳，在使用过程中不许打开，如打开外壳则认为外壳的气密性被破坏，须重新密封并重新做气密试验。金属外壳如果使用了法兰连接，必须将法兰周围熔接或胶黏，胶黏宽度须不小于 6mm，以保证其气密性，同时，外壳应尽量减少接缝。

图 8-40　无火花型图示

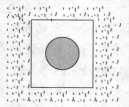

图 8-41　气密型图示

（9）浇封型电气设备(m)。整台电气设备或其中部分，将可能产生点燃爆炸性混合物的电弧、火花或高温部分浇封在浇封剂中，在正常运行和认可的过载或认可的故障下不能点燃周围的爆炸性混合物的电气设备。浇封型电气设备是将其中可能产生点燃爆炸性混合物的点燃源（如电弧、火花、危险高温）封在如合成树脂一类的浇封剂中，使其不能点燃周围可能存在的爆炸性混合物。实质上是将固化后的浇封剂作为外壳或外壳的一部分，如图8-42所示。

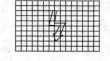

图8-42　浇封型图示

（10）特殊型电气设备(s)。结构上不属于上述防爆类型，采取了其他特殊措施经过充分试验证明具有防止引燃爆炸性气体混合物能力的防爆电气设备。该型防爆电气设备必须经国家主管部门指定的检验单位检验合格，还应报国家标准局备案。其防爆原理仍然是使引燃源与爆炸性混合物相遇或同时存在的概率低于规定的危险率。

8.3.2　防爆电气设备标志

电气设备外壳的明显处，必须设置清晰的永久性凸纹标志"Ex"字样；电气设备外壳的明显处必须设置铭牌，并固定牢固。铭牌必须包括下列主要内容：铭牌的右上方有明显的标志"Ex"；防爆标志，并顺次标明防爆型式、设备类别、级别、温度组别等标志。

防爆型式 + 设备类别 +（气体组别）+ 温度组别：

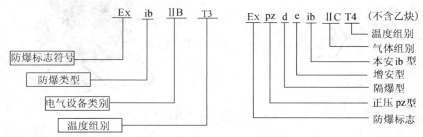

（1）防爆型式。隔爆型：Exd；增安型：Exe；正压型：Exp；本安型：Exia、Exib；油浸型：Exo；充砂型：Exq；浇封型：Exm；n型：Exn；特殊型：Exs；粉尘防爆型：DIPA、DIPB。

（2）设备类别。爆炸性气体环境所用电气设备分Ⅰ、Ⅱ两类，煤矿井下用电气设备为Ⅰ类；除煤矿外的其他爆炸性气体环境用电气设备为Ⅱ类。Ⅱ类隔爆型"d"和本质安全型"i"电气设备又分为ⅡA、ⅡB和ⅡC类。可燃性粉尘环境用电气设备分为A、B型尘密设备和A、B型防尘设备。

（3）气体组别。爆炸性气体混合物的传爆能力，标志着其爆炸危险程度的高低，爆炸性混合物的传爆能力越大，其危险性越高。爆炸性混合物的传爆能力可用最大试验安全间隙表示。同时，爆炸性气体、液体蒸气、薄雾被点燃的难易程度也标志着其爆炸危险程度的高低，它用最小点燃电流比表示。Ⅱ类隔爆型电气设备或本质安全型电气设备，按其适用于爆炸性气体混合物的最大试验安全间隙或最小点燃电流比，进一步分为ⅡA、ⅡB和ⅡC类。

（4）温度组别。爆炸性气体混合物的引燃温度是能被点燃的温度极限值。电气设备按其最高表面温度分为T1~T6组，使得对应的T1~T6组的电气设备的最高表面温度不能超过对应的温度组别的允许值。温度组别、设备表面温度之间的关系：T1(450℃)、T2(300℃)、T3(200℃)、T4(135℃)、T5(100℃)、T6(85℃)。

为了更进一步地明确防爆标志的表示方法，对气体防爆电气设备举例如下：

如电气设备为Ⅰ类隔爆型：防爆标志为 ExdⅠ；

如电气设备为Ⅱ类隔爆型，气体组别为 B 组，温度组别为 T3，则防爆标志为：Exd ⅡBT3；

如电气设备为Ⅱ类本质安全型 ia，气体组别为 A 组，温度组别为 T5，则防爆标志为：ExiaⅡAT5；

对Ⅰ类特殊型：ExsⅠ。对使用于矿井中除沼气外，正常情况下还有Ⅱ类气体组别为 B 组，温度组别为 T3 的可燃性气体的隔爆型电气设备，则防爆标志为 ExdⅠ／ⅡBT3。

如图 8 – 43 所示的电气设备附件，就是用于 1 区、2 区爆炸性气体混合物危险场所的，ⅡA、ⅡB、ⅡC 爆炸性气体混合物，防爆标志为：ExeⅡ。

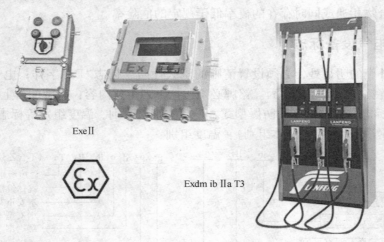

ExeⅡ

Exdm ib Ⅱa T3

图 8 – 43　防爆电气设备标志示意

8.3.3　防爆电气设备的防爆原理

电气设备引燃可燃性气体混合物有两个来源，一个是电气设备产生的火花、电弧，另一个是电气设备表面（即与可燃性气体混合物相接触的表面）发热。对于设备在正常运行时能产生电弧、火花的部件放在隔爆外壳内，或采取浇封型、充砂型、充油型或正压型等其他防爆型式就可达到防爆目的。防爆原理主要有三个方面，即用外壳限制爆炸和隔离引燃源，用介质隔离引燃源，还有控制引燃源，见图 8 – 44 所示。

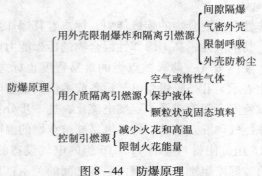

图 8 – 44　防爆原理

172

8.4 油库电气设备的安全选用

8.4.1 防爆电气设备的安全选用原则

各种防爆电气设备、防爆技术，根据其防爆原理有不同的应用范围。选择电气设备应视场所等级和场所中的爆炸性混合物而定，原则是场所决定类型，爆炸性混合物决定级别和组别。因此，选择在爆炸危险环境内使用的电气设备时，要从实际情况出发，根据爆炸危险环境的等级、爆炸危险物质的级别和组别，以及设备的使用条件和电火花形成的条件，选择相应的电气设备。选用时应遵循以下原则：

（1）根据爆炸危险区域的分区、电气设备的种类和防爆结构的要求，选择相应的电气设备。在 O 级场所，只准使用 ia 级本质安全型电气设备。在各级场所尽量不选用正压型或充油型电气设备。在储存煤油、柴油的洞库内，在没有其他性质的爆炸性混合气体的情况下，允许使用增安型手电筒。如图 8 - 45 所示，在储存汽油的洞库内，其油气浓度不超过爆炸下限的 20% 情况下，允许使用增安型手电筒，但不允许在测量取样、清洗油罐时使用。

图 8 - 45　增安型手电筒

（2）选用的防爆电气设备的级别和组别，不应低于该爆炸性气体环境内爆炸性气体混合物的级别和组别。当存在有两种以上易燃性物质形成的爆炸性气体混合物时，应按危险程度较高的级别和组别选用防爆电气设备。例如，汽油场所防爆电气设备的组别不得低于 C 组，隔爆型电气设备不得低于 2 级。煤油、柴油共同使用一个泵房，则泵房用电气设备应按煤油要求的级别和组别选择。

（3）爆炸危险区域内的电气设备应符合周围环境的化学要求。电气设备的化学要求主要是防腐，在具有爆炸危险的场所，有些还存在着腐蚀性气体（有些爆炸性混合物本身就具有腐蚀性），这些气体对电气设备的金属材料及绝缘材料有很大影响，当电气设备的这些材料受到腐蚀破坏时，将影响电气设备的防爆性能。所以，根据环境条件应选用既防爆又防腐的产品。

（4）爆炸危险区域内的电气设备应符合周围环境的温度要求。工厂用防爆电气设备规定的使用环境温度为 -20 ~ 40℃，过高和过低的温度都会影响防爆性能。

（5）爆炸危险区域内的电气设备应符合周围环境的湿度要求。湿度要求视具体设备而定，山洞石油库潮湿问题还没有普遍解决，大部分情况下湿度不能达到要求。除安装上采取适当的局部降湿措施外，在难以解决湿度问题而又必须安装防爆电气设备时，可以选用适用于湿热带条件下工作的电气设备。

图 8 - 46　户外防腐防
爆型电磁起动器

（6）爆炸危险区域内的电气设备应符合高原和户外使用要求。有些电气设备安装在高原、户外使用，雨雪侵蚀、大气冷热的变化、强烈的日光照射、高原的低温、低气压等，都对电气设备的防爆性能产生影响。根据需要分别设计有户外防腐防爆型和户外防爆型，它们的标志是在防爆电气设备的型号后增加 WF 和 W 等字母代号。例如，户外防腐防爆型电磁起动器 BQD51 - 30WF，如图 8 - 46 所示。对使用环境的海拔高度高于产品要求时，可另外向生产单位提出专门要求。

8.4.2 爆炸性气体环境中电动机的安全选用

（1）根据输油品种和使用环境选择电动机的型式。室内抽注柴油、润滑油的电动机，选用防护型；室外选用封闭型。室内抽注柴油、煤油的电动机，与泵同机座安装的选用隔爆型；室外选用增安型。

（2）根据电源电压选择电动机的额定电压。3kW 及以下的电动机定子绕组选用丫接法，其他功率的电动机则均为△接法。

（3）根据所带动机械的功率选择电动机的功率。带动油泵电动机的选用，其功率按泵所能达到的最大流量下的轴功率，乘以油料相对密度，再乘备用系数。备用系数根据泵的功率而定，见表 8－8。若非直接传动，则还要乘以传动系数 1.1。

表 8－8　泵的轴功率与备用系数 K 对应表

泵的轴功率/kW	备用系数 K	泵的轴功率/kW	备用系数 K
<3	1.5	22～55	1.15
3～5.5	1.3	>75	1.10
7.5～17	1.25		

（4）按照泵铭牌上的转速来选定电动机的转速。例如，离心泵的转速有 2900r/min 与 1450r/min 两种；齿轮泵的转速有 1450r/min、950r/min、730r/min 等多种；活塞泵的活塞往复速度较慢，一般为每分钟 100 次左右。对于离心泵、齿轮泵、螺杆泵和水环式真空泵，可根据其铭牌转速，选择相应极数的电动机直接传动。即泵的转速为 2900r/min 的选用 2 极电动机；转速为 1450r/min 的选用 4 极电动机；转速为 950r/min 的选用 6 极电动机；转速为 730r/min 的选用 8 极电动机等。活塞泵则由于受活塞往复速度的限制，无法选用转速相当的电动机直接传动，必须使用减速机构。

（5）根据使用环境选择电动机的类型。爆炸危险环境可使用 Y 系列或 Y2 系列，爆炸危险环境则必须选用隔爆型或增安型，户外露天使用应选用户外型（W），场所特别潮湿的应选用湿热带用（TH），高原地区由于空气稀薄，散热效果差，应适当增大电动机的功率，以保证不超过允许温升。表 8－9 为电动机特殊环境代号。

表 8－9　电动机特殊环境代号

意 义	热带用	湿热带用	干热带用	高原用	船(海)用	化工防腐用	户外用
汉语拼音代号	T	TH	强	G	H	F	W

8.4.3 爆炸性气体环境中低压电器的安全选用

油库中使用的隔离开关和断路器（自动开关）、转换开关和刀形转换开关等。

（1）隔离开关的安全选用。主要功能是隔离电源，在满足隔离功能要求的前提下，其选用主要是保证其额定绝缘电压和额定工作电压不低于线路的相应数据，额定工作电流不小于线路的计算电流，如图 8－47 所示。当要求有通断能力时，须选用具备相应额定通断能力的隔离开关。如需接通短路电流，则应选用具备相应短路接通能力的隔离开关。

所选隔离开关的辅助电路特性的选择，主要是根据线路要求决定电路数、触头种类和数量。有些产品的辅助电路是可以改装的，因为目前刀开关产品的绝缘电压多数为 AC500V、DC449V，故选用的刀开关或刀形转换开关的电路额定电压，交流时不应超过 500V，直流时不应超过 440V。电路的计算电流也不应超过刀开关或刀形转换开关的额定工作电流。刀开关的极数、位置数和操纵方式可根据实际需要选定。

（2）断路器的安全选用。当用断路器直接通断小型负载时，应注意选择相应的通断能力。特别是当直接控制小型电动机等感性负载时，应考虑其接通和分断过程中的电流特性。

隔离开关和断路器在按上述原则选择后，还均需进行短路性能校验，以保证其具体安装位置上的预期短路电流，不超过电器的额定短时耐受电流(当电路中有限流电器时可为额定限流短路电流)，如图 8-48 所示。

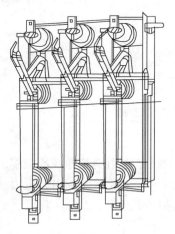

图 8-47　隔离开关外形图

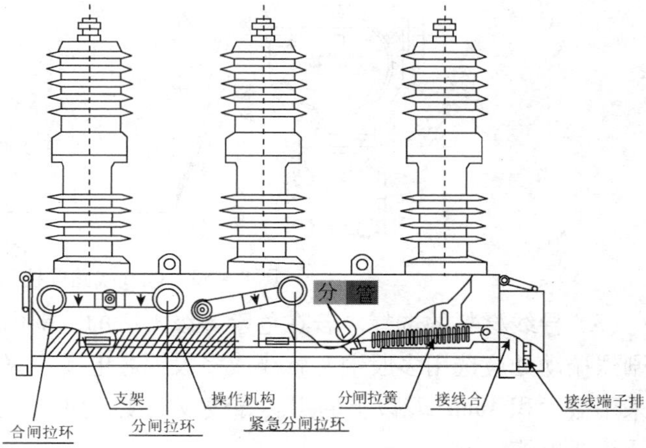

分害

合闸拉环　　支架　　分闸拉环　　操作机构　　紧急分闸拉环　　分闸拉簧　　接线合　　接线端子排

图 8-48　真空断路器外形总剖面图

（3）负荷开关的安全选用。一般用途负荷开关的额定电流不超过 200A，通断能力为 4 倍额定电流，可用作工矿企业的配电设备，供手动不频繁操作，或作为线路末端的短路保护。

（4）按钮的安全选用。选用按钮时应注意其颜色标记必须符合 GB 2682《电工成套装置中的指示灯和按钮的颜色》的规定，不同功能按钮之间的组合关系也应符合有关标准的规定。

（5）旋转开关和主令控制器的安全选用。旋转开关和主令控制器因为触头元件和操动器位置较多，其触头开闭和操动器位置之间的对应关系用操作图来表示。有些旋转开关和主令控制器是按标准操作图制造的，选用时应注意核对。

8.4.4　爆炸性气体环境中电气仪表的安全选用

（1）根据安装、使用场所的危险区域来选择仪表的防爆型式。

0 区只能选 ia 型、s 型(指专为 0 区设计的 s 型)；1 区可选除 n 型以外的其他型式；2 区可选所有防爆型式。

（2）根据可能出现的可燃性气体、蒸气的传爆级别和引燃温度组别选择仪表的防爆等级和最高允许表面温度组别，如图 8-49 所示。

图 8-49　防爆型仪表外形图

8.4.5 爆炸性气体环境中电气线路的安全选用

（1）电气线路位置的选择。应当在爆炸危险性较小或距离释放源较远的位置敷设电气线路。当爆炸危险气体或蒸气比空气重时，电气线路应在高处敷设，电缆则直接埋地敷设或电缆沟充砂敷设；当爆炸危险气体或蒸气比空气轻时，电气线路宜敷设在低处，电缆则采取电缆沟敷设。10kV 及 10kV 以下的架空线路不得跨越爆炸危险环境；当架空线路与爆炸危险环境邻近时，其间距离不得小于杆塔高度的 1.5 倍。

（2）线路敷设方式的选择。主要有防爆钢管配线和电缆配线。敷设电气线路的沟道以及保护管、电缆或钢管在穿过爆炸危险环境等级不同的区域之间的隔墙或楼板时，应用非燃性材料严密堵塞，如图 8-50 所示。

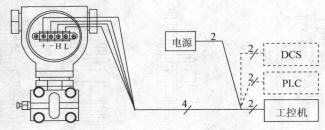

图 8-50 电气线路配线示意图

（3）导线材料的选择。若在危险等级 1 区的范围内，配电线路选用铜芯导线或电缆。在有剧烈振动处应选用多股铜芯软线或多股铜芯电缆，爆炸危险等级 2 区的范围内，电力线路也采用截面积 4mm^2 及以上的铝芯导线或电缆，照明线路可采用截面积 2.5mm^2 及以上的铝芯导线或电缆。

1 区、2 区绝缘导线截面和电缆截面的选择，导体允许载流量不应小于熔断器熔体额定电流和断路器长延时过电流脱扣器整定电流的 1.25 倍。引向低压笼型感应电动机支线的允许载流量不应小于电动机额定电流的 1.25 倍。

1 区和 2 区的电气线路的中间接头必须在与该危险环境相适应的防爆型的接线盒或接头盒附近的内部。1 区宜采用隔爆型接线盒、2 区可采用增安型接线盒。2 区的电气线路若选用铝芯电缆或导线时，必须有可靠的用铜铝过渡接头。

整体性连接保护导线的最小截面，铜导体不得小于 4mm^2、钢导体不得不于 6mm^2。

8.4.6 油库电气设备的使用、安装与维护

（1）使用时：在爆炸危险场所不准使用非防爆的电气设备，选用防爆电气设备应符合国家规范的要求。0 区通常不安装电气设备，必须安装时只准选用本质安全型"ia"级；1 区常选隔爆型"d"、本质安全型"i"；2 区可选隔爆型"d"、本质安全型"i"和增安型"e"等。

① 爆炸危险场所用的通讯设备必须是防爆的，其防爆等级不应低于场所的防爆等级。轻油洞库应使用隔爆型（或本安型）电话单机和隔爆型电插销。本安型电话单机与总机之间必须有安全隔离装置（安全栅关联设备），当采用隔爆电话或隔爆型与本安型复合的电话单机时，必须符合钢管配线或铠装电缆配线要求。

② 不得随意改变防爆电气设备的结构、零部件及设备内部线路；进出线口的弹性密封垫和金属垫片要齐全，在防爆设备的进线口处，不得为了连接方便将进线口处的密封圈及与

之相配的压紧螺母弃除，或采用填充密封胶泥石棉绳等其他方法代替弹性密封圈；不得将多股单根导线合并后经单孔弹性密封圈进入接线盒，如图 8－51 所示。不得随意拆装防爆电气设备，更改内部线路，也不允许将普通仪表用一个普通箱体密封，用于爆炸危险场所中；不得将防爆等级低的设备用于防爆要求高的危险场所内，在危险场所中随意拆开防爆电气设备外壳或更换电池。

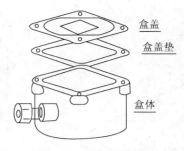

盒盖
盒盖垫
盒体

图 8－51　电气线路接线盒

（2）安装时：尽可能把电气设备安装在危险程度小的区域。例如，远离危险源，远离释放源等。确认设备适用于该危险场所，熟悉现场含有的可燃性气体的种类和特性，如级别、组别（引燃温度）、闪点、爆炸极限（上、下限）等。据统计，易燃易爆气体或蒸气共有两千余种，按它们的引燃特性分为Ⅰ、ⅡA、ⅡB、ⅡC 四个级别，T1～T6 共六个组别。确认安装场所的环境条件与设备的要求是否相符，如海拔、环境温度、相对湿度、大气污染状况、腐蚀性气体情况等条件影响。海拔、环境温度、热辐射情况会影响设备温升，大气污染、腐蚀气体会影响设备绝缘或导致锈蚀使产品寿命缩短。按设计任务书要求，确认安装产品与设计要求相符（型号规格、电压等级、额定电流、外壳防护、安装方式、防爆标志、引入方式、配线方式电缆、钢管进口螺纹及位置等）。防止危险火花和危险高温等不利因素产生，如漏电火花、静电火花、雷电火花、机械火花（金属件的碰撞摩擦会产生火花，现场应采用防爆工具）、危险温度（外来热源传导、辐射导致温度升高）等。确定安装位置，设备周围应留有足够的空间和通道。一般应考虑以下因素：使用方便，便于操作、运行、检查修理、紧急情况处理（紧急断电）等。避免不利因素影响，如水流、雨、雷、潮湿、热辐射、高温体、振动等，如图 8－52 所示。

① 接线盒内电气间隙和爬电距离须符合规定。要先穿线后拨线，接地线留有余量，且长于相线，其主要目的是当移动设备和线路受外力影响发生分离时，使其先断开相线后断开接地线，以提高安全性。接线盒与主空腔之间可采用隔爆结构、胶封结构和密封结构。贯通电缆时应对电缆两末端进行严格的密封处理（主要采用密封圈式密封、浇铸固化填料密封和金属密封环密封等密封形式），防止通过电缆芯线之间的缝隙传爆。

② 配电设施与油库爆炸危险场所的安全距离、油库内总变（配）电所及发电机房与爆炸危险场所水平距离必须大于 30m。国家相关的规范规定 1 万伏以上露天变电装置宜独立建造，1 万伏以下变（配）电室门窗设置要求向外开，且应通向非爆炸危险场所与爆炸危险场所的最短距离须满足 1 区 10m，有自动关闭装置 6m；2 区 6m，有自动关闭装置 3m；由于油蒸气的密度比空气大，易在低处集聚，因此配电室要地坪高，减少油气集聚的可能性，与爆炸危险场所毗邻的配电室，其底层的地坪易高出危险场所地坪 0.6m。由于油气通风口是强制通风方式，与自然扩散方式相比，油气量大、扩散远、时间长，为了加大扩散范围，通风管道的出口（包括真空泵气体排出口）、泵房排风扇口与变配电室门窗的水平距离应大于 15m。

③ 油库电气系统的布线，在爆炸危险场所应采用钢管布线或铠装电缆，配电线路采用铜芯电缆，避免使用铝芯电线。洞库爆炸危险场所中由于防爆接线盒不是密封的，接线盒进水、潮湿漏电会导致设备带电；通风沟中油气浓，特别是在油罐清洗时沟内可能导致油气长时间集聚，在沟内敷设电缆是非常危险的；导线明敷便于检查，导线穿在楼板里、砌在墙内不易发现线路问题，给管理带来麻烦。鉴于诸多因素，除埋地铠装电缆外，一般配线必须明敷，严禁在洞库通风沟中敷设电缆或钢管配线，埋地铠装电缆不应有中间接头和埋地的接线

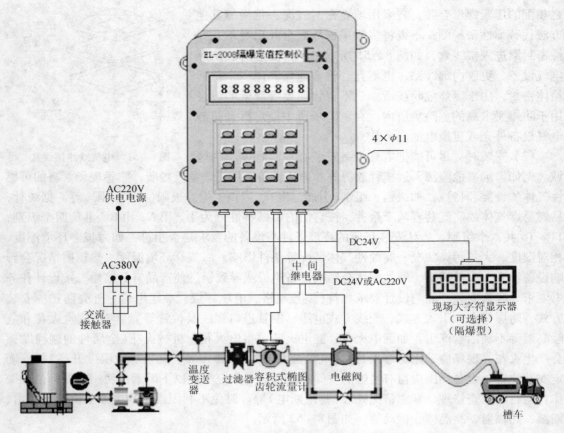

图 8-52 油库定量灌装控制流程示意图

盒。架空线路严禁跨越爆炸危险场所，电线杆高度与 0 区、1 区为 30m，与 2 区为前者的 1.5 倍。

④ 油库电动机电缆不得直接浇筑在混凝土里，要采用镀锌钢管保护，便于维修和更换电缆。油库长距离钢管配线要有隔离密封盒，排水式隔离密封盒不得倒装，防止管线长期积水，导线绝缘下降。该用防爆附件穿线盒的地方不得用普通弯头和普通接头替代。危险场所内电气设备拆除后线路线头一定要作保护处理，不允许线头长期带电。

（3）维护时：日常运行维护检查时，应尽量避免打开防爆电气设备的密封盒、接线盒、进线装置、隔离密封盒和观察窗等，必须打开时应先切断电源。如若隔爆外壳打开，应妥善保护隔爆面，不得损坏，在检修隔爆面时其面应向上放置，不得直接接触地面。隔爆面经清洗后应涂以磷化膏或 204-1 防锈油。

① 防爆电气设备接线盒等的进线口，必须用标准规定的形式密封，如用弹性密封圈密封。禁止采用填充密封胶泥、石棉绳等其他方法代替。禁止在接线盒内填充任何物质，橡胶密封圈上的油污应擦洗干净，以免老化变质，失去防爆性能。多余的进线口按规定严密封堵，如图 8-53 所示。

② 在爆炸危险场所禁止带电检修电气设备和线路，禁止约时送电、停电。并应在断电处挂上"有人工作、禁止合闸"的警告牌。

（4）检修时：应将防爆设备拆至安全区域进行，现场的设备电源电缆线头应做好防爆处理，并严禁通电。当防爆电气设备的旋转部分未完全停止之前不得开盖。如防爆外壳内的设

图 8-53　接线盒外形示意图

备有储(电)能元件(如电容、油气探测头),应按厂家规定,停电后延迟一定时间,放尽能量后再开盖子。

① 现场检修,不准使用非防爆型的仪表、照明灯具、电话机等。所用工具采用无火花防爆工具。禁止改变本安型设备内部的电路、线路。更换防爆电气设备的元件,必须与原规格相同;其电池更换必须在安全区域内进行,同时必须换上同型号、规格的电池。严禁带电拆卸防爆灯具和更换防爆灯管(泡),严禁用普通照明灯具代替防爆灯具。不得随意改动防爆灯具的反光灯罩,不准随便增大防爆灯管(泡)的功率。

② 维修时严禁野蛮拆卸,破坏隔爆面,或拆卸后隔爆面接触地面或划伤等,以确保不降低防爆电气设备的防爆等级或甚至失去防爆功能。

8.4.7　油库电气设备的消防

电气设备或电气线路发生火灾,首先要设法切断电源。按现场特点选择适当的灭火器,例如,二氧化碳灭火器、干粉灭火器的灭火剂都是不导电的,可用于带电灭火。而泡沫灭火器的灭火剂(水溶液)不宜用于带电灭火,因为其有一定的导电性,而且对电气设备的绝缘有影响。用水枪灭火时宜采用喷雾水枪,带电灭火比较安全,为防止通过水柱的泄漏电流通过人体,可以将水枪喷嘴接地,也可以让灭火人员穿戴绝缘手套、绝缘靴或穿戴均压服操作。但要注意人体与带电体之间保持必要的安全距离,灭火原理如图 8-54 所示。

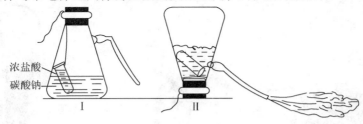

图 8-54　灭火原理示意图

油库常用的消防器材主要有沙子、铁锹、石棉被、化学泡沫灭火器与干粉灭火器等,用喷射泡沫进行灭火的灭火器叫做泡沫灭火器。泡沫灭火器主要用于扑救油品火灾,如汽油、煤油、柴油以及苯、甲苯等的初起火灾,也可用于扑救固体物质火灾。泡沫灭火器不适于扑救带电设备火灾以及气体火灾,泡沫灭火器又分化学泡沫与空气泡沫,喷射出泡沫的称化学泡沫,二者的不同之处在于,化学泡沫内所包含的气体是二氧化碳气体,而空气泡沫内所含

179

图 8 - 55　手提式化学泡沫灭火器

的气体为空气。化学灭火器有手提式和推车式两种。手提式化学泡沫灭火器由筒体、筒盖、喷嘴及瓶胆等组成，如图 8 - 55 所示。瓶胆内装的是硫酸铝水溶液，筒体内装的是碳酸氢钠的水溶液。当灭火器颠倒时，两种溶液混合，产生化学反应，喷射出泡沫。使用时手提化学泡沫灭火器筒体上部的提环，迅速赶到起火点（在运送灭火器的过程中，不能过分倾斜或摇晃，更不能横置或颠倒），当距起火点约 10m 时，一只手握住提环，另一只手抓住筒体的底圈，将灭火器颠倒过来，泡沫即可喷出。如扑救可燃固体火灾，应把喷嘴对准燃烧最猛烈处喷射；如扑救容器内的油品火灾，应将泡沫喷射在容器壁上，从而使得泡沫沿容器壁流下；如扑救流动油品火灾，操作者应站在上风方向，并尽量减少泡沫射流与地面的夹角，使泡沫由近而远地逐渐覆盖整个油面上。

推车式化学泡沫灭火器由筒体、筒盖、瓶盖、瓶口密封机构、安全阀、喷射系统、车架和车轮等组成，有 40L、65L 和 90L 三种规格。推车式化学泡沫灭火器的工作原理与手提式化学泡沫灭火器相同。但为防止推车式化学泡沫灭火器在运送过程中因颠簸、倾斜而使两种药液提前混合，在推车式化学泡沫灭火器上都有密封装置。密封装置由手轮、螺杆和密封盖组成。螺杆通过孔盖中心的螺孔，上面与手轮相连，下面与密封盖相接。顺时针方向转动手轮时，密封盖下移，紧紧压在瓶胆口上，使瓶胆密封。逆时针方向转动手轮时，密封盖上移，脱离瓶胆口，使瓶胆口开启。此外，推车式化学泡沫灭火器的筒盖上还装有安全阀，以保证灭火器的使用安全，如图 8 - 56 所示。

推车式化学泡沫灭火器一般由两人操作。使用时先将灭火器迅速推到火场，在距起火点 15m 左右处停下，一人逆时针转动手轮，将螺杆旋至最高位置，使瓶胆充分开启，然后使车架着地，筒体倾倒，并摇晃几下；另一人则迅速展开喷射软管，打开阀门，双手紧握喷枪，对准燃烧物喷射泡沫。扑救可燃固体物质火灾以及扑救容器内的油品火灾或扑救流动油品火灾，其灭火方法与手提式化学泡沫灭火器相同。

图 8 - 56　推车式灭火器

干粉灭火器是利用高压的二氧化碳气体为动力，喷射干粉进行灭火的灭火器具。干粉灭火器可分为普通干粉灭火器和多用干粉灭火器两种。

普通干粉灭火器内部充装碳酸氢钾或碳酸氢钠干粉。主要用于扑救下列物质火灾：甲、乙、丙类液体如烃类（包括汽油、煤油、柴油等）、醇类、酮类、酯类、苯类及其他有机溶剂类的初起火灾；可燃气体如城市煤气、甲烷、乙烷、丙烷等的初起火灾；电气设备如电闸、发电机、电动机等带电设备的初起火灾。

多用干粉灭火器内部充装磷酸铵盐或硫酸铵盐干粉。其适用范围除和普通干粉灭火器相同外，还可用于扑救固体物质如木材、棉、麻、纸张等的火灾。

由于固体物质火灾称为 A 类火灾，甲、乙、丙类液体火灾称为 B 类火灾，可燃气体称为 C 类火灾，所以，普通干粉灭火器又称为 BC 干粉灭火器，多用干粉灭火器又称为 ABC 干粉灭火器。

使用手提式干粉灭火器时，应手提灭火器的提把迅速赶到着火处，在距起火点 5m 左右处放下灭火器。在室外使用时，应占据上风方向。使用前，先把灭火器上下颠倒几次，使筒内干粉松动。如使用的是内装干粉灭火器，应先拔下保险销，一只手握住喷嘴，另一只手用力压下压把，干粉便会从喷嘴中喷射出来。如使用的是外置式干粉灭火器，则一只手握住喷嘴，另一只手提起提环，握住提柄，干粉便会从喷嘴喷射出来。

用干粉灭火器扑救流散液体火灾时，宜从火焰侧面对准火焰根部喷射，并由近而远，左右扫射，快速推进，直至把火焰全部扑灭。用干粉灭火器扑救容器内可燃液体火灾时，亦应从火焰侧面对准火焰根部，左右扫射。当火焰被驱出容器时，应快速向前，将余火全部扑灭。灭火时应注意不要把喷嘴直接对着液面喷射，以防干粉气流的冲击力使油液飞溅，引起火势扩大，造成灭火困难。

推车式干粉灭火器一般由两人操作。使用时，将灭火器迅速拉到或推到火场，在距着火点大约 10m 处停下。一人将灭火器放稳，然后拔出开启机构上的保险销，迅速打开二氧化碳钢瓶，另一人则取下喷枪，迅速展开喷射软管，然后一手握住喷枪管，另一只手勾动扳机，将喷嘴对准火焰根部喷粉灭火。

使用干粉灭火器时应注意两点：一是干粉灭火器在灭火过程中应始终保持直立状态，不得横卧或颠倒使用，否则不能喷粉；二是干粉灭火器灭火后需防止复燃，因为干粉灭火的冷却作用甚微，在着火点存在炽热物的条件下，灭火后易产生复燃。

本 章 小 结

电气引燃源：可燃物被点燃有两种形式，明火和可自燃的温度。所以，电气引燃源分为电弧电火花和危险温度两大类。

油库爆炸危险性物质特性：受油品的密度、蒸气压、燃点、闪点等理化特性的影响，油库爆炸危险性物质具有易燃、易爆、易积聚静电、易受热膨胀、易扩散流淌和毒性等危险特性。

油库爆炸危险性物质的分类、分级和分组：爆炸危险性物质分为三类、五级和九个组。

油库爆炸危险场所的区域划分：依照爆炸性气体环境生成概率 P_G 和年爆炸性气体环境存在时间 T_G 划分为三个区域，$P_G \geqslant 10^{-1}$、$T_G \geqslant 1000h$ 为 0 区；$P_G \approx 10^{-3} \sim 10^{-1}$、$T_G \leqslant 10 \sim 1000h$ 为 1 区；2 区为 $P_G \leqslant 10^{-4} \sim 10^{-3}$、$T_G \leqslant 1 \sim 10h$ 三级危险区域。

油库内爆炸危险区域的等级范围：以22种情况划分等级范围。

防爆电气设备类型：防爆电气设备分为增安型e、隔爆型d、本安型i、正压型p、充油型o、充砂型o和特殊型s七种类型。

防爆电气设备的防爆原理：用电气设备的外壳限制爆炸和隔离引燃源，用隔爆介质隔离引燃源、采取技术手段控制引燃源。

爆炸性气体环境中，电动机的安全选用：根据输油品种和使用环境选择电动机的型式，室内抽注柴油、润滑油的电动机，选用防护型；室外选用封闭型。室内抽注柴油、煤油的电动机，与泵同机座安装的选用隔爆型；室外选用增安型。功率按泵所能达到的最大流量下的轴功率考虑。电动机的转速按照泵铭牌上的转速来选定。

爆炸性气体环境中低压电器的安全选用：选用隔离开关和刀开关主要功能是隔离电源。在满足隔离功能要求的前提下，其选用主要是保证其额定绝缘电压和额定工作电压不低于线路的相应数据，额定工作电流不小于线路的计算电流。当要求有通断能力时，须选用具备相应额定通断能力的隔离开关。如需接通短路电流，则应选用具备相应短路接通能力的隔离开关。

爆炸性气体环境中电气仪表的安全选用：根据仪表安装、使用场所的危险区域来选择仪表的防爆型式；根据可能出现的可燃性气体、蒸气的传爆级别和引燃温度组别，选择仪表的防爆等级和最高允许表面温度组别。

爆炸性气体环境中电气线路的安全选用：电气线路应当在爆炸危险性较小或距离释放源较远的位置敷设，当爆炸危险气体或蒸气比空气重时，电气线路应在高处敷设，电缆则直接埋地敷设或电缆沟充砂敷设；当爆炸危险气体或蒸气比空气轻时，电气线路宜敷设在低处，电缆则采取电缆沟敷设。线路敷设方式主要采用防爆钢管配线和电缆配线。在危险等级1区的范围内，配电线路选用铜芯导线或电缆。在有剧烈振动处应选用多股铜芯软线或多股铜芯电缆。爆炸危险等级2区的范围内，电力线路也采用截面积4mm^{2}及以上的铝芯导线或电缆，照明线路可采用截面积2.5mm^{2}及以上的铝芯导线或电缆。

油库电气设备的使用、安装与维护：在爆炸危险场所不准使用非防爆的电气设备，选用防爆电气设备应符合国家规范的要求。尽可能把电气设备安装在危险程度小的区域，接线盒内电气间隙和爬电距离须符合规定。要先穿线后拨线，接地线留有余量，且长于相线。接线盒与主空腔之间可采用隔爆结构、胶封结构和密封结构，防止通过电缆芯线之间的缝隙传爆。

配电设施与油库爆炸危险场所的安全距离、油库内总变（配）电所及发电机房与爆炸危险场所水平距离必须大于30m。在爆炸危险场所应采用钢管布线或铠装电缆，配电线路采用铜芯电缆，避免使用铝芯电线。油库电动机电缆不得直接浇筑在混凝土里，要采用镀锌钢管保护，便于维修和更换电缆。

日常运行维护检查时，应尽量避免打开防爆电气设备的密封盒、接线盒、进线装置、隔离密封盒和观察窗等，必须打开时应先切断电源。如若隔爆外壳打开，应妥善保护隔爆面，不得损坏，在检修隔爆面时其面应向上放置，不得直接接触地面。隔爆面经清洗后应涂以磷化膏或204－1防锈油。

将防爆设备拆至安全区域进行，现场的设备电源电缆线头应做好防爆处理，并严禁通电。

油库电气设备的消防：电气设备或电气线路发生火灾，首先要设法切断电源。按现场特点选择适当的灭火器，例如，二氧化碳灭火器、干粉灭火器的灭火剂都是不导电的，可用于带电灭火。而泡沫灭火器的灭火剂(水溶液)不宜用于带电灭火。用水枪灭火时宜采用喷雾水枪，带电灭火比较安全，为防止通过水柱的泄漏电流通过人体，可以将水枪喷嘴接地，也可以让灭火人员穿戴绝缘手套、绝缘靴或穿戴均压服操作。但要注意人体与带电体之间保持必要的安全距离。

习　题

1. 油库内爆炸危险区域是怎样划分的?

2. 爆炸危险物是怎样分类、分级和分组的?

3. 防爆电气设备有哪些类型? 它们各自的防爆原理是什么?

4. 防爆电气设备是怎样标志的?

5. 防爆电气设备的选用原则是什么?

6. 试述电动机防爆结构是怎样选型的。

7. 说明怎样选择低压开关和控制电器的防爆类型?

8. 灯具类防爆结构是怎样选型的?

9. 防爆电气设备安装的通用技术要求是什么?

10. 怎样进行防爆电气设备的各类检查?

11. 危险环境中电气设备怎样进行检查?

12. 请对以下危险物质进行分类:

物　　质	类　　级	引燃温度(℃)及组别
甲烷		
亚硝酸乙酯		
二硫化碳		
橡胶		
黑火药		
硝化棉		

13. 泵房内安装 4DA - 8X4 离心泵抽注煤油，最大流量 72m³/h 的轴功率为 16.4kW，转速为 1450r/min，电源压 380V。电动机与泵同机座安装，煤油相对密度为 0.8，问应选用何种型号的电动机?

14. 解释下列名词: 最大试验安全间隙 MESG; 最小点燃电流 MIC; 最小点燃电流比 MICR。

15. Ⅱ类防爆电气设备划分为几级? 标志是什么?

16. Ⅱ类防爆电气设备划分为几个温度组别? 标志是什么?

17. 如何选用防爆型仪表?

18. 我国的防爆标志由哪几部分构成? 分别说明其含义。

19. 一台仪表的防爆标志为 EXdⅡBT4，请说明其含义。

20. 聚酯电源接线箱的防爆标志为 EXedⅡCT4，请说明其含义。

21. 一台进口气相色谱仪的防爆标志为 EEXdpsⅡB + H2T4，请说明其含义。

22. 一台日本产仪表的防爆标志为 JISia3Ng4，请说明其含义。

23. 一台进口仪表的防爆标志为 Class1，Division1，GroupB、C、D，T4A，请说明其含义。

24. 一台进口仪表的防爆标志如下，请说明其含义。

UL/FM/CSA Class1，GroupB、C、D，T5

Class3，GroupE、F，T5

CENELEC EEXed Ⅱ CT5

25. 安装本质安全型仪表时，有哪些要求？

第9章 油库PLC控制技术

油库中对收油、发油、输转、倒罐、放空、油罐车和放空罐的底油清扫等工作的自动控制，是通过PLC控制技术对机泵运行参数的监视、报警和自动保护，对阀门状态、液位、流量、压力、真空度的检测与显示来实现的，为了加强PLC自身的防爆和可靠性还需构成以PLC为主体的自控闭环系统。通过PLC自控系统对油库泵房内各种阀门开闭、机泵启停、检测并监视泵进出口压力、监视电动机电流和轴承温度、检测真空罐和放空罐液位及真空度等的控制，提高了工作效率。

本章主要介绍油库PLC基础知识和PLC基本指令及应用，还有油库PLC的操作应用，认识PLC在油库的应用，学会利用PLC对油库的操作。

9.1 油库PLC基础知识

油库泵房PLC控制系统应用见图9-1所示。

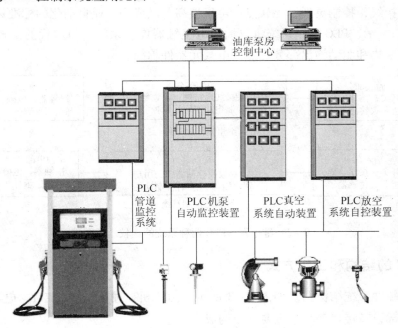

图9-1 油库泵房PLC控制系统应用示意图

9.1.1 油库PLC概述

PLC中文名称：可编程序控制器；英文名称：Programmable Logic Controller（早期），后改为Programmable Controller，称为PC。为了与个人计算机（Personal Computer 简称PC）相区

分，在行业中仍称之为 PLC。PLC 是综合计算机技术、自动控制技术和通信技术的一种新型自动控制装置，它具有功能强、可靠性高、使用灵活方便、易于编程以及适应工业环境下应用等一系列优点，已经广泛应用于工业生产各个领域。PLC 在油库应用中，其组态软件具有的动画显示、流程控制、数据采集、设备控制与输出、工程报表、数据与曲线等强大功能，在自动控制中具有重要的位置，已成为油库自动化的灵魂。

PLC 的类型种类繁多，但其结构和工作方式大同小异，一般由主机、输入/输出接口、电源、编程器、扩展接口和外部设备接口等几个主要部分构成。可编程控制器是一种进行数字运算的电子系统，是专为在工业环境下的应用而设计的工业控制器。它采用了可编程序的存储器，用来在其内部存储执行逻辑运算、顺序控制、定时、计数和算术运算等操作的指令，并通过数字式或模拟式的输入和输出，控制各种类型机械的生产过程，可编程控制器及其有关外围设备，都按易于与工业系统联成一个整体、易于扩充其功能的原则设计。

9.1.2 油库继电器控制和 PLC 控制的比较

（1）继电器控制为接线程序硬件控制。是由各种分立的继电器、接触器、行程开关、控制按钮等联接而成的有触点硬接线控制电路。它的控制逻辑就在接线之中，若需修改控制要求必须改变接线。

（2）PLC 控制为存储程序软件控制。控制程序放在存储器中，通过修改程序来改变控制，无需改变接线，控制灵活，无触点，可靠性高，已成为工业自动化的标准设备。

如图 9－2 所示，PLC 控制系统将取代继电接触器控制系统，但取代的是控制部分，控制系统信号的采集和驱动输出部分仍然由电气元器件承担。

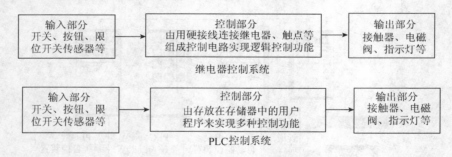

图 9－2 继电器、PLC 两种系统的比较示意图

9.1.3 PLC 的结构和工作方式

（1）PLC 硬件系统结构图。如图 9－3 所示，由主机、输入/输出接口、电源、编程器、扩展接口和外部设备接口等几个主要部分构成。

除手持编程器外，目前，使用较多的是利用通信电缆将 PLC 和计算机连接，并利用专用的工具软件进行编程或监控，如图 9－4 所示。

（2）PLC 的工作方式。

PLC 采用"顺序扫描、不断循环"的方式进行工作，其扫描工作过程示意图如图 9－5 所示。一个扫描周期所需时间一般不超过 100ms。

186

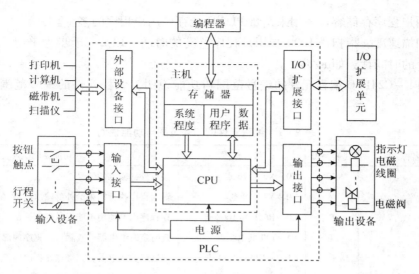

图 9-3 PLC 硬件系统结构图

图 9-4 PLC 与计算机连接示意图

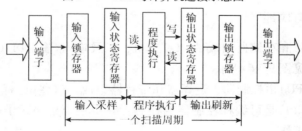

图 9-5 PLC 的工作方式

① PLC 在输入采样阶段,以扫描方式顺序读入所有输入端的通/断状态或输入数据,并将此状态存入输入锁存器,即输入刷新。

② PLC 在执行阶段,根据用户程序进行逻辑运算,运算结果存入有关的状态寄存器中。

③ 在所有指令执行完毕后,将输出状态寄存器的通/断状态,在输出刷新阶段转存到输出锁存器,去控制各物理继电器的通/断,这才是 PLC 的实际输出。

9.1.4 PLC 的主要技术性能

(1) I/O 点数。指 PLC 外部输入和输出端子数。通常小型机有几十点,中型机有几百个点,而大型机超过千点。

（2）用户程序存储容量。用来衡量 PLC 所能存储用户程序的多少。

（3）扫描速度。指扫描 1000 步用户程序所需的时间，以 ms/千步为单位。有时也用扫描一步指令的时间计，如 μs/步。

（4）FP1 – C24PLC 编程元件的编号范围与功能说明。编程元件的编号范围与功能说明见表 9 – 1。

表 9 – 1　编程元件的编号范围与功能说明

元件名称	代表字母	编号范围	功能说明
输入继电器	X	X0 ~ XF 共 16 点	接收外部输入的信号
输出继电器	Y	Y0 ~ Y7 共 8 点	输出程序执行结果给外部输出设备
辅助继电器	R	R0 ~ R62F 共 1008 点	在程序内部使用不能提供外部输出
定时器	T	T0 ~ T99 共 100 点	延时定时继电器，其触点在程序内部使用
计数器	C	C100 ~ C143 共 44 点	减法计数继电器，其触点在程序内部使用
通用"字"寄存器	WR	WR0 ~ WR62 共 63 个	每个 WR 由相应的 16 个辅助继电器 R 构成

9.1.5　PLC 的主要功能

（1）开关逻辑控制。用 PLC 取代传统的继电接触器进行逻辑控制。

（2）定时/计数控制。用 PLC 的定时/计数指令来实现定时和计数控制。

（3）步进控制。用步进指令实现一道工序完成后，再进行下一道工序操作的控制。

9.2　油库 PLC 基本指令及应用

9.2.1　PLC 的结构功能

由微处理器(CPU)和存储器组成的 PLC 主机，以及输入/输出(I/O)单元、编程器、电源等部分的主要功能见图 9 – 6 所示。

（1）微处理器(CPU)由控制器、运算器和寄存器组成。这些电路都集成在一个芯片上。与一般计算机一样，CPU 是可编程控制器的核心，它按系统程序赋予的功能指挥可编程控制器有条不紊地进行工作。

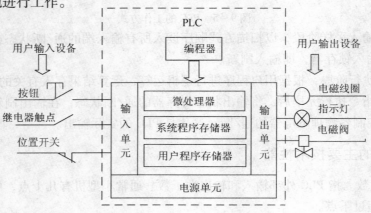

图 9 – 6　PLC 的结构功能

不同型号可编程控制器的 CPU 芯片是不同的，有的采用通用 CPU 芯片，如 8031、8051、8086、80826 等，也有采用厂家自行设计的专用 CPU 芯片(如西门子公司的 S7 – 200 系列可编程控制器均采用其自行研制的专用芯片)。CPU 有五个主要功能，其一接收并存储用户程序和数据；其二诊断电源、PLC 工作状态及编程的语法错误；其三接收输入信号，送入数据寄存器并保存；其四运行时顺序读取、解释、执行用户程序，完成用户程序的各种操作；其五将用户程序的执行结果送至输出端。

（2）系统程序存储器、用户程序存储器及工作数据存储器统称为存储器。系统程序存储器用来存放由可编程控制器生产厂家编写的系统程序，并固化在 ROM 内，用户不能直接更改。它直接决定 PLC 的性能及质量的好坏，主要内容包括三部分：第一部分为系统管理程序，它主要控制可编程控制器的运行，使整个可编程控制器按部就班地工作；第二部分为用户指令解释程序，通过用户指令解释程序，将可编程控制器的编程语言变为机器语言指令，再由 CPU 执行这些指令；第三部分为标准程序模块与系统调用程序，包括许多不同功能的子程序及其调用管理程序，如完成输入、输出及特殊运算等的子程序，可编程控制器的具体工作都是由这部分程序来完成的，该程序决定了 PLC 性能的强弱。

用户程序存储器用来存放用户针对具体控制任务，用规定的可编程控制器编程语言编写的各种用户程序。目前较先进的可编程控制器采用可随时读写的快闪存储器作为用户程序存储器。快闪存储器不需后备电池，掉电时数据也不会丢失。

工作数据存储器用来存储工作数据，即用户程序中使用的 ON/OFF 状态、数值数据等。在工作数据区中开辟有元件映像寄存器和数据表。其中元件映像寄存器用来存储开关量、输出状态以及定时器、计数器、辅助继电器等内部器件的 ON/OFF 状态。数据表用来存放各种数据，它存储用户程序执行时的某些可变参数值及 A/D 转换得到的数字量和数学运算的结果等。

（3）输入/输出(I/O)接口是 PLC 与外界连接的接口。这是 CPU 与现场 I/O 装置或其他外部设备之间的连接部件，如图 9 – 7 所示为三菱 FX2N 型 PLC 外部 I/O 端口。

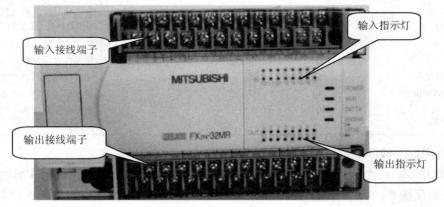

图 9 – 7　FX2N 外部 I/O 端口

输入接口用来接收和采集两种类型的输入信号，一类是由按钮、选择开关、行程开关、继电器触点、接近开关、光电开关、数字拨码开关等的开关量输入信号。另一类是由电位器、测速发电机和各种变送器等来的模拟量输入信号。

输出接口连接被控对象中各种执行元件，如接触器、电磁阀、指示灯、调节阀(模拟

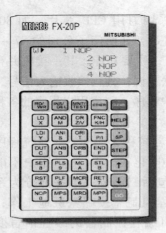

图 9 - 8　三菱 FX 编程器

量)、调速装置(模拟量)等。

(4)编程器主要用于编程、对系统作一些设定、监控 PLC 及 PLC 所控制系统的工作状况。编程器是 PLC 开发应用、监测运行、检查维护不可缺少的器件,如图 9 - 8 所示三菱 FX2N 简易编程器。

(5)电源用来将外部供电电源转换成供 PLC 的 CPU、存储器、I/O 接口等单元工作所需的直流电源,使 PLC 能正常工作。PLC 的电源部件有很好的稳压措施,对外部电源的要求不高。直流 24V 供电的机型,允许电压为16 ~ 32V;交流 220V 供电的机型,允许电压为 85 ~ 264V,频率为 47 ~ 53Hz。一般情况下,PLC 还为用户提供 24V 直流电源作为输入电源或负载电源。

9.2.2　PLC 的基本指令

PLC 基本指令见表 9 - 2。

表 9 - 2　PLC 基本指令

名　　称	助记符	目标元件	说　　明
取指令	LD	X、Y、M、S、T、C	常开接点逻辑运算起始
取反指令	LDI	X、Y、M、S、T、C	常闭接点逻辑运算起始
线圈驱动指令	OUT	Y、M、S、T、C	驱动线圈的输出
与指令	AND	X、Y、M、S、T、C	单个常开接点的串联
与非指令	ANI	X、Y、M、S、T、C	单个常闭接点的串联
或指令	OR	X、Y、M、S、T、C	单个常开接点的并联
或非指令	ORI	X、Y、M、S、T、C	单个常闭接点的并联
或块指令	ORB	无	串联电路块的并联连接
与块指令	ANB	无	并联电路块的串联连接
主控指令	MC	Y、M	公共串联接点的连接
主控复位指令	MCR	Y、M	MC 的复位
置位指令	SET	Y、M、S	使动作保持
复位指令	RST	Y、M、S、D、V、Z、T、C	使操作保持复位
上升沿产生脉冲指令	PLS	Y、M	输入信号上升沿产生脉冲输出
下降沿产生脉冲指令	PLF	Y、M	输入信号下降沿产生脉冲输出
空操作指令	NOP	无	使步序作空操作
程序结束指令	END	无	程序结束

(1)逻辑取及线圈驱动指令 LD、LDI、OUT。

LD:取指令。一个与输入母线相连的动合接点指令,即动合接点逻辑运算起始。

LDI:取反指令。一个与输入母线相连的动断接点指令,即动断接点逻辑运算起始。

LD、LDI 两条指令的目标元件是 X、Y、M、S、T、C,用于将接点接到母线上。也可以与后述的 ANB 指令、ORB 指令配合使用,在分支起点也可使用。LD、LDI 是一个程序步指令,一个程序步即一个字。

OUT:线圈驱动指令,也叫输出指令,它的目标元件是 Y、M、S、T、C。OUT 是多程序步指令,视目标元件而定,它的目标元件是定时器和计数器时,必须设置常数 K,对输入

190

继电器不能使用。OUT 指令可以连续使用多次。

（2）接点串联指令 AND、ANI。

AND：与指令。用于单个动合接点的串联。

ANI：与非指令，用于单个动断接点的串联。

AND 与 ANI 都是一个程序步指令，它们串联接点的个数没有限制，也就是说这两条指令可以多次重复使用。这两条指令的目标元件为 X、Y、M、S、T、C。

（3）接点并联指令 OR、ORI。

OR：或指令，用于单个动合接点的并联。

ORI：或非指令，用于单个动断接点的并联。

OR 与 ORI 指令都是一个程序步指令，它们的目标元件是 X、Y、M、S、T、C。这两条指令都是一个接点，需要两个以上接点串联连接电路块的并联连接时，要用后述的 ORB 指令。OR、ORI 是从该指令的当前步开始，对前面的 LD、LDI 指令并联连接。并联的次数无限制。

（4）串联电路块的并联连接指令 ORB。串联电路块并联连接时，分支开始用 LD、LDI 指令，分支结束用 ORB 指令。ORB 指令与后述的 ANB 指令均为无目标元件指令，而两条无目标元件指令的步长都为一个程序步。ORB 有时也简称或块指令。ORB 指令的使用方法有两种：一种是在要并联的每个串联电路后加 ORB 指令；另一种是集中使用 ORB 指令。对于前者分散使用 ORB 指令时，并联电路块的个数没有限制，但对于后者集中使用 ORB 指令时，这种电路块并联的个数不能超过 8 个（即重复使用 LD、LDI 指令的次数限制在 8 次以下）。

（5）并联电路的串联连接指令 ANB。两个或两个以上接点并联电路称为并联电路块，分支电路并联电路块与前面电路串联连接时，使用 ANB 指令。分支的起点用 LD、LDI 指令，并联电路结束后，使用 ANB 指令与前面电路串联。ANB 指令也简称与块指令，ANB 也是无操作目标元件，是一个程序步指令。

（6）主控及主控复位指令 MC、MCR。MC 为主控指令，用于公共串联接点的连接，MCR 叫主控复位指令，即 MC 的复位指令。如果在每个线圈的控制电路中都串入同样的接点，将多占用存储单元，应用主控指令可以解决这一问题。使用主控指令的接点称为主控接点，它在梯形图中与一般的接点垂直。它们是与母线相连的常开接点，是控制一组电路的总开关。MC 指令是 3 程序步，MCR 指令是 2 程序步，两条指令的操作目标元件是 Y、M，但不允许使用特殊辅助继电器 M。

（7）置位与复位指令 SET、RST。SET 为置位指令，使动作保持；RST 为复位指令，使操作保持复位。SET 指令的操作目标元件为 Y、M、S。而 RST 指令的操作元件为 Y、M、S、D、V、Z、T、C。用 RST 指令可以对定时器、计数器、数据寄存、变址寄存器的内容清零。

（8）脉冲输出指令 PLS、PLF。PLS 指令在输入信号上升沿产生脉冲输出，而 PLF 在输入信号下降沿产生脉冲输出，这两条指令都是 2 程序步，它们的目标元件是 Y 和 M，但特殊辅助继电器不能作目标元件。使用 PLS 指令，元件 Y、M 仅在驱动输入接通后的一个扫描周期内动作（置 1）。而使用 PLF 指令，元件 Y、M 仅在驱动输入断开后的一个扫描周期内动作。

（9）空操作指令 NOP。NOP 指令是一条无动作、无目标元件的 1 程序步指令。空操作指令使该步序作空操作。用 NOP 指令替代已写入指令，可以改变电路。在程序中加入 NOP

指令，在改动或追加程序时可以减少步序号的改变。

（10）程序结束指令 END。END 是一条无目标元件的 1 程序步指令。PLC 反复进行输入处理、程序运算、输出处理，若在程序最后写入 END 指令，则 END 以后的程序就不再执行，直接进行输出处理。在程序调试过程中，按段插入 END 指令，可以按顺序扩大对各程序段动作的检查。

9.2.3　油库注油机 PLC 的点动控制

如图 9 – 9 所示为油库电机的点动控制线路，即用按钮和接触器等来控制电机单方向运转的最简单的正转控制线路，现用 PLC 进行控制。

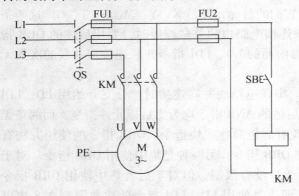

图 9 – 9　注油机点动控制电路

在点动控制线路中，主电路由开关 QS、熔断器 FU1、接触器主触点及电动机组成；控制电路由熔断器 FU2、启动按钮 SB、接触器 KM 线圈组成。PLC 代替继电器控制电路进行控制，主电路部分保留不变。在控制电路中，启动按钮属于控制信号，作为 PLC 的输入量分配接线端子；而接触器线圈属于被控对象，作为 PLC 的输出量分配接线端子。对于 PLC 的输出端子额定电压为 220V，因此允许要将原线路中接触器的线圈电压由 380V 改为 220V。

（1）PLC 面板主要有外部接线端子、指示部分和接口部分。外部接线端子包括 PLC 电源(L、N)、接地、输入用直流电源(24 +、COM)、输入端子(X)、输出端子(Y)等。指示部分包括各输入输出点的状态指示、电源指示(POWER)、PLC 运行状态指示(RUN)、用户程序存储器后备电池指示(BATT)和程序错误或 CPU 错误指示(PROG – E、CPU – E)等，用于反映 I/O 点和 PLC 的状态。FX2 系列 PLC 有多个接口，打开接口盖或面板可观察到。主要包括编程器、存储器、扩展等接口。在面板上设置了一个 PLC 运行模式转换开关 SW1，它有 RUN 和 STOP 两个位置，RUN 使 PLC 处于运行状态(RUN 指示灯亮)；STOP 使 PLC 处于停止运行状态(RUN 指示灯灭)。当 PLC 处于 STOP 状态时，可进行用户程序的录入、编辑和修改。接口的作用是完成基本单元同编程器、外部存储器和扩展单元的连接。

（2）I/O 点的类别、编号及使用。一般 FX2 系列 PLC 的输入端子(X)和输出端子(Y)分别位于 PLC 的两侧。FX2 系列 PLC 的 I/O 点数量、类别随型号不同而不同，一般输入点数等于输出点数。FX2 系列 PLC 的 I/O 点编号采用八进制，即 00 ~ 07、10 ~ 17、20 ~ 27……。输入点前面加"X"，输出点前面加"Y"，如 X10、Y20 等。扩展单元和 I/O 扩展模块其 I/O 点编号应紧接基本单元的 I/O 编号之后，依次分配编号。

（3）I/O 点分配。根据任务分析，对输入量、输出量进行分配，见表 9 – 3。

表 9 – 3　I/O 点分配表

输入量（IN）			输出量（OUT）		
元件代号	功能	输入点	元件代号	功能	输出点
SB	启动按钮	X000	KM	接触器线圈	Y000

192

（4）绘制 PLC 硬件接线图。根据图 9-9 所示的控制线路图及 I/O 分配表，绘制 PLC 硬件接线图，如图 9-10 所示，以保证硬件接线操作正确。

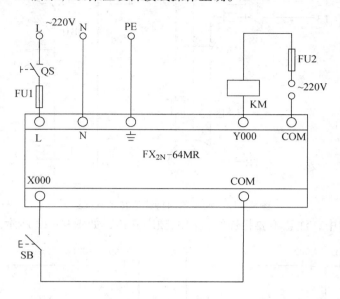

图 9-10　PLC 硬件接线图

（5）设计梯形图程序及语句表。设计梯形图程序及语句表如图 9-11 所示。

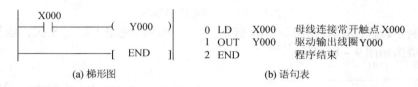

| (a) 梯形图 | (b) 语句表 |

图 9-11　梯形图程序及语句表

（6）PLC 布线时应注意。PLC 应远离变压电源线和高压设备，不能与变压器安装在同一个控制柜内。动力线、控制线以及 PLC 的电源线和 I/O 线应分开布线，并保持一定距离。隔离变压器与 PLC 和 I/O 之间应采用双绞线连接。PLC 的输入与输出最好分开走线，开关量与模拟量也要分开敷设。模拟量信号的传送应采用屏蔽线，屏蔽层应一端接地，接地电阻应小于屏蔽层电阻的 1/10。PLC 基本单元与扩展单元以及功能模块的连接线缆应单独敷设，以防止外界信号的干扰。交流输出线和直流输出线不要用同一根电缆，输出线应尽量远离高压线和动力线，避免并行敷设。

9.2.4　油库油泵 PLC 的连续运行控制

如图 9-12 所示为油泵电机单向持续运转控制线路，该线路可以控制油泵连续运转，并且具有短路、过载、欠压及失压保护功能。现用 PLC 代替继电器控制电路进行控制。

在控制电路中，热继电器常闭触点、停止按钮、启动按钮属于控制信号，作为 PLC 的输入量分配接线端子；接触器线圈属于被控对象，作为 PLC 的输出量分配接线端子。

对于 PLC 的输出端子来说，允许额定电压为 220V，因此需要将原线路图中接触器的线圈电压由 380V 改为 220V，以适应 PLC 输出端子的需要。

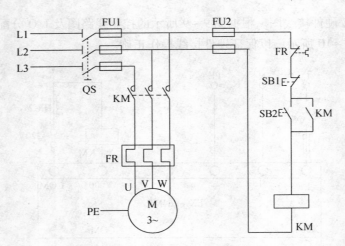

图 9 - 12　油泵单向持续运转控制线路

在梯形图编制中，注意不要将连续输出的顺序弄错，如图 9 - 13 所示。

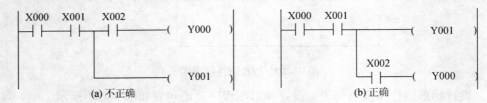

图 9 - 13　连续输出梯形图

程序编制中若连续使用 ORB、ANB 指令，要注意连续使用不超过 8 次，建议不要使用此法。程序举例如图 9 - 14 所示。

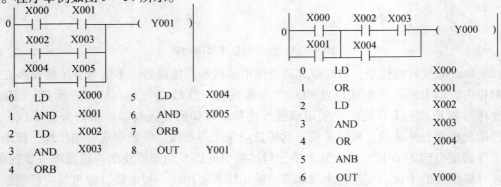

图 9 - 14　ORB、ANB 指令应用

（1）I/O 点分配。根据控制要求，对输入量、输出量进行分配，见表 9 - 4。

表 9 - 4　I/O 分配表

输入量（IN）			输出量（OUT）		
元件代号	功能	输入点	元件代号	功能	输出点
SB2	启动按钮	X000	KM	接触器线圈	Y000
SB1	停止按钮	X001			
FR	热继电器常闭触点	X002			

（2）绘制 PLC 硬件接线图。根据图 9-12 所示的控制线路图及 I/O 分配表，绘制 PLC 硬件接线图，如图 9-15 所示，以保证硬件接线操作正确。

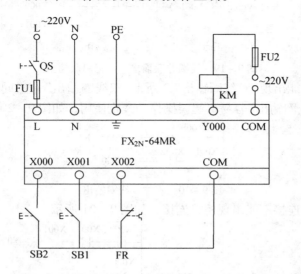

图 9-15　油泵电机单向持续运转 PLC 硬件接线图

（3）梯形图程序及语句表。梯形图程序及语句表如图 9-16 所示。

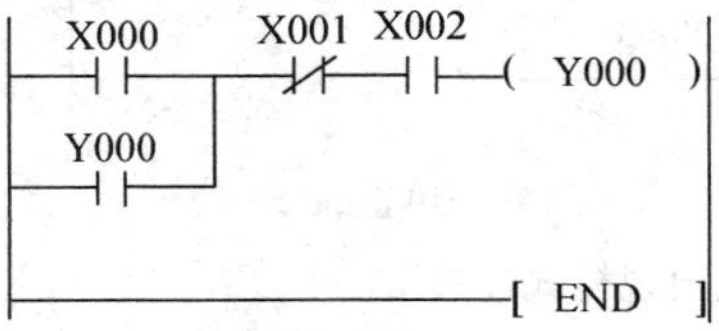

LD	X000	母线连接常开触点X000
OR	Y000	并联继电器常开触点 Y000
ANI	X001	串联常闭触点X001
AND	X002	串联常开触点X002
OUT	Y000	驱动输出线圈Y000
END		程序结束

(a) 梯形图　　　　　　　　　　　(b) 语句表

图 9-16　梯形图程序及语句表

（4）PLC 的编程要领。

① PLC 梯形图中的各编程元件的触点，可以反复使用，数量不限。

② 梯形图中每一行都是从左母线开始，到右母线为止，触点在左，线圈在右，触点不能放在线圈右边，如图 9-17 所示。

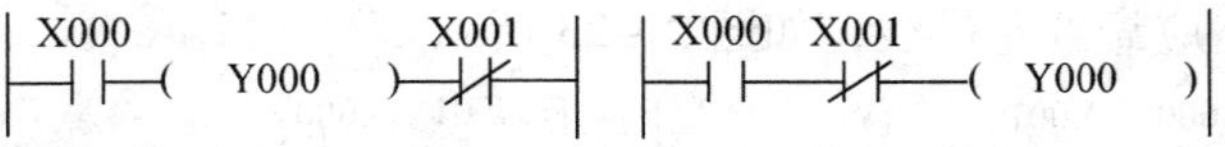

(a) 不正确　　　　　　　　　　　(b) 正确

图 9-17　左母线为准，触点在左，线圈在右

③ 线圈一般不能直接与左母线相连，如图 9-18 所示。

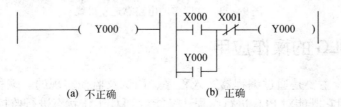

(a) 不正确　　　　　　　　　　　(b) 正确

图 9-18　左母线为准，线圈不得与其直接相连

④ 梯形图中若有多个线圈输出，线圈可并联输出，但不能串联输出，如图9-19所示。

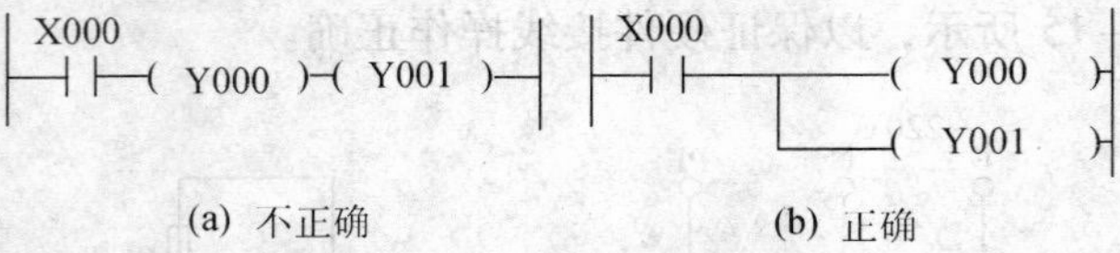

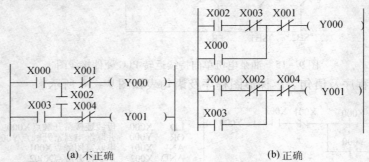

(a) 不正确　　　　　　(b) 正确

图9-19　线圈并联输出，不得串联输出

⑤ 同一程序中不能出现"双线圈输出"。所谓"双线圈输出"是指同一程序中同一编号的线圈使用两次。"双线圈输出"容易引起误操作，禁止使用，如图9-20所示。

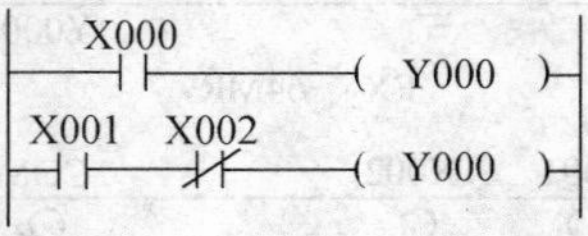

图9-20　不能双线圈输出

⑥ 梯形图中触点连接不能出现桥式连接，如图9-21所示。

(a) 不正确　　　　　　　　　　(b) 正确

图9-21　触点不能出现桥式连接

⑦ 减少程序步数，串联多的电路应尽量放在上部，如图9-22所示。

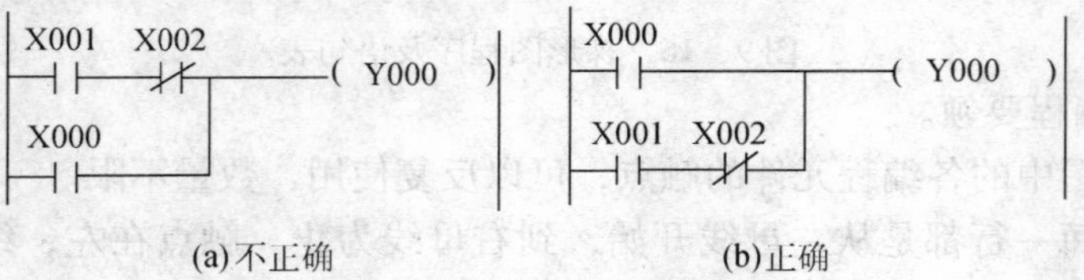

(a) 不正确　　　　　　(b) 正确

图9-22　串联多的电路减少程序步数

⑧ 并联多的电路应靠近左母线，如图9-23所示。

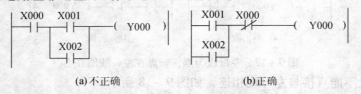

(a) 不正确　　　　　　(b) 正确

图9-23　并联多的电路靠近左母线

9.3　油库 PLC 的操作应用

操作应用 PLC 主要是通过编程器写入程序、调试及监控实现的。编程器是 PLC 必不可少的外部设备，用它既能对 PLC 进行编程，又能对 PLC 工作状态进行监控。

PLC 编程器有 3 种方式，有手持编程器编程，它只能用商家规定语句表中的语句编程。

这种方式效率低，但对于系统容量小、用量小的产品比较适宜，并且体积小，易于现场调试，造价也较低。有图形编程器编程，该编程器采用梯形图编程，方便直观，一般的电气人员短期内就可应用自如，但该编程器价格较高。有个人计算机加 PLC 软件包编程，这是效率较高的一种方式，但不易于现场调试。

9.3.1 PLC 手持编程器操作

FX 型 PLC 的简易编程器有多种，功能也有差异。以有代表性的 FX - 20P - E 简易编程器为例，介绍其结构、组成和编程操作，如图 9 - 24 所示。

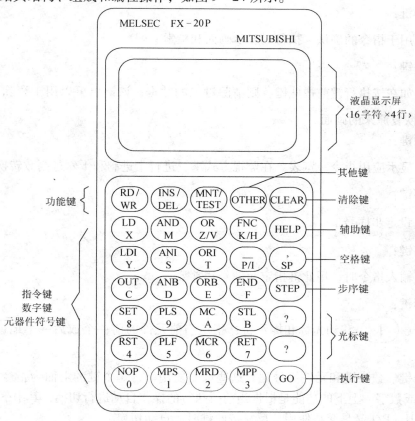

图 9 - 24　FX - 20P - E 手持编程器

（1）编程器的液晶显示屏。FX - 20P - E 简易编程器的液晶显示屏只能同时显示 4 行，每行 16 个字符，在编程操作时，显示屏上显示的内容如图 9 - 25 所示。

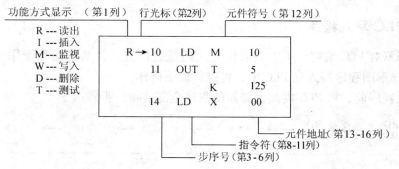

图 9 - 25　PLC 编程器液晶显示屏

（2）键盘操作。键盘由 35 个按键组成，包括功能键、指令键、元件符号键和数字键。

① 方式选择键：

(RD/WR) 读出/写入键。

(INS/DEL) 插入/删除键。

(MNT/TEST) 监视/测试键。

② 执行键：

(GO) 用于指令的确认、执行、显示画面和检索。

③ 清除键：

(CLEAR) 如在按执行键前按此键，则清除键入的数据，该键也可以用于清除显示屏上的错误信息或恢复原来的画面。

④ 帮助键：

(HELP) 显示应用指令一览表。在监视方式下，进行十进制和十六进制数转换。

⑤ 步序键：

(STEP) 设定步序号。

⑥ 空格键：

(SP) 输入指令时，用此键指定元件号和常数。

⑦ 光标键：

(↑)、(↓) 移动光标和提示符；指定当前元件的前一个或后一个地址号的元件；作行滚动。

⑧ 指令键、数字键和元件符号键。这些都是复用键，每个键的上面为指令符号，下面为元件符号或数字。上下的功能是根据当前所执行的操作自动进行切换，其中下面的元件符号 Z/V、K/H、P/I 又是交替使用，反复按此键时，自动切换。

⑨其他键：

(OTHER) 在任何状态下按此键，将显示方式项目菜单。

9.3.2　给 PLC 写入程序

利用编程器对 PLC 编程，不管是联机方式还是脱机方式，基本编程操作相同。如将图 9-16 所示的梯形图程序写入到 PLC 中，可进行如下操作。

（1）写入程序前，将 PLC 内部存储器的程序全部清除。步骤：

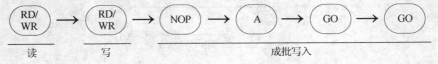

198

（2）基本指令写入。步骤：

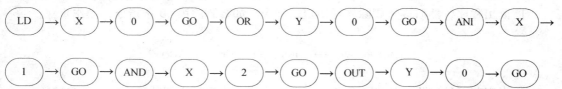

在液晶显示屏上显示如图9-26所示。

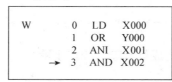

```
W       0    LD    X000
        1    OR    Y000
        2    ANI   X001
   →    3    AND   X002
```

图9-26　液晶屏显示

（3）修改。修改分输入指令确认前和输入指令确认后两种情况。当确认前输入指令 OUT　T0　K10，欲将K10改为D20。步骤：

当输入指令需确认后修改，如仍将K10改为D20。步骤：

（4）读出程序。从PLC的内存中读出程序，可以根据步序号、指令、元件及指针等几种方式读出。在联机方式时，PLC在运行状态时要读出指令，只能根据步序号读出。若PLC为停止状态时，还可以根据指令、元件以及指令读出。在联机方式中，无论PLC处于何种状态，均可用四种读出方式。

① 根据步序号读出。如要读出第10步的程序，操作步骤：

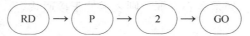

② 根据指令读出。如要读出指令 OUT　Y000，操作步骤：

③ 根据指针读出。如要读出P2的指令，操作步骤：

④ 根据元件读出。如要读出Y000的元件，操作步骤：

（5）插入程序。插入程序操作是根据步序号读出程序，在指定的位置上插入指令。如要在5步前插入指令 ANI　X004，操作步骤：

199

（6）删除程序。删除程序分为逐条删除、指定范围的删除和 NOP 式的成批删除。

① 读出程序，然后逐条删除光标指定的指令。如要删除第 10 条指令，操作步骤：

② 指定范围的删除是从指定的起始步序号到终止步序号之间的程序。操作步骤：

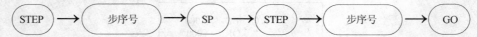

③ 将程序中所有的 NOP 一起成批删除，操作步骤：

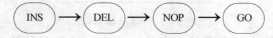

9.3.3 对 PLC 运行监控程序

监控功能可分为监视与测控。

（1）监视。是通过简易编程器的显示屏监视和确认在联机方式下 PLC 的动作和控制状态，它包括元件的监视、导通检查和动作状态的监视等内容。

（2）测控。主要是指编程器对 PLC 的位元件的触点和线圈进行强制置位和复位，以及对常数的修改。这里包括强制置位、复位，修改 T、C、Z、V 的当前值和 T、C 的设定值，文件寄存器的写入等内容。

9.3.4 三菱 PLC 手持编程器的使用技巧

（1）在断电的情况下，插拔手持编程器的连接电缆。这样既能保护 PLC 和编程器又能延长其使用寿命。

（2）强制输出。在调试 PLC 程序时，维修或改装设备时，需要用到强制输出测试。其按钮流程为：按 M/T 键切换到监控状态，然后输入要强制动作的点，如 Y10，再按 M/T 键切换到强制输出状态，然后按 SET 键则表示强制输出，按 RST 键则表示强制复位。

（3）监控 PLC 状态。其按钮流程为：按 M/T 键切换到监控状态，再按 SP 键，然后选择要监控元件，如 Y10，然后按 GO 键即可，再按上、下光标，即可查看相同类型元件的不同状态，并可显示相关信息，如是实心方框，则表示处于接通状态；如是空心方框，则表示此点没有接通。

（4）在 PLC 运行时，修改计时、计数值。其按钮流程为：按 M/T 键切换到监控状态，再按 SP 键，然后选择要监控的元件，如 T10，然后按 GO 键，再按 M/T 键切换到测试状态，然后连续按两次 SP 键，再输入要修改的数值，如 100 即可。

9.3.5 PLC 程序设计的步骤

（1）细化控制系统任务。分块的目的就是把一个复杂的工程，分解成多个比较简单的小任务。这样就把一个复杂的大问题化为多个简单的小问题，这样可便于编制程序。

（2）对复杂控制系统，先编制控制系统的逻辑关系图。从逻辑关系图上，可以反映出某一逻辑关系的结果是什么。这个逻辑关系可以是以各个控制活动顺序为基准，也可能是以整个活动的时间节拍为基准。逻辑关系图反映了控制过程中控制作用与被控对象的活动，也反映了输入与输出的关系。

（3）绘制控制系统的电路图。绘制电路的目的是把系统的输入输出所设计的地址和名称联系起来。在绘制 PLC 的输入电路时，要考虑到信号的连接点是否与命名一致、输入端的电压和电流是否合适、在特殊条件下运行的可靠性与稳定条件等问题，还要考虑能否把高压引导到 PLC 的输入端。在绘制 PLC 的输出电路时，要考虑到输出信号的连接点是否与命名一致、PLC 输出模块的带负载能力和耐电压能力，还要考虑到电源的输出功率和极性问题。在整个电路的绘制中，还要考虑设计的原则，提高其稳定性和可靠性。虽然用 PLC 进行控制方便、灵活。但在电路的设计上仍需谨慎、全面。绘制电路图时要考虑周全，何处该装按钮，何处该装开关，都要一丝不苟。

（4）编制 PLC 程序并进行模拟调试。在绘制完电路图之后，就可以着手编制 PLC 程序了。在编程时除了要注意程序正确、可靠之外，还要考虑程序要简捷、省时、便于阅读、便于修改。编好一个程序块要进行模拟实验，这样便于查找问题，便于及时修改，最好不要整个程序完成后一起调试。

（5）现场调试。现场调试是整个控制系统完成的重要环节。任何程序的设计很难说不经过现场调试就能使用的。只有通过现场调试才能发现控制回路和控制程序不能满足系统要求之处；只有通过现场调试才能发现控制电路和控制程序发生矛盾之处；只有进行现场调试才能最后实地测试和最后调整控制电路和控制程序，以适应控制系统的要求。

（6）编写技术文件。经过现场调试以后，控制电路和控制程序基本被确定了。这时就要全面整理技术文件，包括整理电路图、PLC 程序、使用说明及帮助文件等。

9.4　油库 PLC 定量发油系统

目前国内油库基本都采用 PLC 控制的嵌入式发油系统。PLC 具有性能可靠．不受外界环境的影响，特别适用于北方寒冷地区，自诊断能力强，易于开发和维护等特点，得到广大用户青睐。以下简单介绍一种常见 PLC 自控发油系统。

9.4.1　PLC 自控发油系统结构

如图 9-27 所示，系统由上位机、PLC 柜、操作器、现场人工联动按钮、防静电溢油装置等一次仪表组成。

PLC 发油系统的主要功能如图 9-28 所示。

（1）上位机主要功能。开票、提货单管理等。

（2）PLC 主要功能。对提货单的存储和验证管理、交易记录的产生、数据采集、过程控制以及上位机数据交换等。

（3）操作器主要功能。提货单的输入、操作器参数的设置和数据显示等。现场启停按钮、防静电溢油装置等一次仪表与 PLC 连锁、达到安全控制的目的。

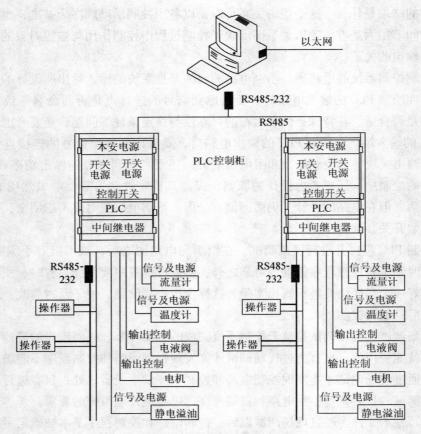

图 9 - 27　PLC 发油系统结构图

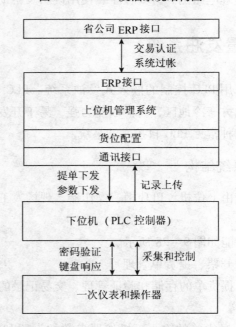

图 9 - 28　PLC 发油系统功能图

9.4.2　PLC 发油系统的发油流速控制

如图 9 - 29 所示，为 PLC 发油系统对灌装过程流速的控制示意图。按下开始灌装按钮，系统通过一次仪表检测静电接地与等电位连接情况，接地良好则开始灌装。灌装过程分为以下几个步骤：

① 系统启动泵，缓慢打开电动阀门，到 t_1 时刻流速达到 u_1；
② 加快开阀速度，到 t_2 时刻流速达到设定的最大流速；
③ 在最大流速下灌装到 t_3 时刻，此时累积流量达到提货量前的某一规定值；
④ 关小阀门开度，到 t_4 时刻使流速减小到 u_2；
⑤ 在 u_2 下恒速灌装使累计流量接近提货单规定量，快速停泵关阀。

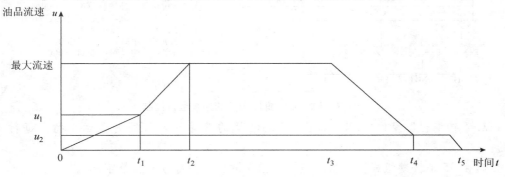

图 9 - 29　PLC 对发油流速的控制示意图

防静电溢油装置自动检测汽车槽车与鹤管静电等电位连接情况，如果静电接地电阻超出临界值系统，就会报警，中断灌装过程；同时检测槽车液位，防止槽车发生溢油事故，确保灌装过程安全可靠。

油库定量发油系统采用 PLC 大大提高油库的自动化程度，具有汽车灌装过程安全可靠，灌装精度高等特点。

本 章 小 结

油库 PLC 概述：PLC，可编程序控制器（Programmable Logic Controller），PLC 在油库应用中，其组态软件具有的动画显示、流程控制、数据采集、设备控制与输出、工程报表、数据与曲线等强大功能，在自动控制中具有重要的位置，已成为油库自动化的灵魂。

油库继电器控制和 PLC 控制的比较：继电器控制为接线程序硬件控制方式，它的控制逻辑就在接线之中，若需修改控制要求必须改变接线，PLC 控制为存储程序软件控制方式。控制程序放在存储器中，通过修改程序来改变控制，无需改变接线，控制灵活，无触点，可靠性高，已成为工业自动化的标准设备。

PLC 的结构和工作方式：PLC 硬件系统结构由主机、输入/输出接口、电源、编程器、扩展接口和外部设备接口等几个主要部分构成。

PLC 采用"顺序扫描、不断循环"的方式进行工作。

PLC 的主要功能：用 PLC 取代传统的继电接触器进行逻辑控制。用 PLC 的定时/计数指令来实现定时和计数控制，用步进指令实现一道工序完成后，再进行下一道工序操作的控制。

PLC 的基本指令：由 17 条构成 PLC 的基本指令。

油库注油机 PLC 的点动控制见图 9 – 30 所示。

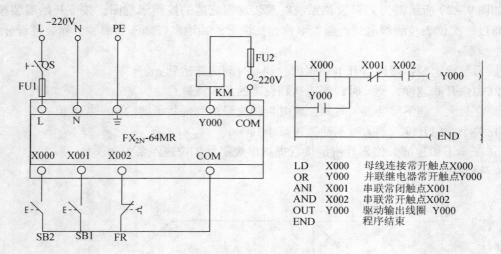

LD X000   母线连接常开触点 X000
OR Y000   并联继电器常开触点 Y000
ANI X001   串联常闭触点 X001
AND X002   串联常开触点 X002
OUT Y000   驱动输出线圈 Y000
END   程序结束

图 9 – 30   油库油泵 PLC 的连续运行控制

PLC 手持编程器操作：FX – 20P – E 编程器的液晶显示屏同时显示 4 行，每行 16 个字符。

键盘由 35 个按键组成，包括功能键、指令键、元件符号键和数字键。

PLC 写入程序操作：写入程序前，将 PLC 内部存储器的程序全部清除；写入基本指令；修改程序；读出程序；插入程序；删除程序。

对 PLC 运行监控程序：通过编程器的显示屏监视和确认在联机方式下 PLC 的动作和控制状态。编程器对 PLC 的位元件的触点和线圈进行强制置位和复位，以及对常数的修改。

PLC 程序设计的步骤：细化控制系统任务；对复杂控制系统，先编制控制系统的逻辑关系图；绘制控制系统的电路图；编制 PLC 程序并进行模拟调试；现场调试；编写技术文件。

习　　题

一、选择题

1. 第一台 PLC 产生的时间是（　　　）。

A. 1967 年　　　　　　B. 1968 年　　　　　　C. 1969 年　　　　　　D. 1970 年

2. PLC 控制系统能取代继电器－接触器控制系统的部分是（　　　）。

A. 整体　　　　　　B. 主电路　　　　　　C. 接触器　　　　　　D. 控制电路

3. PLC 的核心是（　　　）。

A. CPU　　　　　　B. 存储器　　　　　　C. 输入输出部分　　　D. 接口电路

4. 用户设备需输入 PLC 的各种控制信号，通过什么将这些信号转换成中央处理器能接受和处理的信号（　　　）。

A. CPU　　　　　　B. 输出接口电路　　C. 输入接口电路　　　D. 存储器

5. PLC 每次扫描用户程序之前都可执行（　　　）。

A. 与编程器等通信 B. 自诊断　　　　　　C. 输入取样　　　　　D. 输出刷新

6. 在 PLC 中，可以通过编程器修改或增删的是(　　)。

A. 系统程序　　　　B. 用户程序　　　　C. 工作程序　　　　D. 任何程序

7. PLC 的存储容量实际是指什么的内存容量(　　)。

A. 系统存储器　　　B. 用户存储器　　　C. 所有存储器　　　D. ROM 存储器

8. FX_{2N} 系列 PLC 的 X/Y 编号是采用什么进制(　　)。

A. 二进制　　　　　B. 十进制　　　　　C. 八进制　　　　　D. 十六进制

9. FX_{2N} 的初始化脉冲继电器是(　　)。

A. M8000　　　　　B. M8001　　　　　C. M8002　　　　　D. M8004

10. FX_{2N} 系列 PLC 的定时器 T 编号是采用什么进制(　　)。

A. 二进制　　　　　B. 十进制　　　　　C. 八进制　　　　　D. 十六进制

11. FX_{2N} 系列 PLC 中，S 表示什么继电器(　　)。

A. 状态　　　　　　B. 辅助　　　　　　C. 特殊　　　　　　D. 时间

12. 动断触头与左母线相连接的指令是(　　)。

A. LDI　　　　　　B. LD　　　　　　　C. AND　　　　　　D. OUT

13. 线圈驱动指令 OUT 不能驱动哪个软元件(　　)。

A. X　　　　　　　B. Y　　　　　　　C. T　　　　　　　D. C

14. 有一 PLC 控制系统，已占用了 16 个输入点和 8 个输出点，请问合理的 PLC 型号是哪一项(　　)。

A. $FX_{2N}-16MR$　　B. $FX_{2N}-32MR$　　C. $FX_{2N}-48MR$　　D. $FX_{2N}-64MR$

15. 单个动合触点与前面的触点进行串联连接的指令是(　　)。

A. AND　　　　　　B. OR　　　　　　　C. ANI　　　　　　D. ORI

16. 下述语句表程序对应的正确梯形图是哪一项？(　　)。

```
0    LDI    X000
1    AND    X001
2    OUT    M0
3    OUT    Y000
```

17. 单个动断触点与前面的触点进行并联连接的指令是(　　)。

A. AND　　　　　　B. OR　　　　　　　C. ANI　　　　　　D. ORI

18. 表示逻辑块与逻辑块之间并联的指令是(　　)。

A. AND　　　　　　B. ANB　　　　　　C. OR　　　　　　　D. ORB

19. 输出继电器的动合触点在逻辑运行中可以使用多少次(　　)。

A. 1 次　　　　　　B. 10 次　　　　　　C. 100 次　　　　　　D. 无限次

20. 在正反转控制电路中，如果存在交流接触器同时动作会造成电气故障时，应增加什么解决办法?(　　)

A. 按钮互锁　　　　　　　　　　　　B. 内部输出继电器互锁

C. 内部输入继电器互锁　　　　　　　D. 内部辅助继电器互锁

21. 表示逻辑块与逻辑块之间串联的指令是(　　)。

A. AND　　　　　　B. ANB　　　　　　C. OR　　　　　　D. ORB

22. 集中使用 ORB 指令的次数不超过多少次?(　　)

A. 5　　　　　　B. 7　　　　　　C. 8　　　　　　D. 10

23. FX$_{2N}$系列 PLC 中通用定时器的编号为(　　)。

A. TO – T256　　B. TO – T245　　C. T1 – T256 八进制　　D. T1 – T245

24. 主控指令 MC、MCR 可嵌套使用，最大可编写多少级?(　　)

A. 3　　　　　　B. 7　　　　　　C. 8　　　　　　D. 10

25. 主控指令嵌套级 N 的编号顺序是(　　)。

A. 从大到小　　　B. 从小到大　　　C. 随机嵌套　　　D. 同一数码

26. 根据下列梯形程序语句表程序正确的是(　　)。

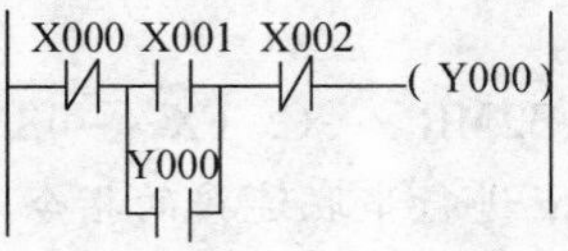

A	B	C	D
0 LDI X001	0 LDI X000	0 LDI X001	0 LDI X001
1 OR X000	1 LD X001	1 AND X000	1 OR X000
2 OR Y000	2 OR Y000	2 ADN Y000	2 OR Y000
3 ANI X002	2 ANB	3 ANI X002	3 ANB
4 OUT Y000	4 ANI X002	4 OUT Y000	4 ANI X002
	5 OUT Y000		5 OUT Y000

27. 主控指令返回时的顺序是(　　)。

A. 从大到小　　　B. 从小到大　　　C. 随机嵌套　　　D. 同一数码

28. 下列梯形图中能实现互锁功能的是(　　)。

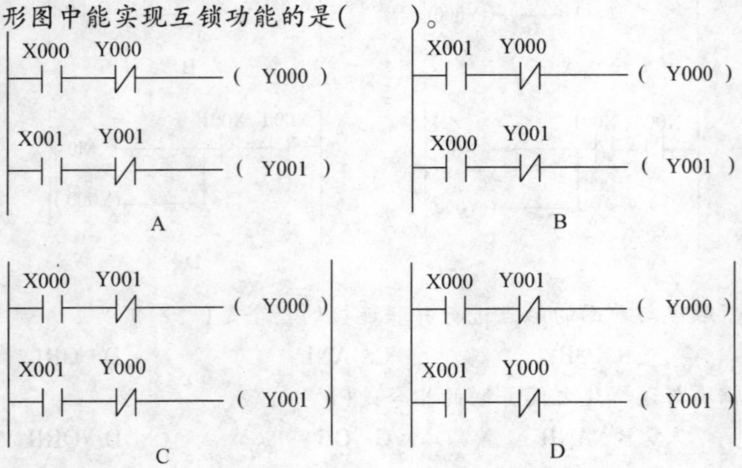

29. SET 指令不能输出控制的继电器是(　　)。

A. Y　　　　　　　　B. D　　　　　　　　C. M　　　　　　　　D. S

30. PLC 程序中，手动程序和自动程序需要(　　)。

A. 自锁　　　　　　B. 互锁　　　　　　C. 保持　　　　　　D. 联动

31. 下列语句表程序对应的正确梯形图是哪一项(　　)。

```
0  LDI  X001      5  LD   X005
1  AND  X000      6  AND  X006
2  OR   X003      7  ORB
3  ANI  X002      8  OUT  Y000
4  AND  X004      9  OUT  M0
```

32. 通用与断电保持计数器的区别是(　　)。

A. 通用计数器在停电后能保持原有状态，断电保持计数器不能保持原状态。

B. 断电保持计数器在停电后能保持原有状态，通用计数器不能保持原状态。

C. 通用计数器和断电保持计数器都能在停电后能保持原有状态。

D. 通用计数器和断电保持计数器都不能在停电后能保持原有状态。

33. 在步进梯形图中，不同状态之间输出继电器可以使用多少次？(　　)。

A. 1　　　　　　　　B. 2　　　　　　　　C. 10　　　　　　　　D. 无数

34. 三菱 FX 系列 PLC 并联链接，可通过使用 RS－485 功能板或 RS－485 特殊适配器，在 PLC 的基本单元之间以并联方式进行数据传送，从站应驱动(　　)特殊辅助继电器。

A. M8070　　　　　B. M8071　　　　　C. M8072　　　　　D. M8073

35. 根据下列梯形图，以下选项中语句表程序正确的是(　　)。

A. L0 X000　　　　B. LD1 X000　　　　C. LD1 X000　　　　D. LD1 X000

OUT Y000	OUT Y000	OUT Y000	OUT Y000
MPS	MPS	MPS	MPP
AND X002	AND X002	AND X002	AND X002
OUT Y001	OUT Y001	OUT Y001	OUT Y11
MPP	MRD	MPP	MPP
AND X003	AND X003	AND X003	AND X003
OUT Y002	OUT Y002	OUT Y002	OUT Y002

二、简答题

1. 可编程有哪些特点?
2. 简述 PLC 的工作原理。
3. PLC 的软件有哪几部分组成?
4. 定时器 T100 与 T200 有哪些区别?
5. 指令 END 有几个作用或用途?
6. 扩展单元与扩展模块有何异同?
7. PLC 的硬件有哪几部分组成?
8. PLC 的输出接口电路有哪些形式?各有什么特点?

第10章 油库变频调速技术

油库应用变频调速技术实现节能或间接节能，通过对生产过程的自动控制，合理利用能源，保证生产质量，提高劳动生产率，确保安全生产。在原油及成品油集输生产中，通过变频器调节离心泵频率的高低，从而调节泵的转速，进而达到调节工艺参数的目的，满足生产的需要，节能效果达 18% ~ 30%。还解决了储运生产中因工况不稳定而出现的跑油、冒油、甩龙等问题，防止了憋压事故的发生。

本章学习变频器的基本概念、原理、结构和操作等基础知识，学习如何由负载选变频器、怎样安装变频器、变频器如何安全接地、变频器怎样与 PLC 连接、计算机和变频器又如何连接以及变频器电源和电机怎样连接等基本应用能力。为学会使用变频器、掌握变频调速技术奠定基础。

10.1 油库变频器的基础知识

油库泵房变频调速装置示意图见图 10 - 1 所示。

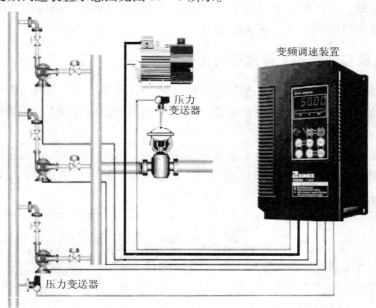

图 10 - 1 油库泵房变频调速装置示意图

10.1.1 油库变频器的概念

（1）变频器定义。变频器是利用电力半导体器件的通断作用，将工频电源变换为另一频率电源的控制装置。

（2）变频器的结构。主要由整流（交流变直流）、滤波、逆变（直流变交流）、制动单元、驱动单元、检测单元、微处理单元等组成。

（3）变频器的特点。平滑软启动，降低启动冲击电流，减少变压器占有量，确保电机安全。在机械允许的情况下可通过提高变频器的输出频率提高工作速度。无级调速，使调速精度大大提高。电机正反向无需通过接触器切换，非常方便接入通讯网络控制，实现生产自动化控制。

（4）变频器的分类。按直流电源的性质分为电流型和电压型。按输出电压调节方式分为PAM方式和PWM方式及调载波频率的PWM方式。按控制方式分为U/f控制和转差频率控制及矢量控制。

（5）变频器的工作原理。变频器是把工频电源50Hz或60Hz变换成各种频率的交流电源，以实现电机变速运行的设备，其中控制电路完成对主电路的控制，整流电路将交流电变换成直流电，直流中间电路对整流电路的输出进行平滑滤波，逆变电路将直流电路再逆变成不同频率的交流电。交流电动机同步转速的表达式：

$$n_0 = (1 - s) \times \frac{60f}{P}$$

$$\Delta n = n_0 - n$$

$$s = \frac{\Delta n}{n}$$

式中，f为电流的频率；P为磁极对数；n为转子转速。

由表达式可知，同步转速n与频率f成正比，只要改变频率f即可改变电机转速，变频器就是通过改变电机电源频率实现速度调节的。

10.1.2 变压器和变频器工作原理的比较

（1）变压器。其工作原理只是改变电压和电流，而频率不变。如图10－2（a）所示，把电压380V、电流8.4A、频率50Hz的电能，通过变压器变成电压36V、电流88A、频率还是50Hz的电能。

（2）变频器。其工作原理是除了改变电压和电流，还改变频率。如图10－2（b）所示，把电压380V、电流8.4A、频率50Hz的电能，通过变频器把电压变成40V、电流变成79.5A和频率变成5Hz。

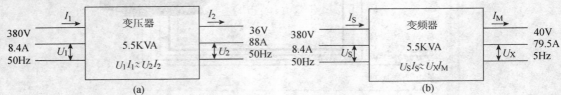

图10－2　变压器与变频器的工作原理比较

10.1.3 变频器的内部控制框图

如图10－3所示。

（1）控制通道。包括用于近距离、基本控制的面板①；用于远距离、多功能控制的外接控制端子②和③；用于多电机、系统控制的通讯接口。

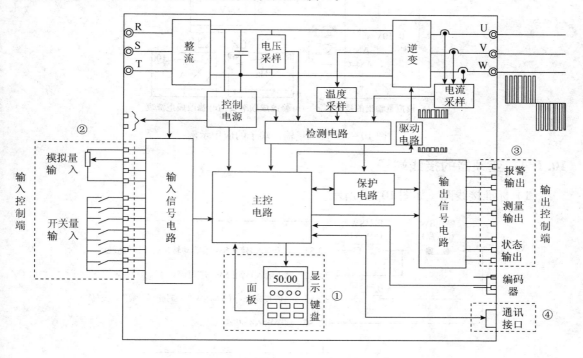

图 10-3　变频器的内部控制框图

（2）外接控制端子。从外部输入模拟量信号的端子称为模拟量输入端，其输入信号类型有电流信号（0～20mA、4～20mA）和电压信号（0～10V、-10～10V）等。主要功能是主给定信号，用于频率给定，PID 控制等，辅助给定信号，用于叠加到主给定信号的附加信号。

接受外部输入的各种开关量输入信号的端子称为开关量输入端，主要功能是对变频器的工作状态和输出频率进行控制。如图 10-4 所示为两种输入端子外接频率给定。

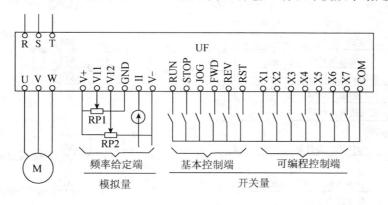

图 10-4　外接频率给定示例

（3）外接输出控制端。包括当变频器因故而跳闸时，报警输出端将动作的报警输出端和向外接仪表提供与运行参数成正比的如电流、电压、频率等测量信号的输出控制端，如图 10-5 所示。

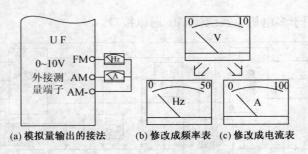

(a) 模拟量输出的接法　(b) 修改成频率表　(c) 修改成电流表

图 10－5　模拟量输出端子的应用示例

10.1.4　变频器的接线端子

（1）标准接线图。如图 10－6 所示。

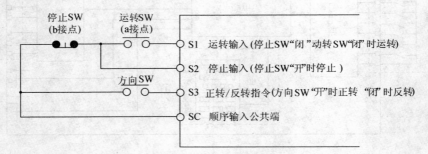

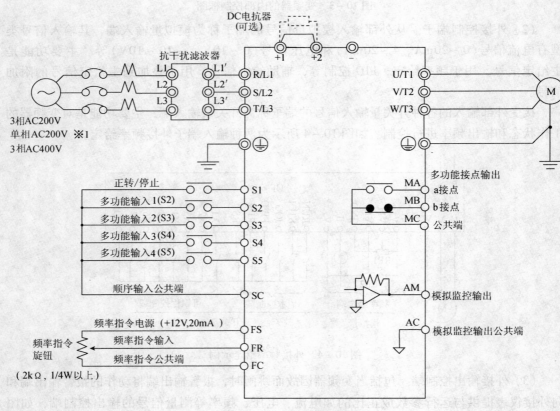

图 10－6　变频器标准接线图

（2）端子的位置。如图 10-7 所示。

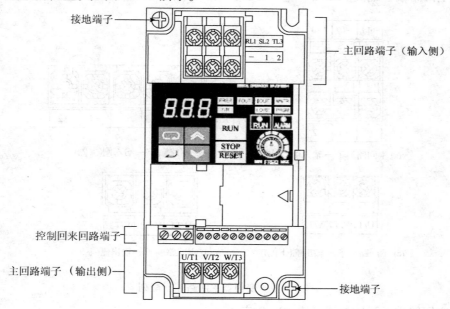

接地端子

主回路端子（输入侧）

控制回来回路端子

主回路端子（输出侧）

U/T1　V/T2　W/T3

接地端子

图 10-7　变频器端子位置

（3）控制回路端子的配列。如图 10-8 所示。

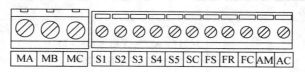

图 10-8　控制回路端子位置

（4）控制回路端子说明。端子说明见表 10-1。

表 10-1　控制回路端子说明

记号		名　　称	功　　能	规　　格
输入	S1	正转/停止	ON 为正转、OFF 为停止	光耦合器 DC +24V　8mA ※2
	S2	多功能输入 1（S2）	在 n36 设定（反转/停止）	
	S3	多功能输入 2（S3）	在 n37 设定（外部异常：a 接点）	
	S4	多功能输入 3（S4）	在 n38 设定（异常复位）	
	S5	多功能输入 4（S5）	在 n39 设定（多段速指令 1）	
	SC	顺序输入公共端	S1～S5 用公共端	DC +12V　20mA
	FS	频率指令电源	频率指令用 DC 电源	
	FR	频率指令输入	频率指令用输入端子	DC0～ +10V （输入电阻　20kΩ）
	FC	频率指令公共端	频率指令用公共端	
输出	MA	多功能接点输出（a 接点）	在 n40 设定（运转中）	继电器输出 DC +30V1A 以下 AC250V1A 以下
	MB	多功能接点输出（b 接点）		
	MC	多功能接点输出公共端	MA、MB 用公共端	
	AM	模拟监控器输出	在 n44 设定（输出频率）	DC0～ +10V　2mA 以下
	AC	模拟监控器输出公共端	AM 用公共端	

（5）主回路端子配列。如图 10 - 9 所示。

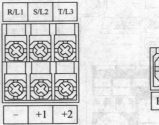 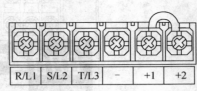

(a) 主回路端子—输入侧(上侧)　　　(b) 主回路端子—输入侧(上侧)

(c) 主回路端子—输出侧(下侧)　　　(d) 主回路端子—输出侧(下侧)

图 10 - 9　变频器主回路端子配列

（6）主回路端子说明。通过表 10 - 2 表述。

表 10 - 2　主回路端子说明

记号	名　　称	内　　容
R/L1		3G3JV – A2□：3 相 AC200 ~ 230V
S/L2	电源输入端子	3G3JV – AB□：单相 AC200 ~ 240V
		3G3JV – A4□：3 相 AC380 ~ 460V
T/L3		※单相输入连接至 R/L1，S/L2 的 2 端子
U/T1		驱动电机的 3 相电源输出。
V/T2	电机输出端子	3G3JV – A2□：3 相 AC200 ~ 230V
		3G3JV – AB□：3 相 AC200 ~ 240V
W/T3		3G3JV – A4□：3 相 AC380 ~ 460V
+1	+1←→+2 间： 直流电抗器，连接端子	连接抑制高谐波用直流电抗器时，连接在 +1←→+2 端子间。
+2	+1←→– 间： 直流电源输入端子	用直流电源驱动时，在 +1←→– 间输入直流电源。
–		（+1 端子为正极）
⏚	接地端子	必须按以下方式接地。 3G3JV – A2□：第 3 类接地（接地电阻 100Ω 以下） 3G3JV – AB□：第 3 类接地（接地电阻 100Ω 以下） 3G3JV – A4□：特别第 3 类接地（接地电阻 10Ω 以下），对应 EC 指令时，连接与电源中性点 ※与电机机柜地线直接配线。

（7）操作面板数字操作器各部分说明。变频器操作面板见表 10 - 3。

表 10 - 3　数字操作器各部分功能说明

操作键	名　称	功　能
8.8.8.	数据显示	显示频率指令值、输出频率值及参数常数设定值等相关数据
(旋钮) min max FREQUENCY	频率指令旋钮	通过旋钮设定频率时使用 旋钮的设定范围可在 0Hz ~ 最高频率之间变动
FREF	频率指令	LED 灯亮时，可以设定或监控频率指令
FOUT	输出频率	LED 灯亮时，可以监控变频器的输出频率
IOUT	输出电流	LED 灯亮时，可以监控变频器的输出电流
MNTR	多功能监控	LED 灯亮时，可以对照 U01 ~ U10 的监控值
F/R	正转/反转选择	LED 灯亮时，可以选择用 RUN 键控制运转时的运转方向
LO/RE	本地/远程选择	LED 灯亮时，从数字操作器的操作切换成按照已设定好的参数进行常数操作 ※变频器运转中，只能进行对照 另外，当此 LED 灯亮时，即使输入运转指令也不会被执行
PRGM	参数常数设定	LED 灯亮时，可以设定/对照 n01 ~ n79 的参数常数 ※变频器运转中，只能执行部分对照及设定值变更 另外，当此 LED 灯亮时，即使输入运转指令也不会被执行
(状态键符号)	状态键	简易 LED（设定/监控 LED）按顺序切换 在参数常数设定过程中按此键为跳过功能
∧	增加键	增加多功能监控No的数值、参数常数No的数值、参数常数的设定值
∨	减少键	减少多功能监控No的数值、参数常数No的数值、参数常数的设定值
↵	输入键	多功能监控No、参数常数No及内部数据值的切换 另外，要确认变更后的参数常数设定值时按此键
RUN	RUN 键	启动变频器（仅限于用数字操作器选择操作/运转时）
STOP RESET	STOP/RESET 键	使变频器停止运转（但参数 n06 设定为【STOP 键无效】时不停止） ※变频器发生异常时可作为复位键使用

※为了安全起见，输入运转指令（正转/反转）时，复位功能不起作用。应将运转指令 OFF 后再进行操作

215

10.1.5 变频器的面板操作

变频器的面板操作见图 10 - 10 所示。

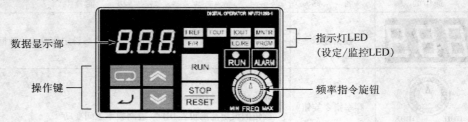

图 10 - 10 变频器面板位置示意图

（1）指示灯的切换。

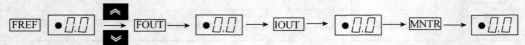

（2）频率指令的设定。

（3）多功能频率指令的设定。

（4）正转/反转选择设定。

（5）本地/远程选择设定。

（6）参数常数的设定。

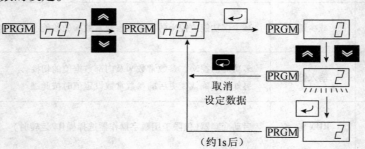

10.1.6 变频器的运行操作

（1）电源接入：

先确认电源电压正确、电源输入端口（R/L1，S/L2，T/L3）正确连线。

3G3JV – A2□：3 相 AC200～230V；

3G3JV – AB□：单相 AC200～240V（连到 R/L1，S/L2）；

3G3JV – A4□：3 相 AC380～460V。

确认电机的输出端口（U/T1，V/T2，W/T3）和电机相连。确认控制电路端口和控制装置相连、而且所有控制端口均处于关闭状态，使电机处于与机械系统不相连的空载状态，待上述各项均达到要求后再接入电源。

（2）显示状态的确认：

接入电源后的正常运行状态显示（RUN）：闪亮；

警报状态（ALARM）：灯灭；

简易 LED（设定/监视 LED）：（FREF）、（FOUT）、（IOUT）中有灯亮；

数据显示部分：显示简易 LED（设定/监视 LED）的内容。

异常时运行状态显示（RUN）：闪亮；

警报状态（ALARM）：灯亮（检出异常）或闪亮（发出警告）；

简易 LED（设定/监视 LED）：（FREF）、（FOUT）、（IOUT）中有灯亮；

数据显示部分：显示出"Uv1"等异常代码（异常内容也不一样）。

（3）参数初始化、通过将参数 n01 定为"8"，来对参数进行初始化设置。

键操作	LED 显示	数据显示示例	说　明
	FREF	0.0	（接入电源时的显示）
↩	PRGM	n01	PRGM 灯亮之前，一直按住模式(mode)键不放
↵	PRGM	1	请摁回车键，显示 n01 的设定内容
⋀ ⋁	PRGM	8	操作增进键和后退键，使之设定为"8"，此时，表示部分闪亮
↵	PRGM	8	摁回车键，确定设定值，此时显示部分灯亮
	PRGM	1	完成对 n01 内容的初始化设置，设定内容由"8"到"1"变化
（约1s钟后）	PRGM	n01	约1s后，回到显示参数 NO.

（4）参数设定：按电机铭牌所标数值设定额定电流，检出超载（OL1）的电子热敏中要用到本参数，设定范围在 0.0～变频器额定输出电流的 120%（A）。正确设置本参数，每个变频器完成最大适用电机容量的一般额定电流的初始设定，设为"0.0"时，电机过载运行检出功能（OL1）无效，可使电机即使过载运行也不会烧毁。

键操作	LED 显示	数据显示示例	说　明
	PRGM	n01	（显示参数 No.）
⋀ ⋁	PRGM	n32	操作增进键和后退键，使之显示为"n32"
↵	PRGM	19	按回车键，显示 n01 的设定内容
⋀ ⋁	PRGM	18	操作增进键和后退键，设定所使用马达的额定电流，此时，表示部分闪亮
↵	PRGM	18	按回车键，确定设定值，此时显示部分灯亮
（约1s后）	PRGM	n32	约1s后，返回到表示参数 No.

217

(5) 空载运行。电机在不接系统设备时设定数值，确认频率指令旋钮在【min】的一侧。

键操作	LED显示	数据显示示例	说　　明
↵	FREF	0.0	按回车键，使FREF灯亮 （频率指令监视）
RUN	FREF	0.0	按 RUN键 运转显示(RUN)灯亮
MIN　MAX FREQUENCY	FREF	10.0	缓慢转动频率指令旋钮 频率指令的监视值以数据的形式显示出来 马达以指定的频率开始正转
↵	F/R	For	按模式键，使 F/R 灯亮 屏幕显示为"For"
≪　≫	F/R	rEu	按增进键或回退键，则马达以相反的运转方向动转 （按键后，屏幕表示改变时，运转方向也开始改变。）

旋动频率指令旋钮，确定电机无振动和异响，确认运转过程中变频器没有异常。空载状态下的正转/反转运行结束后，按 STOP/RESET 键，电机停止。

(6) 负载运行：确认电机在空载状态下运行正常后，将其连接到设备上进行负载运转。操作前，要确认频率指令旋钮在【min】的一侧。进行数据控制台的正/反转操作时，在确认电机已经完全停止后，将其连接到设备上。进行数据控制台的操作时，要确保万一发生异常时能迅速按到数据控制台的 STOP/RESET 键，与空载运转一样，通过数据控制台的操作来运转设备，还需将频率设定为实际运转速度的1/10速度时的频率。对运行状态的确认，首先在低速运行的条件下确认设备的运转方向是否正确、设备是否平滑运转，然后再逐步增大频率。在确认设备无振动和异音时，才可改变频率和运转方向。最后确认输出电流（IOUT）或多功能监视的 U03 值是否过大。

10.2　变频器在油库中的应用

图 10-11 为油库中变频器的应用图。

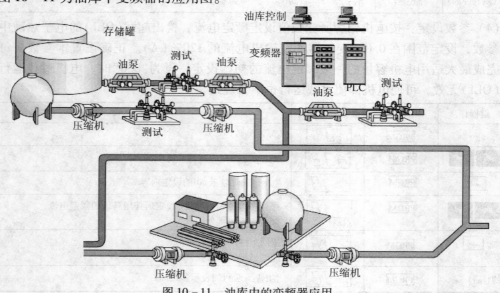

图 10-11　油库中的变频器应用

10.2.1 由负载选择变频器

转动机械负载可分为恒转矩负载、恒功率负载、二次方律负载三大类型，油库中可变速生产设备的负载性质主要是二次方律负载，也有少量恒转矩和恒功率负载。变频器类型选择的基本原则是根据负载的类型来选择变频器类型和容量。

(1) 根据负载类型选择变频器类型。风机和泵类负载属于二次方律负载。这类负载在过载能力方面要求较低，由于负载转矩与速度的平方成正比($T_L \propto n^2$)，所以低速运行时负载较轻，又因为这类负载对转速精度没有什么要求，故选型时通常以价廉为主要原则。选型时可选 U/f 控制方式的变频器，如果用变频器实现恒转矩调速，就要采用具有恒转矩控制功能的变频器，还须加大电动机和变频器的容量，以提高低速转矩。对转矩与转速成反比的恒功率负载，由于没有恒功率特性的变频器，一般依靠 U/f 控制方式来实现恒功率。

(2) 根据负载调速精度和动态指标的要求选择变频器类型。对于调速精度和动态性能指标都有较高要求以及要求高精度同步运行的，可采用带速度反馈的矢量控制方式的变频器。如果控制系统采用闭环控制，可选用能够四象限运行、U/f 控制方式、具有恒转矩功能型矢量控制的高性能通用变频器，还能降低调节器控制算法的难度。

(3) 选择变频器容量的基本原则。以电机的额定电流和负载特性为依据选择通用变频器的额定容量。通用变频器的额定容量各个生产厂家的定义有差异，通常以过载能力如125%、持续1min为标准确定额定允许输出电流或以150%、持续1min为标准确定额定允许输出电流。通用变频器的容量多数是以千瓦数及相应的额定电流标注的。

① 一般风机、泵类负载不宜在低于15Hz以下运行，如果确实需要在15Hz以下长期运行，需考虑电机的容许温升，必要时应采用外置强迫风冷措施，即在电机附近外加一个适当功率的风扇对电机进行强制冷却，或拆除电动机本身的冷却扇叶，利用原扇罩固定安装一台小功率轴流风机对电机进行冷却。对50Hz以上高速运行的，若超速过多，会使负载电流迅速增大，导致烧毁设备，使用时应设定上限频率，限制最高运行频率。

② 对于恒转矩负载，转矩基本上与转速无关，当负载调速运行到15Hz以下时，电动机的输出转矩会下降，电动机温升会增高。

③ 在恒功率负载的设备上采用通用变频器时，则在异步电动机的额定转速、机械强度和输出转矩选择上应慎重考虑。一般尽量采用变频专用电机或6、8极电机。这样在低转速时，电机的输出转矩较高。

④ 对于高温、高海拔和驱动压缩机、潜油泵的电机，选择的通用变频器容量需放大一档。通用变频器用于变极电机时，应充分注意选择变频器的容量，使电机的最大运行电流小于变频器的额定输出电流。另外，在运行中进行极数转换时，应先停止电机，防止电机空载加速，造成变频器损坏。由于变频器没有防爆性能，通用变频器用于驱动防爆电机时，应考虑将变频器设置在危险场所之外。

(4) 变频器容量的计算。按标称功率、额定电流和实际运行电流三种情况考虑。

① 按标称功率选择变频器容量只适合初步估算，在不清楚电机额定电流时，没有最后确定电机型号的情况，作为估算依据。在一般恒转矩负载应用时可以放大一级估算，如90kW电机可选110kW变频器。当按照过载能力选时可放大一倍来估算，如90kW电机可选185kW变频器。对于二次方律转矩负载，一般可直接按照标称功率作为最终选择依据，并且不必放大，如75kW风机电机就选择75kW的变频器。这是因为二次方律转矩负载的定子

电流对频率较敏感，当发现实际电机电流超过变频器额定电流时，只要将频率上限限制小一点。如将输出频率上限由50Hz降低到49Hz，最大风量大约会降低2%，最大电流则降低大约4%。这样就不会造成保护动作，而最大风量的降低却很有限，对应用影响不大。

② 按电机额定电流选择变频器容量的计算公式为：

$$I_{CN} \geq K_1 I_M$$

式中，I_{CN} 是变频器额定电流；I_M 是电动机额定电流；K_1 是电流裕量系数（取1.05~1.15），在电机持续负载率超过80%时取大值，因为多数变频器的额定电流都是以持续负载率不超过80%来确定的。起停频繁的也应考虑取大值，这是因为起动过程以及有制动电路的停止过程电流会超过额定电流，频繁起停则相当于增加了负载率。

③ 按电机实际运行电流选择变频器容量可适用的计算公式为：

$$I_{CN} \geq K_2 I_d$$

式中，K_2 是裕量系数（取1.1~1.2），在频繁起动停止时取大值；I_d 是电机实测运行电流，实测时应该针对不同工况作多次测量，取其中最大值。

④ 在多台电机并联起动且部分直接起动时变频器容量选择时，电机由变频器供电且同时起动，但部分功率较小的电机（一般小于7.5kW）直接起动，功率较大的则使用变频器实行软起动。此时，变频器的额定输出电流按下式计算：

$$I_{CN} \geq \left[N_2 I_K + (N_1 - N_2) I_n \right] / K_g$$

式中，N_1 为电动机总台数；N_2 为直接起动的电动机台数；I_K 为电动机直接起动时的堵转电流，A；I_n 为最大额定电流；K_g 为变频器容许过载倍数（取1.3~1.5）。

⑤ 当用一台变频器拖动多台电动机并联运转时，电机起动分先后，如图10-12所示。

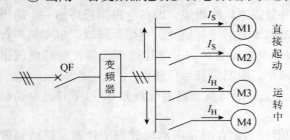

图10-12 并联时追加投入电机

此时，变频器的电压、频率已经上升，追加投入的电动机将产生较大的起动电流。因此，变频器容量与同时起动时相比需要增大一些。变频器额定输出电流 I_{CN} 可按下式计算：

$$I_{CN} = \sum_{i=1}^{N_1} K I_{Hn} + \sum_{j=1}^{N_2} K I_{Sn}$$

式中，N_1 为先起动的电动机台数；N_2 为追加投入起动的电动机台数；I_{Hn} 为先起动的电动机的额定电流，A；I_{Sn} 为追加投入电动机起动的额定电流，A；K 为修正系数（取1.05~1.10）。

10.2.2 变频器的安装

正确安装变频器是合理使用变频器的基础。了解变频器的安装环境、安装方式及安装规范。熟悉变频器的标准接线方式，按照规定接线，关乎到变频器功能的充分发挥。

（1）变频器安装使用环境要求。变频器属于精密仪器。为了确保变频器能长期、安全、稳定地工作，发挥其应有的性能，最好安装在室内，避免阳光直接照射。如果必须安装在室外，则要加装防雨、防雹、防雾和防高温、低温的装置。在我国东北地区的室外安装变频器时，还要考虑冬天的加热，若变频器是断续运行，应该用恒温装置保持恒温环境。在南方潮湿地区使用变频器，需要加装除湿器。在野外运行的变频器还要加设避雷器，以免遭雷击。要求变频器安装在牢固的墙壁上，墙面材料应为钢板或其他非易燃的坚固材料。

（2）变频器的散热。变频器的效率一般为 97%~98%，剩余部分以发热形式消耗掉。变频器工作时的散热片温度可达 90℃，故安装底板与背面必须为耐热材料，还要保证不会有杂物进入变频器，以免造成短路或更大的故障。几种常用的安装方式如图 10-13 所示。

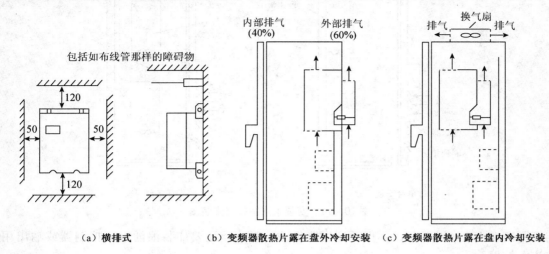

（a）横排式　　（b）变频器散热片露在盘外冷却安装　（c）变频器散热片露在盘内冷却安装

图 10-13　变频器散热的几种常用安装方式

安装于电气柜内的变频器，应注意散热，变频器的最高允许温度为 $T_i = 50℃$，当电气柜的周围温度 $T_a = 40℃$（max），则必须使柜内温升在 $T_i - T_a = 10℃$ 以下，电气柜要采用强制换气，变频器发出的热量经过电气柜内部的空气，再经柜表面自然散热，这时散热所需的电气柜有效表面积 A 计算式：

$$A = \frac{Q}{h(T_s - T_a)}$$

式中，Q 为电气柜总发热量，W；h 为传热系数（散热系数）；A 为电气柜有效散热面积，去掉靠近地面、墙壁及其他影响散热的面积，m^2；T_s 为电气柜的表面温度，℃；T_a 为周围温度，℃，一般最高时为 40℃。

设置换气扇，采用强制换气时，风扇容量和换气流量 P 都可用下式计算：

$$P = \frac{Q \times 10^{-3}}{\rho C(T_0 - T_a)}$$

式中，Q 为电气柜内总发热量，W；ρ 为空气密度，kg/m^3，50℃时 $\rho = 1.057 kg/m^3$；C 为空气的比热容，$C = 1.0 kJ/(kg \cdot K)$；P 为流量，m^3/s；T_0 为排气口的空气温度，℃，一般取 50℃。

使用强制换气时，选择电气柜下部进气、上部排气的结构，如图 10-14（a）所示。当邻近并排安装两台或多台变频器时，台与台之间必须留有足够的距离。竖排安装时，变频器间距至少 50cm，并加装隔板，增加上部变频器的散热效果，如图 10-14（b）所示。

（3）变频器与电机的安装距离。变频器与电机的安装距离分为远、中和近距离。100m 以上为远距离，20~100m 为中距离，20m 以内为近距离。远距离的连接会使电机的绕组两端产生浪涌电压，叠加的浪涌电压会使电机绕组电流增大，电机温度升高，绕组绝缘损坏。因此，变频器应尽量安装在被控电机的附近。如果变频器和电机之间的距离在 20~100m，需调整变频器的载波频率来减少谐波和干扰；当变频器和电动机之间的

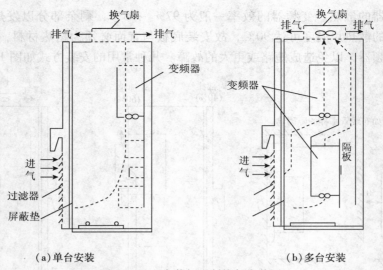

換气扇

排气 ←   → 排气

变频器

进
气

过滤器

屏蔽垫

（a）单台安装

換气扇

排气 ←   → 排气

变频器

进
气

隔板

（b）多台安装

图 10-14　安装柜强制换气安装图

连接距离在 100m 以上时，不但要适度降低载波频率，还要加装浪涌电压抑制器或输出用交流电抗器。

在集散控制系统中，变频器高频开关信号的电磁辐射会对电子控制信号产生干扰，因此，常把大型变频器放到中心控制室内，中、小容量的变频器则安装在生产现场，采用 RS485 串行通信方式连接，若要加长距离，可利用通信中继器，可达 1km。采用光纤连接器，可达 23km。采用通信电缆连接，可很方便地构成多级驱动控制系统，实现主/从和同步控制等要求，利于缩短变频器到电机之间的距离，使系统布局更加合理。

（4）变频器主电路接线。一般型号的变频器主电路接线应在电源和变频器的输入侧安装一个接地漏电保护的断路器，鉴于对变频电流比较敏感，还要加装一个断路器和交流接触器，断路器本身带有过电流保护功能，并且能自动复位，在故障条件下可以用手动来操作。交流接触器由触点输入控制，可连接变频器的故障输出和电机过热保护继电器的输出，从而在故障时使整个系统从输入侧切断电源，实现及时保护。如果交流接触器和漏电保护开关同时出现故障，断路器也能提供可靠的保护。

变频器拖动大功率电机时应在变频器和电机之间加装热继电器，如图 10-15 所示。由于选择的变频器容量往往大于电机的额定容量，当设定的保护值不佳时，变频器在电机烧毁之前可能还没来得及动作，或者变频器保护失灵时，电机就需要外部热继电器提供保护。特别是在多台电机运行或有工频/变频切换的系统中，热继电器的保护更加必要。

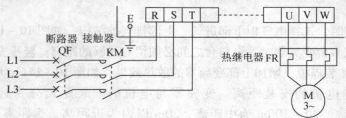

E

R S T — — — — U V W

断路器 接触器

QF   KM

L1

L2

L3

热继电器 FR

M
3~

图 10-15　电路基本接线图

当变频器与电机之间的连接线过长时，高次谐波的作用会使热继电器误动作，可在变频器与电机之间安装交流电抗器或用电流传感器配合继电器作热保护而代替热继电器。

222

（5）变频器控制电路的接线。控制信号分为模拟量、频率脉冲和开关三类信号。模拟量信号控制线主要包括输入侧的给定信号线和反馈信号线、输出侧的频率信号线和电流信号线。开关信号控制线有起动、点动、多档转速控制等控制线。控制线的选择和配置要增加抗干扰措施，触点或集电极开路输入端（与变频器内部线路隔离）的接线如图 10－16 所示。

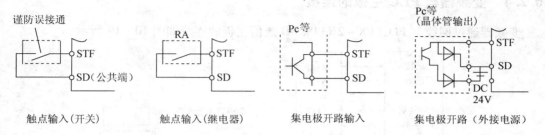

图 10－16　输入端的接线

由于模拟信号的抗干扰能力较低，因此必须使用屏蔽线。控制信号的传送采用聚氯乙烯电线、聚氯乙烯护套屏蔽电线。控制电缆导体的截面必须考虑机械强度、线路压降及铺设费用等因素，推荐使用导体截面积为 $1.25mm^2$ 或 $2mm^2$ 的电缆。如果铺设距离短，线路压降在容许值以下时，使用 $0.75mm^2$ 的电缆较为经济。变频器的控制电缆与主回路电缆或其他电力电缆分开铺设，且尽量远离主电路 100mm 以上；尽量不与主电路电缆交叉，必须交叉时，应采取垂直交叉的方式。当电缆不能分离或分离也不能有干扰时，要进行有效的屏蔽，电缆的屏蔽可利用已接地的金属管或金属通道和带屏蔽的电缆。屏蔽层靠近变频器的一端，接控制电路的公共端（COM），不要接到变频器的地端（E）或大地，屏蔽层的另一端悬空，如图 10－17 所示。信号电流、电压回路（4～20mA，0～5V 或 1～5V）应使用屏蔽的铠装线，绞合线的绞合间距应尽可能小。

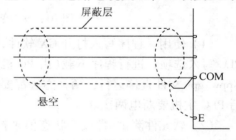

图 10－17　屏蔽线的接法

10.2.3　变频器的接地

变频器系统接地的目的是为了防止漏电及干扰的侵入或对外辐射。回路必须按电气设备技术标准和规定接地，采用牢固的接地桩。变频器的接地方式，如图 10－18 所示。对于单元型变频器，接地线可直接与变频器的接地端子连接，当变频器安装在配电柜内时，则与配电柜的接地端子或接地母线连接，不管哪一种情况，都不能经过其他装置的接地端子或接地母线，而必须直接与接地电极或接地母线连接。接地线用直径 1.6mm 以上的软铜线。

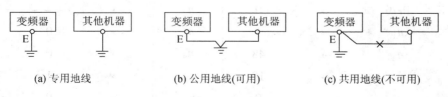

图 10－18　变频器接地方法

223

变频器控制电路的信号电压、电流回路(0～5V 或 1～5V, 4～20mA)的电线取一点接地，接地线不作为传送信号的电路使用。屏蔽电线的绝缘屏蔽层应与电线导体长度相同，避免屏蔽金属与被接地的通道金属管接触。电路接地设在变频器侧，接地端子专设，不与其他接地端公用。电线在端子箱里进行中继时，应装设屏蔽端子，并互相连接。

10.2.4 变频器与 PLC 主板的连接

变频器通过网线与 PLC(FX-2N)485BD 通信主板的连线如图 10-19 所示。

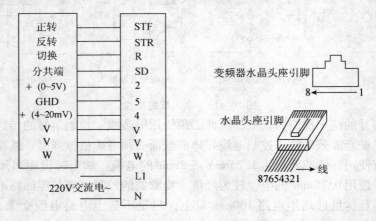

图 10-19 变频器与 PLC 主板连接示意图

(1) 使用。程序写入打开 GX 软件，调出相应的程序(bianpintontxun)选择在线菜单下的 PLC 写入选项，进行程序下载(由 PC 机进入 PLC 主机)或者找到 bianpintontxun 文件夹里的 Gppw. gps 文件直接运行，两种方法都要试一下。写入程序的对话框中三项全选，写入完毕后 PLC 主机要断电两次。

(2) 软元件测试(即改变状态值来控制电机的运行和停止及频率)。点击标准工具条上的软件测试快捷项(或选择在线菜单下调试项中的软件测试项)，进入软件测试对话框，在位软元件中的软元件键入 M70，在字软元件/缓冲存储区栏中，软元件项中键入 D80，设置值由 M70 强制 ON 控制电机转动，M70 强制 OFF 控制电机停止转动。由 D80 的设置值确定电机的转速(如 D80 = 8000 时，运行频率是 80Hz) D80 的值每改变一次点击一次设置变频器，便能马上做出响应。需要停止，让 M70 强制 OFF 便可停止，或 Pr.75→14 时，按变频器上 stop/reset 按钮便可停止。

(3) 端子的接线图。变频器与 PLC 端子接线如图 10-20 所示。

(4) 变频器参数的设置。

Pr30	→	1	n_6	→	- - -
Pr79	→	0	n_7	→	- - -
n_1	→	1	n_8	→	0
n_2	→	48	n_9	→	0
n_3	→	10	n_{10}	→	1
n_4	→	0	n_{11}	→	0
n_5	→	- - -			

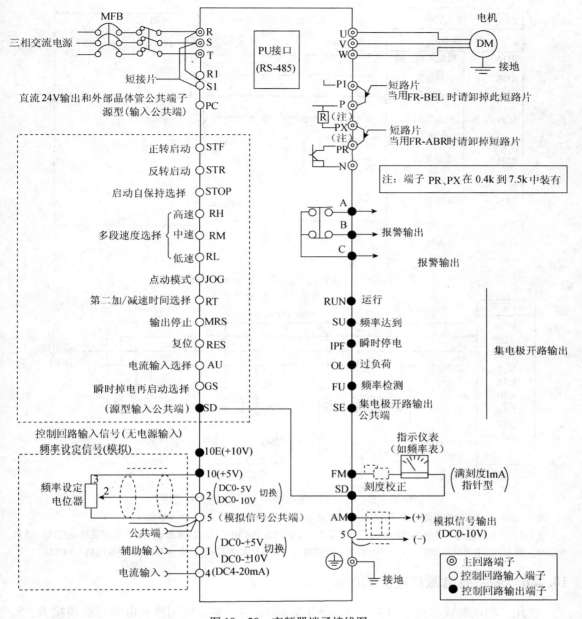

图 10-20 变频器端子接线图

其中"$n_1 \to 1$"为变频器位置为 1 号站点，"$n_2 \to 48$"为通用的速度为 4800。在改 n_1 时，要首先把 n_{10} 改成 0，然后掉电，再打开变频器通电，按 PU 键使变频器 PU 指示灯亮，然后改 n 的参数，再掉电。把参数保存入变频器，然后上电，再改 n_{10} 参数，最后上电保存参数。注意：不要改变频器的其他参数，容易出错，更不能设定变频器内最小即下限频率，使变频率不容易受电脑控制。

10.2.5 计算机和变频器的连接

（1）带有 RS-485 的计算机一台，变频器一台，如图 10-21 所示。

（2）带有 RS-485 的计算机一台，变频器 N 台，如图 10-22 所示。

225

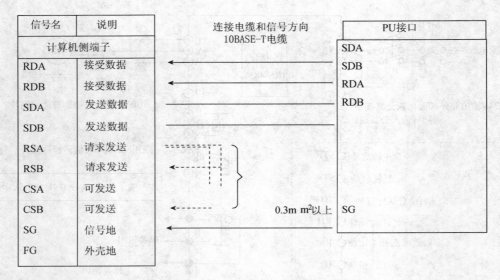

图 10-21　计算机与变频器一对一的连接示意图

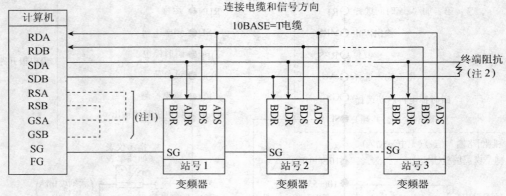

图 10-22　计算机与变频器一对 N 的连接示意图

注 1：组装时请按计算机使用说明书连接。计算机端子号因机种不同而不同，请详细确认。

注 2：由于传送速度、传送距离的原因，有可能受到反射的影响。由于反射造成通讯障碍，请安装终端阻抗，用 PU 接口时，由于不能安装终端阻抗，请使用分配器。终端阻抗仪安装在离计算机最远的变频器上（终端阻抗：100Ω）。

10.2.6　变频器电源和电机的连接

使用三相电源线必须接 R、S、T，绝不能接 U、V、W，使用单相电源时必须接 R、S，否则，会损坏变频器。电源无需考虑相序，电机接 U、V、W 端子（表 10-4）；电机连接如图 10-23 所示，加入正转开关（信号）时，电机旋转方向从轴向看为逆时针方向。

表 10-4　端子的连接

端子记号	端子名称	内　　　容
R、S、T	电源输入	连接工频电源
U、V、W	变频器输出	接三相鼠笼电机
	直流电压公共端	这是直流电压公共端。电源及变频器输出没有绝缘
⏚	接地	变频器外壳接地用，必须接大地

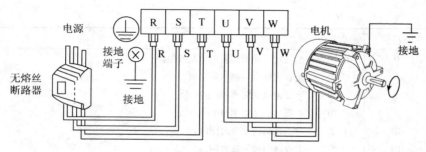

图 10 – 23　电源和电机的连接示意图

10.3　油库变频器控制油泵的实例

10.3.1　使用西门子 MM440 变频器控制油泵电机调速并正反转

（1）端子接线图。西门子 MM440 变频器端子接线如图 10 – 24 所示，用自锁按钮 SB1 和 SB2，外部线路控制 MM440 变频器的运行，实现电动机正转和反转控制。其中端口"5"（DIN1）设为正转控制，端口"6"（DIN1）设为反转控制。对应的功能分别由 P0701 和 P0702 的参数值设置，变频器外部运行操作控制电路接线图如图 10 – 25 所示。

（2）变频器参数设置。接通断路器 QF，在变频器通电的情况下，恢复变频器工厂缺省值，设定 P0010 = 30，P0970 = 1。按下"P"键，变频器开始复位到工厂缺省值。然后完成相关参数设置，具体设置见表 10 – 5。

表 10 – 5　变频器参数设置

参数号	出厂值	设置值	说　　明
P0003	1	1	设用户访问级为标准级
P0004	0	7	命令和数字 I/O
P0700	2	2	命令源选择"由端子排输入"
P0003	1	2	设用户访问级为扩展级
P0004	0	7	命令和数字 I/O
P0701	1	1	ON 接通正转，OFF 停止
P0702	1	2	ON 接通反转，OFF 停止
P0703	9	10	正向点动
P0704	15	11	反转点动
P0003	1	3	设用户访问级为专家级
P1110	0	1	允许负的频率设定
P0003	1	1	设用户访问级为标准级
P0004	0	10	设定值通道和斜坡函数发生器
P1000	2	1	由键盘（电动电位计）输入设定值
P1080	0	0	电动机运行的最低频率（Hz）
P1082	50	50	电动机运行的最高频率（Hz）
P1120	10	5	斜坡上升时间（s）
P1121	10	5	斜坡下降时间（s）
P0003	1	2	设用户访问级为扩展级

参数号	出厂值	设置值	说　明
P0004	0	10	设定值通道和斜坡函数发生器
P1040	5	20	设定键盘控制的频率值
P1058	5	10	正向点动频率(Hz)
P1059	5	10	反向点动频率(Hz)
P1060	10	5	点动斜坡上升时间(s)
P1061	10	5	点动斜坡下降时间(s)

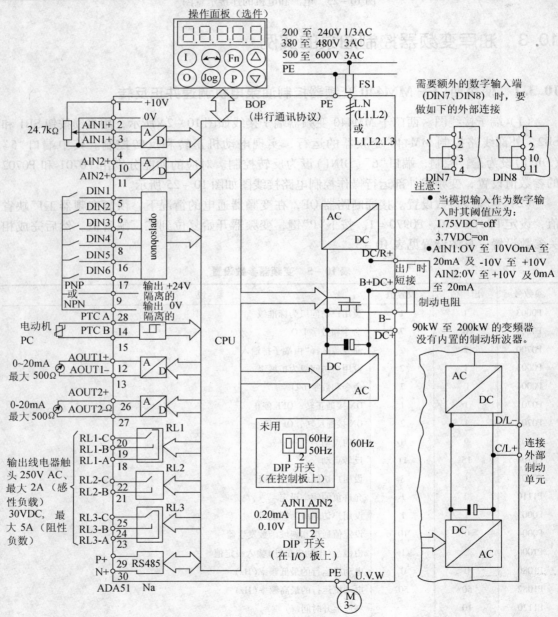

图 10-24　MM440 变频器控制端子示意图

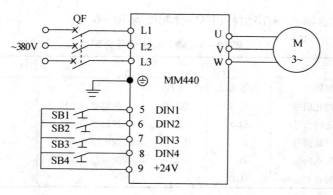

图 10 – 25　外部端子运行操作接线图

（3）变频器操作正反向运行。当正向运行时，按下带锁按钮 SB1，变频器数字端口"5"为 ON，电机按 P1120 所设置的 5s 斜坡上升时间正向启动运行，经 5s 后稳定运行在 560r/min 的转速上，此转速与 P1040 所设置的 20Hz 对应。放开按钮 SB1，变频器数字端口"5"为 OFF，电机按 P1121 所设置的 5s 斜坡下降时间停止运行。当反向运行时，只是按下按钮 SB2，变频器数字端口"6"为 ON，其他与正向运行时操作相同。

（4）变频器操作点动运行。当正向点动运行时，按下带锁按钮 SB3，变频器数字端口"7"为 ON，电机按 P1060 所设置的 5s 点动斜坡上升时间正向启动运行，经 5s 后稳定运行在 280r/min 的转速上，此转速与 P1058 所设置的 10Hz 对应。放开按钮 SB3，变频器数字端口"7"为 OFF，电机按 P1061 所设置的 5s 点动斜坡下降时间停止运行。当反向点动运行时，按下带锁按钮 SB4，变频器数字端口"8"为 ON，其他与正向点动运行时操作相同。若同时按下正反转按钮，变频器对外不输出频率，电机不运行。

（5）变频器操作调速运行。分别更改 P1040 和 P1058、P1059 的值，按上步操作过程，就可以改变电机正常运行速度和正、反向点动运行速度。在电机转动时，按下 BOP 操作板的向上箭头键，使电机升速到 50Hz。在电机频率达到 50Hz 时，按下 BOP 操作板的向下箭头键，使变频器输出频率下降，达到所需要的频率值。

10.3.2　使用 PLC 控制 MM440 变频器数字端子控制油泵电机调速并正反转

（1）控制电路。PLC 控制变频器外部端子接线图如图 10 – 26 所示。

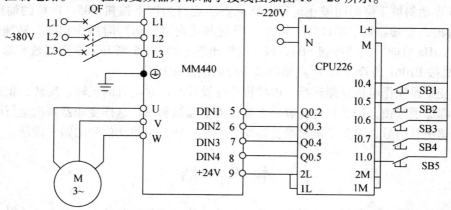

图 10 – 26　PLC 控制变频器外部端子接线图

（2）PLC 设置。输入/输出信号（I/O）分配见表 10 - 6。

表 10 - 6　输入输出信号分配表

输　入（I）			输　出（O）		
元件	功能	信号地址	元件	功能	信号地址
按钮 SB1	电机停止信号	I0.4	电动机	控制电动正转	Q0.2
按钮 SB2	电机正转信号	I0.5	电动机	控制电动反转	Q0.3
按钮 SB3	电机反转信号	I0.6	电动机	控制电动点动正转	Q0.4
按钮 SB4	电机正转点动信号	I0.7	电动机	控制电动点动反转	Q0.5
钮 SB5	电机反转点动信号	I1.0			

程序梯形图见图 10 - 27 所示。

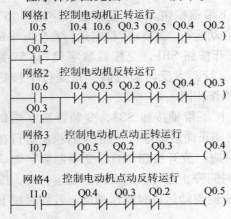

图 10 - 27　PLC 控制变频器梯形图

（3）变频器参数设置。接通断路器 QF，在变频器通电的情况下，完成相关参数设置，具体设置见表 10 - 6。

（4）变频器操作正、反向运行。当按下按钮 SB2 时，PLC 的输出继电器 Q0.2 有输出，变频器数字端口"5"为 ON，电机按 P1120 所设置的 5s 斜坡上升时间正向启动运行，经 5s 后稳定运行在 560r/min 的转速上，此转速与 P1040 所设置的 20Hz 对应。按下按钮 SB1，PLC 的输出继电器 Q0.2 断开，变频器数字端口"5"为 OFF，电机按 P1121 所设置的 5s 斜坡下降时间停止运行。反向运行为按下按钮 SB3，PLC 的输出继电器 Q0.3 有输出，变频器数字端口"6"为 ON，其他与正向运行时操作相同。按下按钮 SB1，PLC 的输出继电器 Q0.3 断开，变频器数字端口"6"为 OFF，电机按 P1121 所设置的 5s 斜坡下降时间停止运行。

（5）变频器操作点动运行。正向点动运行：当按下按钮 SB4 时，PLC 的输出继电器 Q0.4 有输出，变频器数字端口"7"为 ON，电机按 P1060 所设置的 5s 点动斜坡上升时间正向启动运行，经 5s 后稳定运行在 280r/min 的转速上，此转速与 P1058 所设置的 10Hz 对应。放开按钮 SB4，PLC 的输出继电器 Q0.4 断开，变频器数字端口"7"为 OFF，电机按 P1061 所设置的 5s 点动斜坡下降时间停止运行。反向点动运行为按下按钮 SB5，PLC 的输出继电器 Q0.5 有输出，变频器数字端口"8"为 ON，其他与正向点动运行时操作相同。转速与 P1059 所设置的 10Hz 对应，放开按钮 SB5，PLC 的输出继电器 Q0.5 断开，变频器数字端口"8"为 OFF，电机按 P1061 所设置的 5s 点动斜坡下降时间停止运行。

（6）变频器操作电机互锁运行。PLC 程序在设计时，对电机的正转、反转、正转点动和反转点动都加了互锁，每次只允许有一个输出继电器被驱动，这样变频器每次运行时就只有一个数字端子有信号，避免了同时给变频器数字端子加几个驱动信号的错误做法。

本 章 小 结

变频器的组成：变频器是利用电力半导体器件的通断作用将工频电源变换为另一频率电源的控制装置。主要由整流（交流变直流）、滤波、逆变（直流变交流）、制动单元、驱动单元、检测单元微处理单元等组成的。

变频器的特点：具有平滑软启动，降低启动冲击电流，减少变压器占有量，通过提高变频器的输出频率提高工作速度。实现无级调速，使调速精度大大提高。

变频器的分类：电源的性质分为电流型和电压型；输出电压调节方式分为 PAM 和 PWM 及 PWM 方式；控制方式分为 U/f 控制和转差频率控制及矢量控制。

变频器的工作原理：把工频电源变换成各种频率的交流电源，通过改变频率 f 改变电机转速，变频器就是通过改变电机电源频率实现速度调节的。

$$n_0 = (1 - s) \times \frac{60f}{p}$$

变频器的内部控制构成：控制通道、外接控制端、外接输出控制端。

变频器的接线端子配列及位置：控制回路端子、主回路端子、操作面板数字操作器。

变频器的面板操作：指示灯的切换操作，频率指令和多功能频率指令的设定，正转/反转和本地/远程的选择设定及参数常数的设定。

变频器的运行操作：接入电源、确认显示状态、参数初始化、设定参数、空载运行、负载运行。

根据负载类型选择变频器及容量：负载分为恒转矩负载、恒功率负载、二次方律负载三大类型，油库常用二次方律负载。

选择变频器类型要根据负载类型和负载调速精度及动态指标要求。

变频器容量的计算从标称功率、额定电流和实际运行电流三种情况考虑。

安装变频器：根据变频器安装使用环境要求，注意变频器的散热、变频器与电机的安装距离，把握变频器主电路和控制电路的接线。

变频器的接地：接地的目的是为了防止漏电及干扰的侵入或对外辐射。

变频器与 PLC 主板的连接。

计算机和变频器的连接：带有 RS-485 的计算机与变频器一对一连接，带有 RS-485 的计算机与变频器的一对 N 的连接。

变频器电源和电机的连接：电源线必须接 R、S、T，绝不能接 U、V、W，否则会损坏变频器。电源无需考虑相序，电机接 U、V、W 端子，使用单相电源时必须接 R、S。

油库变频器控制油泵的实例：使用西门子 MM440 变频器控制油泵电机调速并正反转和使用 PLC 控制 MM440 变频器数字端子控制油泵电机调速并正反转

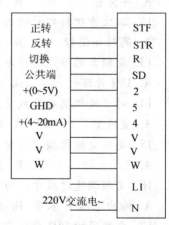

习　题

一、选择题

1. 变频器的额定功率指的是它适用的：（　　）

A. 铭牌功率　　　　　　　　　　　B. 最大驱动电机

C. 4 极交流异步电机的功率　　　　D. 专用变频电机

2. 目前，在中小型变频器中普遍采用的电力电子器件是：(　　)

A. SCR　　　　　　B. GTO　　　　　　C. MOSFET　　　　　D. IGBT

3. IGBT 属于(　　)控制型元件。

A. 电流　　　　　　B. 电压　　　　　　C. 电阻　　　　　　D. 频率

4. 变频器种类很多，其中按滤波方式可分为电压型和(　　)型。

A. 电流　　　　　　B. 电阻　　　　　　C. 电感　　　　　　D. 电容

5. 对电动机从基本频率向上的变频调速属于(　　)调速。

A. 恒功率　　　　　B. 恒转矩　　　　　C. 恒磁通　　　　　D. 恒转差率

6. 下列哪种制动方式不适用于变频调速系统(　　)。

A. 直流制动　　　　B. 回馈制动　　　　C. 反接制动　　　　D. 能耗制动

7. 变频器的调压调频过程是通过控制(　　)进行的。

A. 载波　　　　　　B. 调制波　　　　　C. 输入电压　　　　D. 输入电流

8. 为了适应多台电机的比例运行控制要求，变频器设置了(　　)功能。

A. 频率增益　　　　B. 转矩补偿　　　　C. 矢量控制　　　　D. 回避频率

9. 为了提高电机的转速控制精度，变频器具有(　　)功能。

A. 转矩补偿　　　　B. 转差补偿　　　　C. 频率增益　　　　D. 段速控制

10. 在 U/f 控制方式下，当输出频率比较低时，会出现输出转矩不足的情况，要求变频器具有(　　)功能。

A. 频率偏置　　　　B. 转差补偿　　　　C. 转矩补偿　　　　D. 段速控制

11. 变频器常用的转矩补偿方法有：线性补偿、分段补偿和(　　)补偿。

A. 平方根　　　　　B. 平方率　　　　　C. 立方根　　　　　D. 立方率

12. 二次方律转矩补偿法多应用在(　　)的负载。

A. 高转矩运行　　　B. 泵类和风机类　　C. 低转矩运行　　　D. 转速高

13. 变频器的节能运行方式只能用于(　　)控制方式。

A. U/f 开环　　　　B. 矢量　　　　　　C. 直接转矩　　　　D. CVCF

14. 对于风机类的负载宜采用(　　)的转速上升方式。

A. 直线型　　　　　B. S 型　　　　　　C. 正半 S 型　　　　D. 反半 S 型

15. 高压变频器指工作电压在(　　)kV 以上的变频器。

A. 3　　　　　　　　B. 1　　　　　　　　C. 6　　　　　　　　D. 10

16. 变频调速过程中，为了保持磁通恒定，必须保持(　　)。

A. 输出电压 U 不变　B. 频率 f 不变　　C. U/F 不变　　　　D. $U \cdot f$ 不变

17. 变频器的 PID 功能中，I 是指(　　)运算。

A. 积分　　　　　　B. 微分　　　　　　C. 比例　　　　　　D. 求和

18. 变频器主电路由整流及滤波电路、(　　)和制动单元组成。

A. 稳压电路　　　　B. 逆变电路　　　　C. 控制电路　　　　D. 放大电路

19. 设置矢量控制时，为了防止漏电流的影响，变频器与电动机之间的电缆长度应不大于(　　)m。

A. 50　　　　　　　B. 100　　　　　　　C. 200　　　　　　　D. 300

20. 实践表明，风机或泵类负载恒速运转改为变频调速后，节能可达(　　)。

A. 5% ~10%　　　　B. 10% ~20%　　　　C. 20% ~30%　　　　D. 30% ~40%

21. 为了适应多台电动机的比例运行控制要求，变频器都具有(　　)功能。

A. 回避频率　　　　B. 瞬时停电再起动　　C. 频率增益　　　　D. 转矩补偿

22. 风机、泵类负载运行时，叶轮受的阻力大致与(　　)的平方成比例。

A. 叶轮转矩　　　　B. 叶轮转速　　　　C. 频率　　　　D. 电压

23. 变频器输出的高次谐波不对电动机产生影响的因素是：(　　)

A. 使电动机温度升高　　　　　　　　B. 噪声增大

C. 产生振动力矩　　　　　　　　　　D. 产生谐振

24. 若保持电源电压不变，降低频率，电动机的工作电流会(　　)。

A. 不变　　　　B. 增大　　　　C. 减小　　　　D. 不能判断

25. 变频器的基本频率是指输出电压达到(　　)值时输出的频率值。

A. U_N　　　　B. $U_N/2$　　　　C. $U_N/3$　　　　D. $U_N/4$

26. 为了避免机械系统发生谐振，变频器采用设置(　　)的方法。

A. 基本频率　　　　B. 上限频率　　　　C. 下限频率　　　　D. 回避频率

27. 变频器容量选择的基本原则是(　　)不超过变频器的(　　)。

A. 功率、额定功率　　　　　　　　　B. 电压、额定电压

C. 负载电流、额定电流

28. 变频器供电电源异常表现的形式有(　　)。

A. 缺相　　　　B. 雷电　　　　C. 电压波动　　　　D. 瞬间停电

29. 变频调速系统过载的主要原因有(　　)。

A. 电机过载　　　　　　　　　　　　B. 电机三相电压不平衡

C. 误动作　　　　　　　　　　　　　D. 欠压

30. 专用的交流变频频如果标注 5～100Hz 为恒转矩，100～150Hz 为恒功率，则基频应该设置为(　　)Hz。

A. 50Hz　　　　B. 100Hz　　　　C. 200Hz　　　　D. 1Hz

31. 变频器的频率设定方式不能采用(　　)。

A. 通过操作面板的增减速按键来直接输入运行频率

B. 通过外部信号输入端子直接输入运行频率

C. 通过上位机通讯接口来直接输入运行频率

D. 通过测速发电机的两个端子直接输入运行频率

二、简答题

1. 变频器由几部分组成？各部分都具有什么功能？

2. 变频器的主电路由整流、滤波和逆变三大部分组成，试述各部分的工作过程。

3. 变频器为什么要设置上限频率和下限频率？

4. 变频器为什么具有加速时间和减速时间设置功能？如果变频器的加、减速时间设为0，起动时会出现什么问题？加、减速时间根据什么来设置？

5. 什么是基本 U／f 控制方式？为什么在基本 U／f 控制基础上还要进行转矩补偿？转矩补偿分为几种类型？各在什么情况下应用？

6. 变频器可以由外接电位器用模拟电压信号控制输出频率，也可以由升(UP)、降(DOWN)速端子来控制输出频率。哪种控制方法容易引入干扰信号？

7. 已知变频器为远距离操作，即操作室与变频器不在一处。为了知道变频器是正常运

233

行还是停止，输出频率是多少，能否进行正、反转及停止控制，应该选用哪些控制端子来满足以上控制要求？

8. 变频器使用说明书中都包括产品的系列规格参数、基本功能介绍等内容，这些内容对使用者有什么帮助？

9. 变频器的多功能输出量监视端子当有信号输出时，这个输出信号是模拟信号还是开关信号？

10. 如果需远程指示变频器的输出频率，选用哪个端子？这个端子怎样进行功能参数设置？

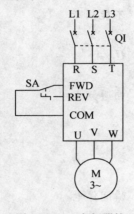

图 10-28 变频器控制正反转

11. 在变频器的正反转控制电路中，如果由一只空气断路器控制主电路的通断电，用 1 只 3 位旋转开关控制其正反转与停止（如图 10-28所示），这将使控制电路变得很简单。请问这种控制方法有什么不足之处？

12. 既然矢量控制变频器性能优于基本 U/f 控制变频器，为什么很多应用场合还要选择基本 U/f 控制变频器？

13. 为什么根据工作电流选取变频器，更能使其安全工作？

14. 变频器为什么要垂直安装？

15. 为什么要把变频器与其他控制部分分区安装？

16. 变频器的信号线和输出线都采用屏蔽电缆安装，其目的有什么不同？

17. 变频器保护电路的功能及分类是什么？

18. 为了保证变频器的可靠运行在哪些工作环境中必须安装输入电抗器？

19. 变频器的频率给定方式有哪几种？

20. 在变频调速过程中，为什么必须同时变压？

21. 试述变频器的选用原则。

第11章 油库防静电及接地安全

油品在储运、装卸、加注、调和等过程中，会与油罐、油管、油罐车、加油车、过滤器等接触、摩擦而产生静电。当静电积累到一定程度时，其周围产生的电场强度就可能超过空间介质的击穿强度而放电。若放电能量大于燃料最低的引燃能量，且燃料－空气混合气体达到一定的浓度，就会发生静电着火，引发火灾爆炸事故。

预防油库静电事故的发生要从静电的产生和消散泄漏入手，控制输送油品的流速，避免喷溅式装油，做好金属油罐、管路、装油罐车等静电接地，在爆炸危险场所应设人体排静电装置。

因此，研究静电危害的原因，采取工程技术手段和管理对策，是预防和避免静电危害的一项重要任务。在采取防静电措施的同时，还应防止静电放电引燃条件——爆炸性气体的形成。静电对油库安全是一大威胁，只要了解它、认识它，采取有效的防范措施，就能预防静电所带来的灾害。

11.1 静电的产生

11.1.1 静电概念

（1）静电（electrostatic）。就是留存于物体表面过剩和不足的静止电荷，是通过电子和离子的转移使得正电荷和负电荷在局部范围内失去平衡而形成的。当带有不同静电电势的物体或表面之间的静电电荷转移就形成了静电放电（electrostatic discharge，ESD），以接触放电和电场击穿放电的形式表现，如图11－1所示。

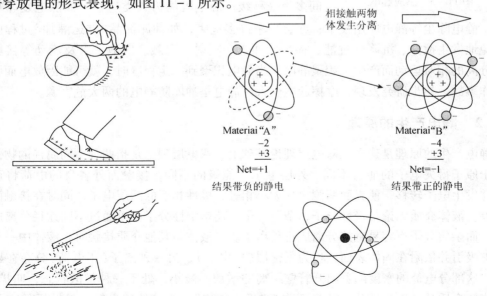

图11－1 静电产生的现象及物理解释

日常工作中的接触、摩擦、冲流、冷冻、电解、压电、温差等都可以产生静电，整个物理过程可归纳为：接触和静电感应造成电荷转移，双电层的形成使得电荷分离。

（2）摩擦起电。当两个不同的物体相互接触时就会使其中一物体失去一些电荷带正电，另一物体得到一些剩余电子而带负电，如图11-2(a)所示，就是所谓的接触起电。

若在分离的过程中电荷难以中和，电荷就会积累使物体带上静电。如剥离塑料薄膜时就是一种典型的"接触分离"起电，如图11-2(b)所示。而摩擦起电就是一种接触又分离造成的正负电荷不平衡过程，即接触分离起电。

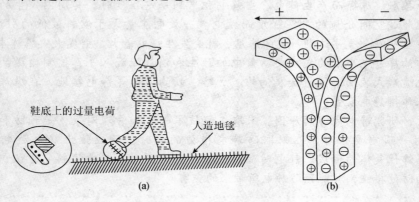

图11-2　磨擦起电

（3）感应起电。当带电物体接近不带电物体时会在不带电的导体的两端分别感应出负、正电，如图11-3所示。

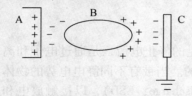

图11-3　感应起电

（4）静电特征及应用。在一般工业生产中，静电具有高电位、低电量、小电流（脉冲电流，有争议）和作用时间短的特点，设备或人体的静电位最高可达数万伏以至数十万伏，这要比市电220V、380V高得多。但所积累的静电量却很低，通常为微库仑级；静电电流多为毫安级；作用时间多为毫秒级。静电既能为人类造福，如静电复印、静电涂敷、静电除尘等静电应用技术；亦会带来许多危害，如油库油品"储运灌加"过程中，不可避免地发生搅拌、沉降、过滤、摇晃、冲击、喷射、飞溅、发泡，以及流动等接触、摩擦、分离的相对运动而产生、积聚静电。当静电积聚到一定程度时，就可能因放电而引发着火爆炸事故。初步研究发现，摩擦起电、人体静电是油库防静电的两大危害源。

11.1.2　静电产生的原理

静电产生的原理是建立在双电层理论基础上。双电层理论是指两种不同属性的物体接触时由于原子得失电子的能力不同、外层电子层能级的不同，接触面处各自的电荷将重新排列，并发生电子转移，使界面两侧出现大小相等、极性相反的两层电子，同时在接触面形成电位差。液体介质无论是极性分子、杂质分子、还是中性分子都可通过不同途径分离成正负离子，而杂质分子更容易直接分离成正负离子。当液体与其他介质接触时，液体中一种极性离子被吸引并依附在固体表面，称为紧密层（负电荷），另一种离子（正电荷）分布在靠液体一边，这部分电荷的密度随着离开管壁距离的增加而减小，处于一种扩散状态，叫扩散层。这种能使介质分子按极性分离的界面称为"界面效应"。当液体流动时，扩散层的离子被带走，成为带电液流；而那些被吸附在界面上的离子，其电荷则经管壁流散到"地"而中和。

管输过程油品带电就是双电层的形成及电荷被油流冲走造成的，而并非是油品与管壁的摩擦使油品带电。油品双电层的结构如图11-4(b)所示，由紧密层和扩散层组成，紧密层内的电荷是单一的，紧贴在管壁上，同图11-4(a)的情况；扩散层内的电荷则比较松散，也不纯净，易被油流带走。因此，扩散层的存在是油品带电的根源。由此可见，油品静电的产生与界面性质、界面大小以及静电流散紧密相关。

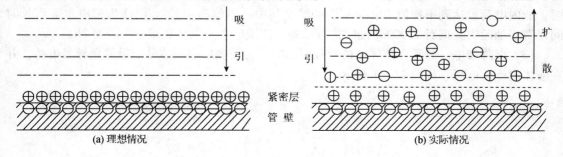

(a) 理想情况   (b) 实际情况

图 11-4 双电层示意

11.1.3 油品静电的产生

（1）流动带电。管道输送油品时能产生静电的试验表明，油品流速大，单位时间内产生的静电量多；高绝缘过滤介质与油品接触界面大，管路中静电产生可能性多；油品通过过滤器时比通过管路时产生的静电多，过滤器如图11-5所示。

某油库小型试验中，测得过滤器的静电电位在万伏以上，见表11-1。某油库以25L/s输送喷气燃料试验，通过530号纸质滤芯过滤，测得出口静电量为 $300 \sim 350\mu C/m^3$，将过滤器拆除后试验，静电量为 $10 \sim 33\mu C/m^3$。据测试，

图 11-5 纸质过滤

当过滤器用的绸套在汽油中摆动清洗中，迅速提离油面，测得绸套上的静电电位为3500V。

表 11-1 喷气燃料通过过滤器试验静电位数据

气象条件		流量/(L/s)	过滤器电位/V
温度	湿度		
20℃	45%		17000
		28	17000
		49	22000
		60	25000
		78	>20000

（2）喷射、冲击带电。油品不仅因流动会产生静电，而且亦会因喷溅、冲击、沉降与空气、水分和杂质等激烈的摩擦而起电产生静电。这种起电的特点其一是冲击飞溅，生成无数微小液滴，与空气接触面大大增加，起电量大。其二是气体包围飘浮的微小液滴，形成浮游带电云雾，可在相当长时间里保持带电状态。其三是当带电云雾与接地的油罐壁接触，或者

与坠落导体相撞时，将产生静电放电。带电云雾也能将电荷转移给穿过云雾的坠落体，而后由带电落体触地（油罐底）放电，如图 11-6 所示。

油罐车运输中，油品在油罐中振荡、冲击，与油罐壁摩擦也会激起带电的油雾。如果油罐内有水，起电将更为严重。大型石油散装油船的爆炸事故，大多数是在卸掉原油后装有部分压舱水，遇风浪发生强烈摆动，使舱内残油和海水激烈振荡而发生的。高压水冲洗油舱时，也能激起带电的水雾。据测试一个 12000m³ 的油舱，用一支水枪作冲洗试验，约半小时，舱内电荷量达到平衡值 40μC/m³，油舱空间中心电位为 40kV。清洗后带电水雾可长时间浮游于油舱内。据对 12000m³ 油罐进行试验，清洗后空间电荷衰减一半需要 2h。

（3）沉降带电。悬浮在液体中的微粒沉降时，会使微粒和液体分别带等量异号电荷，并在液体内产生电场，如图 11-7 所示。

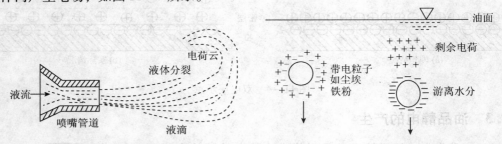

图 11-6　喷射带电示意图　　　　　　图 11-7　沉降带电

油品由于不同程度地含有杂质，如固体颗粒杂质和水分等，这些颗粒杂质或聚集成的大水滴向下沉降也会发生静电带电现象。

若汽油中加入 6%（体积）的水，输送时的起电效应将大大增强，油罐（1000m³）内的电场强度是无水时的 50 倍。由此可见，油中含水是产生静电的重要原因。在装油作业中，当油罐油面静电电位最高时，出现在停止输油后（此时装至总容量的 90%）的 5~10s 之内，有的甚至延长到 20s 以上。究其原因是油中水分较多，停止输油后水滴沉降中与油品摩擦，增大了静电的产生。

沉降产生的静电就像一个被举高的鸡蛋，随着高度的突然改变而摔破了鸡蛋，高度相当于静电荷的多少。当超过某一高度摔下鸡蛋将被摔破，如图 11-8 所示。

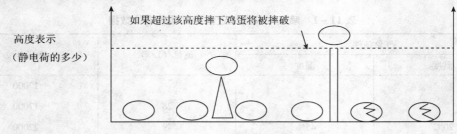

图 11-8　沉降静电示意图

11.1.4　影响油品静电的因素

（1）油品的导电性。液体介质的导电主要依靠活性分子或离子的转移，导电能力的大小决定于活性离子的浓度。石油产品一般属于非极性介质，它的导电率主要受杂质的影响。在一定范围内，油品的带电量随着油品电导率的增大而减小；超过某一范围后，随着油品电导率的增大而增大。油品的导电性主要取决于油品的杂质和温度。随着杂质和温度的增加，界

238

面上物理化学反应速率提高，油品的导电性增强，这有助于减少油流里的电荷；但扩散层厚度与油品电导率的平方根成反比，随油品导电性的增强而减薄，这又会增加油流里的电荷，二者互相矛盾，此长彼衰。故冲动电流与油品导电性的关系呈驼峰形状，峰值转换则较为平缓。油品电导率过高或过低都不易带上较多静电荷，电导率在 $10^{-12} \sim 10^{-11}$ S/m 范围内的油品产生静电危险大。我国的轻质油品大多在此范围。

（2）含水量。油品中的水作为杂质是静电的兴奋剂，含水虽可提高油品的导电性，但更会促进电荷分离，从而增大冲动电流。油品吸水性强带电性就大，在高电阻率的油品中混入水分，不论是在输送的管线中，还是在储油罐中都会增加带电危险。一般水不会直接与油品作用增加静电，而是通过油品内所含杂质的作用起间接的影响。当混入的水分在 1% ~ 5% 时，极易产生静电事故。表 11 - 2 反映了油品加水后对介质带电的影响。

表 11 - 2　水分对油品带电的影响

油品种类	电导率/(10^{-12} S/m)		电荷密度/(μC/m³)	
	未加水	加水后	未加水	加水后
经黏土处理的喷气燃料	0.060	0.070	140	3170
未经处理的喷气燃料	0.313	0.126	390	2960
硅胶处理的喷气燃料	0.005	0.011	3	2

注：1kg 油品加 5 滴蒸馏水搅混，静置一夜。

（3）油品流动状态。对实际工程管线，由于管壁障碍、转弯、变径等情况的存在都会使液体处于紊流的状态。这种状态一方面是由于本身热运动和碰撞可能产生新的空间电荷；另一方面是因速度梯度的变化，使扩散层电荷趋向管中心而使整个管线的电荷密度比层流时提高了。当油品处于层流时，产生的静电量只与流速成正比，且与管道的内径无关；当油品处于紊流时，产生的静电量 Q 与流速 $V^{1.75}$ 成正比，且与管道的内径 $\phi^{0.75}$ 成正比。

（4）油流速度。油流速度直接影响黏滞层厚度和油流的流态，大约与流速的 1.5 ~ 2.0 次方成正比。

（5）管材。管线材质对油品静电的影响，主要是管线电阻率的差别对静电消散的影响，材质的不同对静电起电性能稍有差别。金属管道接地能消除管壁电荷，但不能消除油流所带电荷，绝缘管道容易造成管壁电荷的积聚，容易造成静电放电。

（6）管壁粗糙度。管壁的粗糙度直接影响液体在管线中的流动状态，因而影响流动液体的带电。管道的内壁粗糙度越大，产生的静电荷越多。

（7）管径。管径影响油流的流速和流态，油流的流速又影响流态。流速与管径的平方成反比，对油品带电的影响很大；管壁对油流的约束随管径的增大而减弱，油流更趋紊乱，扩散层电荷被卷到紊流核心区的更多。

（8）管长。油品进入管道后，电荷的生长和衰减与之伴随，经过一段路程后达到动平衡。即冲动电流是由小到大，最后达到恒定，成为"饱和电流"。

（9）过滤器。在装卸油时，油品都需要经过滤器过滤，由于过滤器的滤芯相当于无数个浸在油品中的平行小管线，大大增加了接触分离强度，使油品中的静电荷增大。试验表明，管线装有过滤器比没有装过滤器所产生的静电高出 10 ~ 100 倍，过滤器与泵和管线相比是更大的静电源，人们把过滤器也戏称为静电发生器。

11.1.5　人体静电

人体活动时，由于衣服与衣服、人体与衣服摩擦、鞋底与地面或地板摩擦而使人体带电，如图 11-9 所示。

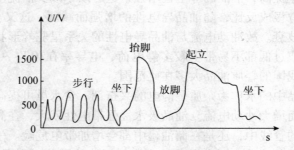

图 11-9　人体自身运动产生的静电

据试验测得：人体电位见表 11-3。

表 11-3　人体活动带电情况表

序号	人体活动情况	人体电位/V
1	坐在人造革面椅子上，然后起立（椅子对地绝缘）	18400
2	同上，椅子经 20MΩ 接地	170
3	椅子绝缘，人穿 50MΩ 鞋，从椅子起立	220
4	同 3，椅子经 3MΩ 接地	135
5	穿塑料鞋，站在红胶板地面上脱尼龙衫	9300
6	穿塑料鞋，脱外衣（内穿的确良衬衣）	350

11.1.6　感应起电和带电

　　静电感应如图 11-10(a) 所示。A 为带电体，B 为绝缘导体，当带电体 A 靠近 B 时，则在 B 的两端产生等量的异性电荷，这种现象就叫静电感应。当带电体 A 拿开时，B 又为不带电体。上述过程继续，A、B 进一步靠近，间隙足够小时，A 端的正电荷与 B 端的负电荷就会发生放电现象，如图 11-10(b) 所示。放电的结果正负电荷中和，B 成为带正电的带电体，如图 11-10(c) 所示。

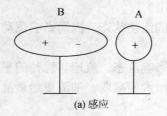 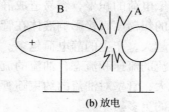 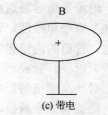

(a) 感应　　　　　　　　　　　(b) 放电　　　　　　　　　　(c) 带电

图 11-10　静电感应

　　在装油作业中，也有感应起电和放电，用采样器取样，油面为带电体，当采样器没有接地，成为独立导体，采样器接近油面时，就会发生上述静电感应和放电的现象。在采样器进入油层取样时，它又收集了油中部分电荷而成为带电体；提起时若它与接地的罐口靠近，上述静电感应和放电现象又将重演。如果这时放电强度达到点燃能量，又存在爆炸性油气混合气体，就会导致爆炸。

　　再如图 11-11(a) 所示，A 为带正电的带电体，B 为受感应的导体，C 为接地体，当 C 接近 B，产生放电火花，中和 B 上正电荷，如图 11-11(b) 所示。然后 A、C 离开，B 即由原来的中性变为带负电的导体，如图 11-11(c) 所示。这样使导体带电的方法，叫感应起电。

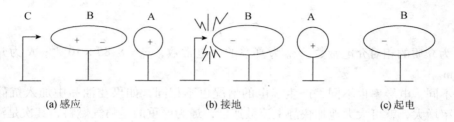

| (a) 感应 | (b) 接地 | (c) 起电 |

图 11 – 11 感应起电

在油库作业中，若 B 正在有油气爆炸可能的危险场所作业，突然 A 带电走过来(人走动可能摩擦带电)，使 B 感应；B 在作业中，手触接地体 C，产生放电，放电后即脱开；这时 A 又离去，B 就成了孤立的带电导体，将成为现场的灾害因素。

11.2 静电的流散与积累

静电的产生、消散、积累、放电有一定的规律。在这个过程中，放电特别是火花放电是造成油库着火爆炸事故的重要点火源之一，如图 11 – 12 所示。

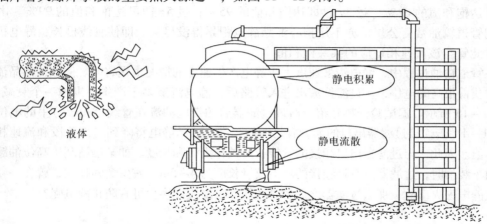

图 11 – 12 静电流散、积累示意图

11.2.1 静电流散

油罐内液面上积聚的电荷将通过油品向接地的四壁流散。尽管空气、油品的导电性能十分差，但这种流散是存在的。试验和在给定条件下的理论计算证明，静电通过介质内部对地流散是随着时间按指数规律衰减的。如图 11 – 13 所示是静电电位(U)衰减与时间的关系曲线，其高电位段陡峭，低电位段平缓，说明静电电位高时流散快，电位低时流散慢。

图中 U_0 为静电起始电位，它衰减至 U_0/e($1/e = 0.36788 \times 10^{-12}$)所需的时间 τ，称为时间常数。不同的介质有不同的静电流散时间常数，用来识别某种介质导电性的指标。τ 可按下式求得。

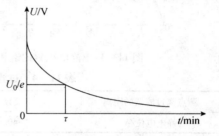

图 11 – 13 静电流散曲线

241

$$\tau = \frac{\varepsilon_r \varepsilon_0}{K}$$

式中，ε_r 为介质的相对介电常数；ε_0 为真空的介电常数，$\varepsilon_0 = 8.85 \times 10^{-12}$；$K$ 为介质的电导率，S/m。

油品不同，电导率也不同，产生静电的情况也不相同，如果在油品中加入抗静电添加剂，电导率增大，就可大大地加快静电流散速度，最为严重的是喷气燃料，其次是汽油，原油几乎无静电危害。

11.2.2 静电积累

静电积累与静电产生是同时出现的一种静电现象。当单位时间内静电产生多于流散时，就表现为静电积累。静电积累使电位升高，促使静电流散加速。当静电流散加速至与静电产生速度相等时，就达到该积累过程的饱和值。

油品在管路中以某种流速稳定地输送时，其静电积累过程经推算或实测如图 11-14 所示。当静电流散加速至与静电的产生速度相等时，就达到该积累过程的饱和值。在图中横坐标为管长，纵坐标为标志静电积累的冲流电流指标。静电积累从"0"开始，流过 τ 秒，静电积累可达饱和值的 63%；过 3τ 秒即达饱和值的 95%；过 5τ 便可达饱和值的 99%。由此可见，用管道输油数百公里，亦不用担心油品静电积累得没尽头。即使管线再长，静电积累也超不过此管与该流速相适应的某一饱和值。

在管道输油过程中，静电流散速度大于静电产生速度的情况也是有的。例如，油品流经过滤器时获得很高的电位，从过滤器流出进入管路后，静电流散多于产生，出现一个衰减阶段，如图 11-15 所示。据试验资料介绍，通过过滤器后的带电油流在管线（管长 L）中的电位变化见表 11-4。若连接过滤器出口的油管有足够的长度，油品静电将降到与该管段和流速相适应的饱和值。因此，与过滤器出口相接的管线长度被称为缓和长度。如某场站利用高位油罐向汽车加油车装油时，过滤器后直接连接的耐油胶管长度为 4~5m，缺少缓和长度，曾在一年里发生四次静电失火事故。那么过滤器之后的管线缓和长度应以多少可宜防止静电呢？

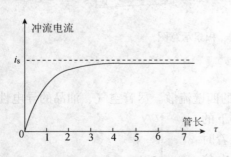

图 11-14 静电积累的饱和

图 11-15 过滤器油管实物

表 11-4 过滤器流出的带电油流在管道中电位变化

测点离过滤器的距离	$(1/2)L$ 处	$(3/4)L$ 处	管线出口处
静电电位/V	3400	2200	1650

我国喷气燃料的静电消散时间常数以 18~22s 为多；若取 $\tau = 20$s，则流量为 1000L/s 的加油设备，若获得 2τ 的缓和时间，DN150、DN100、DN80 的管线所需的缓和长度分别为 19m、43m、76m。SY/T 6319《防止静电、闪电和杂散电流引燃措施》中规定，"管道系统中

从过滤器到油出口至少要有30s的缓冲时间，对于精炼的、低导电率产品，缓冲时间最好超过30s"。

11.2.3 静电放电

静电除流散以外，还以放电的形式进行消散。当静电积累到一定程度时，会在空间放电。空间放电有三种形式，即电晕放电、刷形放电、火花放电，如图11-16所示。

对于油库来说，电晕放电能量小，造成危害的几率也小；刷形放电作为引火源和静电电击的几率高于电晕放电；火花放电能量大，引发静电危害的几率高，是油库静电火灾事故的主要点火源。

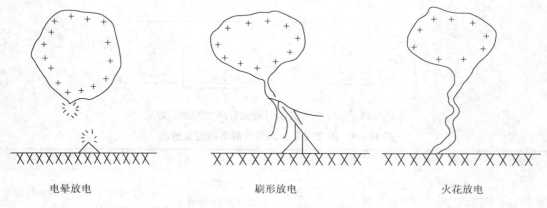

电晕放电　　　　　　　刷形放电　　　　　　　火花放电

图11-16　静电放电的三种形式

11.3 油罐装油时的静电

如图11-17所示，给汽车油罐车装油时，其整个装油系统的静电产生情况主要发生在发油管路，从储油罐经过泵、过滤器到灌装油鹤管和油品流出鹤管之后。

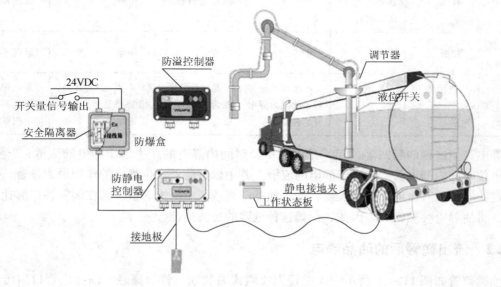

图11-17　油罐汽车装卸油品示意

11.3.1　发油管路中的油品静电

图 11-18 是油罐汽车装油时发油管路中的油品静电分布示意图。在示意图上方绘出了该系统发油管路中油品静电电荷密度的示意曲线。将静电荷密度示意曲线分为 0a、ab、bc、cd、de、ef 六段加以分析，其变化情况列于表 11-5。

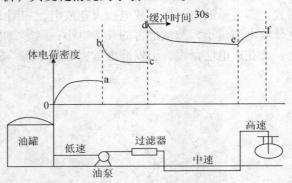

图 11-18　油罐汽车装油时发油管路中的油品静电

表 11-5　油罐汽车装油系统静电的变化情况

段别	0a	ab	bc	cd	de	ef
起止点	从油罐口至油泵吸入口	油泵排出口至过滤器进口	过滤器进口至出口	过滤器出口至灌油台油管变径处	灌油台油管变径处至加油鹤管进口	加油鹤管进口至出口
起电材料特点	管径较大	油泵内流程短，叶轮转速高	管径中等	流程较短，但过滤器介质是高起电材料	管径中等，缓和长度足够	管径小
流速	较低	油泵内流速高，与管道摩擦大	中等	流速不高，但过滤时接触面大	中等	流速大
静电饱和值	较低	较高	中等	高	中等	较高
曲线特点	油流电位从零开始积累	油面静电陡升段	d 点高于饱和值，此段为静电开始衰减段	起电量陡增，成为系统静电最高点	d 点电位虽高，但长度足够，可衰至饱和值	静电饱和值有所提高，为静电积累段

静电产生过程四起四落。"起"是由于单位时间内静电的产生多于静电的流散；"落"是由于单位时间内静电的产生少于静电的流散。其中以过滤器产生静电的作用最为显著；但只要在过滤器之后有足够的缓和长度，即可使静电衰减至中等饱和值。若在鹤管管口绑扎过滤绸套，将使静电突然跃升。因此，严禁这种危险的过滤措施。

11.3.2　流出鹤管后的油品静电

油罐鹤管如图 11-19 所示，当鹤管为喷溅式灌装油，管口高悬，油品出管口后增加了一段与空气接触摩擦的过程，油流在下落过程中速度逐渐加大，且落差愈大，速度亦愈大。

此外，油流中还挟带着空气冲击罐底或冲击罐底油层，泛起许多气泡，溅起许多油沫，更增加了与空气的接触面，致使静电量显著增多。

若为潜流式灌装油，管口接近罐底，油出管口后无加速度，没有与空气接触摩擦的过程，避免了气泡的产生和液体翻动。所以潜流式灌装油静电的产生远低于喷溅式灌装油。某油罐车4000L的油罐进行装油时，静电电位试验结果列于表11-6。

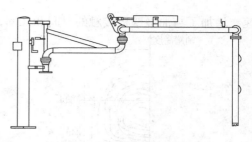

图 11-19　鹤管示意图

表 11-6　4000L 油罐车装油时静电电位试验数据表

温度/℃	湿度/%	喷溅式油面静电电位/V	潜流式油面静电电位/V	备　　注
12.7	69%	650	100	出口绑扎过滤绸套
—	—	7200	2600	出口绑扎过滤绸套
11.7	65%	950	550(管口在液下10cm)；250(管口在液下20cm)	通过绸毡过滤器
3.8	62%	>3000	2100	通过绸毡过滤器

在落差(管口至罐底的距离)为 0.76m 和 0.05m 时，油面电位几乎与管口形状无关；但落差为 1.5m 时，油品喷射、冲击、搅拌的起电作用就非常明显。大落差时 45°斜切管口的鹤管具有较好的消静电作用；另外当管口形状和落差一定时，油面电位大致按流速的指数关系增加。灌装时从三个方面分析油面静电分布情况。

(1)加油车明流灌装喷气燃料时油面静电电位分布。根据测试加油车喷溅式灌装喷气燃料时，测得液面静电电位分布的情况，见表11-7。

表 11-7　加油车明流灌装喷气燃料时液面静电电位分布情况表

测量点位置	测量点至灌装油液面中心的距离/cm					
	0	10	20	30	40	50
油面电位/V	>3000	2550	2100	1700	1700	0
说　明	"0"电位是近油罐壁板处的液面电位，测试时，气温2.8℃，湿度59%					

表11-7中数据说明，灌装油品时在液面中心电位最高，向油罐壁液面电位依次下降，静电流散的趋势速度加快。在50cm处的测点靠近罐壁，其液面电位为"0"，是因油罐壁接地，静电流散容易。而40cm处的测点(离罐壁仅为10cm)电位与30cm相同，皆为1700V，说明油品电导率低，阻碍着静电的迅速流散。

(2)油箱灌注油时静电分布。图11-20所示是测得油箱中电位分布情况，其电位曲线犹如地形的等高线。电位最高点在油箱中央位置，愈接近器壁电位愈低。

带电油品进入油罐后，若不与油罐壁、隔板等接地体接触，直接流向液面时，因液面静电流散慢而形成液面静电的积累。若将进入油罐内的带电油品予以适当引导，使其流速逐渐降低，并充分接触油罐壁等接地体，使油面静电获得良好的流散通道，将使液面电位显著降低。

根据上述结论，加油车油罐内设置缓和室，如图11-21所示。油罐内设一块导流板，等于将进油管加装了一段截面较大的异形管道，油品通过导流板的上沿流入罐内，降低流速，增加了与油罐壁板接触的时间和几率，使得油品静电进一步衰减。

图 11-20　油箱中的静电电位分布　　　　图 11-21　加油车油罐缓和室示意图

（3）油罐车内油高度对油罐电位和电容的影响。图 11-22 所示是油罐装油时油罐内液面电位受油品高度影响的曲线。往油罐内装油，油面不断升高，油面电位、电容随着油品高度的变化而变化。

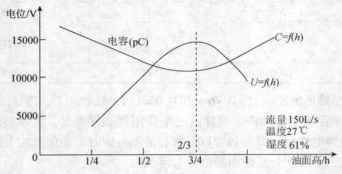

图 11-22　油面高度与电容、电位关系

从图 11-22 中可以看出一个重要情况，在油面 2/3 油罐高时，油面电容有最小值，油面电位值最高（15000V）。据计算矩形罐的液面电容最小值在略高于 1/2 油罐高处；椭圆形油罐的液面电容最小值是 2/3 油罐高处。因此，选定安全装油速度时，要考虑这一情况。

11.3.3　油罐内静电分布规律

综合分析和计算得出：油罐顶有支柱的油罐最高静电位在中心与罐壁的 1/2 处，如图 11-23（a）所示；拱顶油罐最高静电位在油罐中心位置，如图 11-23（c）所示；油罐车最高静电位在 1/2～3/4 处，如图 11-23（b）所示；输油管系统中，油品在通过油泵、过滤器时静电产生增加；油品通过油泵、过滤器后，经过一定长度后静电有所下降。掌握静电积累的这些规律，对于油库预防静电危害极具指导意义。

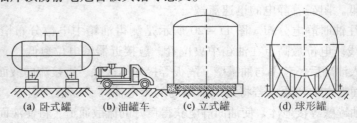

(a) 卧式罐　　(b) 油罐车　　(c) 立式罐　　(d) 球形罐

图 11-23　各式油罐示意图

246

11.4 防静电的基本途径

防静电的基本途径与措施见图 11 – 24 所示。

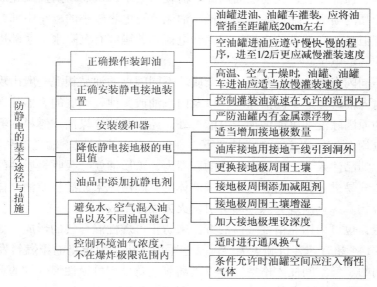

图 11 – 24　防静电的基本途径与措施

图中内容：

防静电的基本途径与措施
- 正确操作装卸油
  - 油罐进油、油罐车灌装，应将油管插至距罐底20cm左右
  - 空油罐进油应遵守慢快慢的程序，进至1/2后更应减慢灌装速度
  - 高温、空气干燥时，油罐、油罐车进油应适当放慢灌装速度
  - 控制灌装油流速在允许的范围内
  - 严防油罐内有金属漂浮物
- 正确安装静电接地装置
- 安装缓和器
- 降低静电接地极的电阻值
  - 适当增加接地极数量
  - 油库接地用接地干线引到洞外
  - 更换接地极周围土壤
  - 接地极周围添加减阻剂
  - 接地极周围土壤增湿
  - 加大接地极埋设深度
- 油品中添加抗静电剂
- 避免水、空气混入油品以及不同油品混合
- 控制环境油气浓度，不在爆炸极限范围内
  - 适时进行通风换气
  - 条件允许时油罐空间应注入惰性气体

11.4.1　减少静电产生

减少油品静电电荷的产生，可从控制油品流速、改进油品灌装方式、防止不同闪点的油品混合及避免杂质、给予流经过滤器的油品足够的漏电时间、防止油品混入水分、减少管路上的弯头和阀门、选择合适的鹤管等方面来考虑。

（1）控制油品流速。由于油品在管道中流动产生的流动电荷和电荷密度的饱和值与油品流速的二次方成正比，故控制流速，特别是油品进罐、灌装、加油时的流速是减少油品产生静电的有效方式。据《石油库设计规范》(GBJ 74—84)，装油鹤管的出口只有在被油品淹没后方可提高罐装速度，汽油、煤油、轻柴油等轻质油品的罐装速度不宜超过 4.5m/s，对空油罐装油初流速一般应小于1m/s，当入口管浸没200mm 后才可适当提高流速。对铁路槽车装油初速仍以 1m/min 为宜，当油出口被浸没后可按下述公式提高流速：

$$V^2D < 0.64$$

式中，V 为流速，m/min；D 为管径，m。

汽车油罐车装油，灌装速度应小于 4.5m/min。灌装 200L 油桶，每桶灌装时间应大于1min。大多数国家都把装油最初速度限在 1m/min 左右，待油管出口被浸没以后，流速可以加到 4.5 ~6m/min。

（2）改进装油方式。装油方式包括从底部潜流装油和从顶部喷溅装油两种。一般地说，油品从顶部喷溅罐装比从底部潜流装油产生的静电高 1 倍，故从底部进油的方式较好。若采用顶部进油的罐装方式，则应把鹤管插入罐的底部。

喷溅罐装时，会因油品从鹤管内高速喷出而导致液体迅速分离，从而产生较多的静电电荷；同时，油品冲击到罐壁，也会造成喷溅飞沫而产生静电。当然，电荷产生的多少与装油鹤管的直径、油品流速、管口形式、管端距油面高度等密切相关。

从顶部装油除因喷溅产生静电电荷外，还会产生油雾，使油气、空气混合物易达到爆炸浓度范围。另外，顶部罐装还会使油面局部电荷较为集中，从而易引发火花放电。从底部潜流装油可减少油品的喷溅，降低挥发和损耗，油流流经电容较小的罐车中部，不致于产生较大的油面电位。但是，底部进油也可能产生新电荷。若罐底有沉降水，底部进油会搅起沉降水而产生很高的静电电位。

（3）防止不同闪点的油品混合及避免杂质。不同闪点的油品相混一般出现在调和、切换或两条管线同时向油罐注送不同油品时，以及向汽油或其他轻油底的容器注送重油时。油品混合引发事故的原因除混油可能增加带电能力外，还因柴油、煤油、燃料油等都属于低蒸气压油品，其闪点均在38℃以上。正常情况下，在低于其闪点温度下输送油品不会发生事故。但是，若将这种油品注入装有低闪点油品的容器内，重质油就会吸收轻质油的蒸气而减小容器内压力，使空气易进入，从而导致未充满液体的空间由原来充满轻质油气体转变为爆炸性油气－空气混合物。一旦出现火源，即可引发火灾爆炸事故。

对于储油罐，也可采用充惰性气体的方法来防止可燃性混合气的形成。如20世纪70年代前苏联的图－144超音速客机和英美等国某些军用飞机，为防止油箱燃料发生静电着火爆炸事故，在油箱的蒸气空间注入惰性气体以隔离氧气及抑制可燃性混合气的形成。另外，还可采用浮顶罐、内浮顶罐来消除储油罐浮盘以下的油气空间。

（4）减少轻油与高起电材质剧烈摩擦（除过滤器外）。电导率很低的高分子聚合物、丝绸、水杂、空气等都是高起电材质。禁止在加油管口、加油枪口加装绸套进行过滤。也不要在漏斗里加过滤绸过滤轻油。在输送油品前，注意排放输油系统的水分和杂质；吸入系统的连接和填料应密封，不让空气吸入。不要用高起电材质制作轻油储油容器和轻油输油管，不能用非导电的塑料桶装汽油。

（5）给流经过滤器的油品足够的泄漏静电时间。要减少静电的产生，流经过滤器油品的漏电时间要足够。因油品流经过滤器时，会与过滤器剧烈的摩擦而使带电量增加10~100倍，且不同材质的过滤芯产生静电的大小不相同，见表11－8。

表11－8　不同材质过滤芯产生的静电值

滤芯类别	测量点最高电位/V			备注
	过滤器前	过滤器后	油面电位	
四对毡绸滤芯			22500	一级滤芯
四对纸质滤芯	350	8100	18000	一级滤芯
七对纸质滤芯	140	15000	28000	一级滤芯
四对玻璃棉滤芯	130	10000	24000	二级滤芯

因此，为避免大量带电油品进入油罐、油罐车，流经过滤器的油品泄漏电时间至少要在30s以上。

（6）减少人体静电。人在活动过程中，特别是穿着化纤衣服时，会产生、积聚大量静电；在橡胶板或地毯等绝缘地面上走路时，会因鞋底与地面不断的接触、分离而发生接触起电；穿尼龙、羊毛、混纺衣服从人造革面椅上起立时，人体可产生近万伏高压电；当将尼龙纤维的毛衣从外面脱下时，人体可带 10kV 以上的负高压静电；静电感应、带电微粒吸附也可使人体带电等。人体静电通常可达 2 ~ 4kV，能产生火花放电。而人体对地电容 $C = 200pF$，人体电位 $V = 2000V$ 时，其放电能量 $W = 1/2CV^2 = 0.4mJ$，已大大超过汽油蒸气与空气混合气体的点燃能量，因此，人体静电是危险的，会给油库安全造成较大的威胁。

我国要求在油库危险爆炸场所的入口处设置人体导静电的接地柱，以消除人体静电。在 0 级、1 级场所，不应在地坪上涂刷绝缘油漆，不用橡胶板、塑料板、地毯等绝缘物铺地。在 0 级、1 级场所的工作人员，严禁穿着泡沫塑料鞋子、塑料底鞋子、化纤衣服，可穿防静电鞋、布鞋和军用皮鞋，穿着防静电工作服、棉布工作服。

（7）防止直接转换灌装油品。直接转换装油就是给曾经装过轻质油品的油罐车改装重油。如装过汽油的油罐车改装煤油、柴油。装煤油、柴油产生静电多，但不易形成爆炸性混合气体，静电危害较小。装过汽油的油罐车内存有爆炸性混合气体，底部存有残余的汽油，当注入煤油、柴油时，产生静电多，容易发生火花放电，易引起爆炸。因此，转换装油时，最好进行清洗，排净残留的油品和爆炸性混合气体。

（8）减少静电产生的其他方式。油品罐装时产生静电的大小，不仅取决于装油的流速，还与鹤管口位置高低、鹤管口形状、鹤管材质等密切相关。若用大鹤管，装油流速大于 5m/s 时，就会产生万伏静电电位。因此，选择合适的鹤管且鹤管口位置适当也是减少静电产生的有效途径，通常鹤管口距离罐底 100 ~ 200mm。油品在管线中流动时，会因与管路上的弯头和阀门接触分离而产生静电电荷，故应尽量减少管路上的弯头和阀门。另外，还应防止油品中混入水分等以减少静电的产生。

11.4.2 加速静电流散

加速静电流散的措施：在油品中添加抗静电添加剂、对设施设备进行接地与跨接、在管路上设置消静电器和静电缓和器等。

（1）添加抗静电添加剂。抗静电添加剂是一种能减少油品内静电的添加物，它的作用不是"抗"静电，而是加入微量的这种物质以后，可以成十倍、成百倍地增加油品的电导率，使静电及时导出。我国的轻质油品电导率大多在容易产生静电危险的范围。在油品中掺入抗静电添加剂可提高油品的导电性。从而加速油品静电的泄漏和导出，减少静电电荷的积聚并降低油品的电位，且不影响油品质量。不同油品对抗静电剂降低电阻率的效果是不同的，但总的规律是油品电阻率随抗静电剂含量的增加而降低，且近似线性变化。

抗静电剂为易燃品，宜储存于铁桶内，避免与强氧化剂、酸类接触，周围严禁烟火。

（2）设置消静电器和静电缓和器。消静电器即静电中和器，是消除和减少带电体电荷的金属容器。美国从 20 世纪 70 年代就研制了为油槽车装油时消除静电的消电器，并被许多国家所采用。80 年代后，我国也着手研制类似的消静电器，安装于管道末端，通过不断向管道注入与油品电荷极性相反的电荷来达到消除静电的目的。

目前，用于油品储运系统的消静电器主要为感应式。其工作原理为：当带电油品进入消静电器绝缘管后，由于对地电容变小，使内部电位提高，在管内形成高电压段，使电离针端部具有高电场，其内堆积的电荷被吸入油品中和，或者因高场强使油品部分电离发生中和作用，达到消除部分静电的效果。该类消电器由接地钢管及法兰、内部绝缘管、放电针及镶针螺栓三部分组成，其结构如图 11 - 25 所示。

静电缓和器也是消除静电效果较好的装置，其结构如图 11 – 26 所示，如在过滤器的尾部加大空间，与过滤器形成组合体，再利用罐体本身加以改进以达到缓和目的。

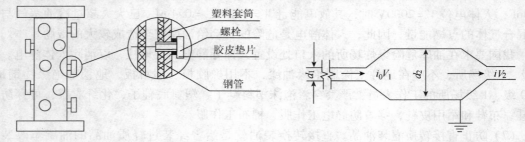

图 11 –25　消静电器结构示意图　　　　图 11 – 26　缓和器示意图

（3）促进静电流散。储油容器内壁需要涂装防腐时，可采用比所装介质电导率大的涂料，其电阻率应小于 $10^8\Omega\cdot m$（面电阻率低于 $10^9\Omega\cdot m$）。在装油管路的过滤器之后，设置足够的缓和长度（一般以 30s 为宜）；储油罐进口设缓和室；油罐内设接地隔板；绝缘罐（涂有良好绝缘涂层）内，在进口的油流方向设置裸露金属板，并与绝缘罐进油口的管接头进行电气连接，使带电油品进油罐后充分接触接地体。进油管出口采用 45°切口或其他减少静电产生的形式。在场地喷水，增加湿度适用于能被水浸湿，或者在表面能形成导电水膜的情况。如水蒸气能湿润衣服和地面，以降低人体静电。油品在管中输送，或通过滤芯过滤时产生的静电，不受大气影响；油罐车装油时，油罐外大气很难进入罐内，且不能在油面形成导电水膜，故对带电油面很难产生影响。汽车油罐车采用导电橡胶拖地带，以消除油罐车运输途中产生的静电。

11.4.3　避免静电放电

静电产生也往往伴随着静电逸散，如果自然逸散就不会形成危害。

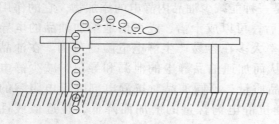

图 11 – 27　静电荷向大地释放，
避免静电荷积累

（1）金属设备进行电气连接并接地，相邻设备形成等电位。接地与跨接的目的就是把产生的静电导走，避免因静电积聚而引发放电着火，如图 11 – 27 所示。利用设施设备形成等电体，避免因静电电位差而造成火花放电。在油库中，金属储罐、泵房工艺设备、输油管线、鹤管等为了流散带电油品的静电，按技术要求将静电接地系统与设施设备的外壁可靠相连接地，通常采用焊接的方法，与"0"电位大地相通，使它们彼此间成为等电位，避免电火花的可能发生。对需要接地的设备与接地干线或接地体直接相连，彼此不串联，接地电阻小于 100Ω，对容量大于 50m³ 油罐接地点不应少于两处。带螺旋钢丝或内嵌铜丝编织的胶管，在胶管的两端应将钢（铜）丝与设备可靠连接，并接地。当设备、管道用金属法兰连接时、风机进出口软风管两端、铁轨与鹤管之间、灌桶间（场）的灌桶嘴和灌装了油的桶之间等都必须设置跨接线，汽车油罐车和灌装油管路之间应设置临时夹、卡连接，使之成为导静电通道，连接不可应用不可靠的缠绕方式。

（2）防止静电放电间隙形成。清除油罐内能聚集油面电荷的金属漂浮物或悬挂金属物。悬挂于油罐内的导线，油罐壁上的焊疤（瘤）等。对不能撤除的油面计量浮子等，必须用导线与油罐壁进行电气连接并接地，成为油面静电流散的通道，而不是危险电荷的收集体。

（3）油品装油静置一定时间。储油容器内的静电来源主要由油品输送过程中，油品同管道摩擦，泵、阀门及过滤器等部位能产生大量的静电，流入储罐中后，在储罐中产生静电，静电电位随装卸结束后逐渐下降。因此为防止静电事故的发生，对刚进油和运输后的容器进行检测作业时，油品需静置一段时间，保证容器内静电荷泄漏后，方可进行检尺、测温、采样等作业。其静置的时间见表11－9。

表11－9 轻质油品进罐后静置的时间规定表

油罐容量/m³	<10	11~50	51~5000	>5000
静置时间/min	3	5	15	30

（4）正确使用测温盒和采样器。测温盒和采样器必须用导静电的绳索，并与油罐体进行可靠连接；油罐的测量口内应设置铜（铝）护板、导尺槽，测量口旁设置接地端子；检尺时量油尺应沿导尺槽下放上提，测量过程中应将护板盖好；测量、取样时应与接地端子连接；严禁使用化纤布擦拭测量、取样、测温器具。

（5）正确清洗储油、运油容器。禁止用高压水、压缩空气冲洗轻油（含原油）油罐、油轮、油舱。如果必须高压冲洗时，应按油罐、油轮、油舱清洗安全规程和其他有关规章制度实施。油罐内爆炸性混合气体浓度必须限制在爆炸极限下限的20%以下。严禁用汽油等易燃液体清洗设备、器具、地坪；严禁用压缩空气清扫装过轻质油品的管线、油罐；严禁用化纤和丝织物及泡沫塑料擦拭储油、输油设备；严禁用汽油、煤油洗涤化纤和丝织物；严禁向非导电塑料桶灌注易燃油品；在作业现场使用的一切胶管、软管等必须采用防静电制品。

11.5 油库作业防静电的技术要求

11.5.1 防静电的标示规范

图11－28为防静电标示图。

11.5.2 作业中防静电

（1）储油罐收油。油罐的进油口应接近油罐的底部，进油口距离底板200mm。严禁作业时进行采样、测温、人工检尺和将其他物体伸入油罐内。空罐收油时，油品浸没注入口前，流速应小于1m/s；当油品浸没入口200mm后，可以提高流速，但最大流速应小于7m/s。

（2）铁路油罐车装卸油。如图11－29（a）所示，装卸油鹤管（胶管）应插入油罐的底部，鹤管口距罐底应小于200mm。油品浸没鹤管口前，或油品内存在明显水分、杂质时，流速应小于1m/s；当油品浸没鹤管口后，可以提高流速，但最大流速应小于4.5m/s。使用精细过滤器时，宜在连接精细过滤器与鹤管的管道上装设静电消除器。严禁装卸油时进行采样、测温、人工检尺。装油完毕应静置5min后方可进行采样、测温、人工检尺。

车间楼层，过道，防静电提示

周转箱，物料车，防静电提示贴

斑马线区域防静电提示贴

防静电地板，墙面，防静电提示贴　　　工作台面静电防静电提示贴

专门设计具有静电防护能力

图 11 - 28　防静电标示图

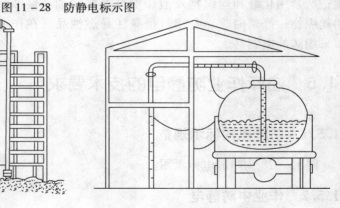

(a) 铁路油罐车装卸油　　　　　　　　　(b) 汽车油罐车装卸油

图 11 - 29　油罐车装卸油示意图

（3）汽车油罐车装卸油。在装卸油前，必须采用带有导电夹的专用多股铜芯软绞线或金属编织线将油罐车油罐与加油鹤管、管道、接地装置互相可靠连接，如图 11 - 29（b）所示。装卸油的最大流速应小于 4.5m/s，加油鹤管必须插入油罐底部，鹤管口距罐底应小于 200mm。装卸油时严禁进行采样、测温和人工检尺。装油完毕应静置 2min 后方可进行采样、测温、人工检尺，拆除接地线等。严禁使用罐内无缓冲挡板的汽车油罐车运输轻质油品。

（4）油轮（驳）装卸油。禁止采用外部软管从油舱口直接灌装轻质油品。当油品浸没注入口前，装油流速应小于 1m/s，当油品浸没注入口后，可提高装油流速，但最大流速应小

252

于 7m/s。装卸油时不准将导体放入油舱内。装油完毕应静置 10min 后方可进行采样、测温和人工检尺。若油舱容积大于 5000m³ 时，应静置 30min 后方可作业。码头区内的所有输油管道、设备和相关联的建（构）筑物的金属体，均应连成电气通路并接地。码头的装卸油的船位应设置接地装置，接地体应至少有一组设置在陆地上。在码头（趸船）应设置接地专用连接器；在油轮（驳）合适位置应设置接地端子。装卸轻质油品时，必须使码头（趸船）上的接地连接器与油轮（驳）上的接地端子可靠连接。码头引桥、趸船之间应有两处相连接并进行接地，连接线宜选用截面积为 35mm² 的多股铜芯电线。油轮（驳）与码头（趸船）上的静电接地装置之间应有两处相连接，连接宜选用截面积为 35mm² 的多股铜芯电线。不得利用加油软管上的屏蔽线、螺旋钢丝、铜质编织网（带）作船体接地。向两艘或两艘以上并靠或顺序停靠的船只油舱（柜）加注轻质油品，相邻船只应有不少于两处的挠性跨接线连接，连接线宜选用截面积为 35mm² 的多股铜芯电线，并有足够的长度余量。

（5）油桶灌装。在使用小型便携式容器盛装轻质油品时，应采用金属容器或导静电非金属容器。如图 11-30 所示。油桶在灌装前，桶体、加油枪（嘴）应接地。计量用的台称、地衡等应接地。200L 油桶的灌装时间宜为 1min。

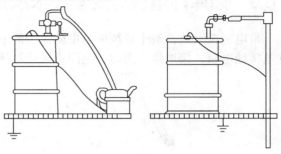

（6）采样、测温与人工检尺。轻质油品进入储油罐后，必须经过一定的静置时间，方可进行采样、测温、人工检尺。其

图 11-30 油桶装油

静置的时间应符合表 11-8 的规定。测温盒和采样器，宜选用防静电测绳或有色金属编织绳，使用时绳索末端应与罐体进行可靠连接。严禁选用绝缘物绳索，也不能采用链条当作接地连接线。测量人员在采样、测温、人工检尺时，必须穿着防静电服、鞋，上罐（车）之前必须触摸人体排静电体。

储罐测量口必须装有铜（铝）测量护板，采样器绳、测温盒绳、钢卷检尺进入油罐时必须紧贴导尺槽下落和上提。采样、测温、人工检尺时，上提速度应小于 0.5m/s，下落速度应小于 1m/s。

（7）清洗、擦拭设备、器具防静电。严禁用汽油、苯类等易燃溶剂清洗设备、器具、地坪。严禁用压缩空气吹扫轻质油品油罐。在爆炸危险场所内，严禁使用化纤、塑料、丝绸等材质制成的擦拭工具擦设备和器具。在同一个容器内，严禁人工和机械同时进行清洗作业。在清洗轻质油品储罐时，应穿着防静电服、鞋。

图 11-31 触摸人体排静电体示意图

（8）人体防静电。在爆炸危险场所的入口处（如储油洞口、泵房门口、露天油罐上梯口等），设置人体排静电体。也可直接利用接地的金属门、栏杆、金属支架等作为人体排静电体。作业人员进入爆炸危险场所前，应徒手或戴导静电手套触摸人体排静电体，如图 11-31 所示。爆炸危险场所作业人员应穿着防静电服（或棉服）、鞋。内衣不应穿着两件或两件以上化纤材质服装，所穿袜子宜为纯棉材质，不应为尼龙、腈纶等；严禁穿着泡沫塑料、塑料底鞋。严禁使用汽油、煤油等易燃液体洗涤化纤衣服。

11.5.3　管理中防静电

油库全体工作人员必须接受防静电危害安全教育，在每年的业务训练中安排相应的训练内容。油库规章制度、设备检查、安全评比都要有防静电方面的具体内容。每年春、秋季应对各静电接地体的接地电阻进行测量，并建立测量数据档案。若接地电阻不合格，应立即进行检修。建立静电接地分布图和技术档案，详细记载接地点的位置，接地体形状、材质、数量和埋设情况等。及时检查、清除油罐（舱）内未接地的浮动物。在爆炸危险场所，作业人员必须使用符合安全规定的防静电劳动保护用品和工具；严禁穿脱、拍打任何服装，不得梳头和互相打闹。油库必须配备静电测试仪表，根据不同环境条件及对象，进行静电产生状况普查和检测，并针对实际存在的问题，制定整改及预防措施。

11.6　油库静电接地安全技术规定

带电区至大地，整个系统的总电阻值为静电泄漏电阻，而由设备外壳至大地的电阻称为静电接地电阻，接地体至大地的电阻称为接地体对地电阻，如图 11-32 所示。

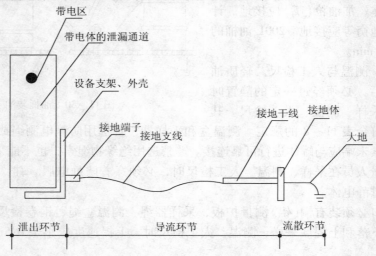

图 11-32　静电接地模型

11.6.1　静电接地一般规定

（1）静电接地的范围。需要采取静电接地措施的有金属导体与防雷、电气保护、防杂散电流、电磁屏蔽等的接地系统有电气连接的，埋入地下的金属构造物、金属配管、构筑物的钢筋等金属导体间有紧密的机械连接和在任何情况下金属接触面间有足够的静电导通性的，以及金属管段已作阴极保护的，均可不采取专有的静电接地措施(计算机、电子仪器等除外)。

静电接地的部位：设备外部通常不能进行检查的内部导体、绝缘物体上的金属部件、与绝缘物体同时使用的导体、被涂料或粉体绝缘的导体、容易腐蚀而造成接触不良的导体、在液面上悬浮的导体。

（2）静电接地的方式。需要进行静电接地的物体，根据类型选取静电接地方式。静电导体采用金属导体进行直接静电接地；人体与移动式设备采用非金属导电材料或防静电材料以及防静电制品进行间接静电接地。

对电导率很高的非导体，通过间接方式接地，能起到防止带电效果，但为了防止带电，还需要静置时间。静电非导体除间接静电接地外，还应配合其他的防静电措施，如通过静电消除器等措施来进行静电防护，但感应式静电消除器也需要进行接地才会起作用。

（3）静电接地系统的接地电阻。静电接地系统静电接地电阻值将 $10^6\Omega$ 作为静电泄漏电阻的安全界限，参考日本《静电安全指南》，列出一个判断带电状态的粗略标准，见表 11 – 10。

表 11 – 10　日本判断带电状态的标准

带电状态	泄漏电阻/Ω	带电状态	泄漏电阻/Ω
不带电	$< 10^6$	带电量大	$> 10^{10} \sim < 10^{12}$
稍带电	$> 10^6 \sim < 10^8$	大量带电	$> 10^2$
带电	$> 10^8 \sim < 10^{10}$		

专设的静电接地体的对地电阻值不能大于 100Ω，在山区等土壤电阻率较高的地区，其对地电阻值也不应大于 1000Ω。当其他接地装置兼作静电接地时，其接地电阻值应根据该接地装置的要求确定。

（4）静电接地端子和接地板的设置。在设备、管道的某个位置，设置专有的接地连接端子作为静电接地的连接点。接地连接端子的位置要不易受到外力损伤，便于检查维修，便于与接地干线相连，不妨碍操作，尽量避开容易积聚可燃混合物以及容易锈蚀的地点。

设备、管道外壳（包括设备支座、耳座）上预留出的裸露金属表面和设备、管道的金属螺栓连接部位要有静电接地端子、接地端子排板以及专用的金属接地板。

专用金属接地板的设置应符合：金属接地板可焊（或紧固）于设备、管道的金属外壳或支座上。金属接地板的材质应与设备、管道的金属外壳材质相同。金属接地板的截面不宜小于 50mm×10mm，最小有效长度对小型设备宜为 60mm，大型设备宜为 110mm。接地用螺栓规格不应小于 M10。

钢筋混凝土基础的钢板预埋件是静电接地体引出的重要部件，电气专业提出需要设预埋件的位置，由土建专业进行埋件设计。当选用钢筋混凝土基础作静电接地体时，应选择适当部位预埋 200mm×200mm×6mm 钢板，在钢板上再焊专用的金属接地板。预埋钢板的钢筋应与基础主钢筋（或通过一段钢筋）相焊接。框架式端子排板如图 11 – 33 所示。

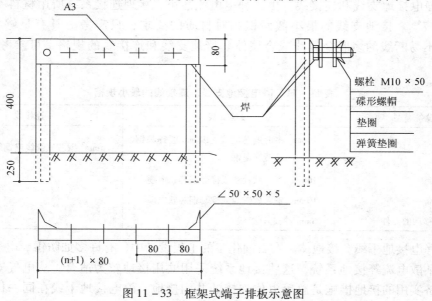

图 11 – 33　框架式端子排板示意图

设备有保温层，其金属接地板伸出保温层的长度应大于接地连接用的最小有效长度（60mm 或 110mm）。专用接地板组装示意图如图 11 - 34 所示。

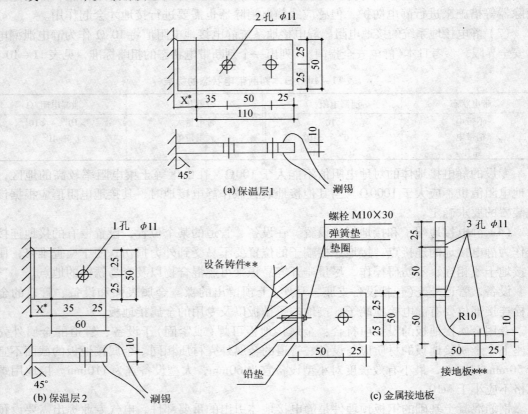

X* 为保温层厚度铸件**；接地部位设置凸台，有丝扣孔。
接地板*** 与接地线连接端，长度可为125，钻2孔 φ11。

图 11 - 34　专用接地板组装示意图

（5）静电接地支线和连接线。由于静电电流甚小，接地连接系统所用材料不需要进行载流量的核算。接地支线的最小截面积和对材质的要求，只需考虑具有足够机械强度、耐腐蚀和不易断线的多股金属线或金属体。接地支线和连接线的规格，可参考表 11 - 11 选用。

表 11 - 11　静电接地支线、连接线的最小规格

设备类型	接地支线	连接线
固定设备	$16mm^2$ 多股铜芯电线，φ8mm 镀锌圆钢，$12 \times 4(mm)$ 镀锌扁钢	$6mm^2$ 铜芯软绞线或铜编织线
大型移动设备	$16mm^2$ 铜芯软绞线或橡套铜芯软电缆	
一般移动设备	$10mm^2$ 铜芯软绞线或橡套铜芯软电缆	
振动和频繁移动的器件	$6mm^2$ 铜芯软绞线	

（6）静电接地干线和接地体。在石油化工的工程设计中，有许多如防雷、电气保护、防静电和防杂散电流等接地系统，这些接地系统采用共用接地较为适合。从电气安全的观点看，最经济实用的接地措施是总等电位连接的共用接地。静电接地干线在同一标高的平面

256

里，呈闭合环形布置并和不同标高的接地干线之间两点连接，是为了确保接地连接的可靠性。对于某些平面内只有少数设备需要静电接地，而且设备布置在厂房的一侧时，可以不必在厂房内作环形布置，只需与相邻标高的干线作两点连接。

三相四线制中的中性线（N线）不能作为静电接地线，因为在三相负荷不平衡时或一相断线时，对地会有较高的电位，引入设备会造成事故。静电接地系统（除兼有引流作用的金属设备本体外）与雷电引流线不能相连接，以保证引流线的完整性。

静电接地体的设计要符合：当静电接地干线与保护接地干线在建构筑物内有两点相连时，可不另设静电接地体；充分利用自然接地体以及其他用途的接地体；接地干线和接地体材质宜选用耐腐蚀材料，当选用镀锌钢材时，钢材规格可按表11-12选用。

表 11-12　静电接地干线和接地体用钢材的最小规格

名　称	单　位	规　格	
		地上	地下
扁钢	截面积/mm²	100	160
	厚度/mm	4(5)	4(5)
圆钢	直径/mm	12(14)	14
角钢	规格/mm		50×5
钢管	直径/mm		50

注：括号内数字为2类腐蚀环境中用钢材的推荐规格。

（7）静电接地的连接。接地端子与接地支线的连接对固定设备可采用螺栓连接；有振动、位移的物体可采用挠性线连接；移动式设备及工具可采用电瓶夹头、鳄式夹钳、专用连接夹头或磁力连接器等器具连接，不能采用接地线与被接地体相缠绕的方法进行连接。静电接地连接要求要符合当采用搭接焊连接时，其搭接长度必须是扁钢宽度的两倍或圆钢直径的6倍；当采用螺栓连接时，其金属接触面应去锈、除油污，并加防松螺帽或防松垫片；当采用电池夹头、鳄式夹钳等器具连接时，有关连接部位应去锈、除油污。

11.6.2　静电接地具体规定

（1）固定设备。固定设备的外壳要进行静电接地，若为覆土设备一般可不做静电接地。直径大于或等于2.5m及容积大于或等于50m³的设备，其接地点不应少于两处，接地点沿设备外围均匀布置，其间距不应大于30m。有振动性能的固定设备，其振动部件应采用截面不小于6mm²的铜芯软绞线接地，严禁使用单股线，如图11-35所示。有软连接的几个设备之间应采用铜芯软绞线跨接。

转动物体的接地可采用导电润滑脂或专用接地设施（如在无爆炸、无火灾危险环境内可采用滑环和电刷等）进行接地，类似于阀杆、轴承转动部分可不必进行上述连接。容易积聚电荷的皮带或传送带宜采用导电橡胶制品。皮带传动的机组及其皮带的防静电接地刷、防护罩均应接地。固定设备与接地线或连接线宜采

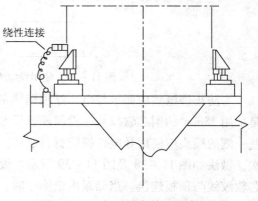

图 11-35　振动设备接地示意图

用螺栓连接，连接端子可设置在设备的侧面、设备联合金属支座的侧面或端部位置。与地绝缘的金属部件(如法兰、胶管接头、喷嘴等)应采用铜芯软绞线跨接引出接地。

与地绝缘的金属(如固定塑料法兰的金属螺栓、油面上的金属浮体等)必须接地。可用镀锌薄钢板大垫圈、镀锌钢丝和可挠多股金属线等相互连接并引出接地。板框过滤器、油品过滤器等是易产生静电的设备也要接地。固定设备接地端子的位置如图11-36所示。

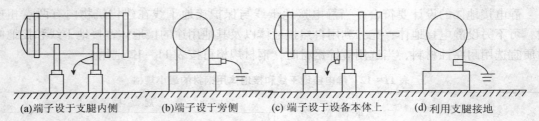

(a)端子设于支腿内侧　　(b)端子设于旁侧　　(c)端子设于设备本体上　　(d)利用支腿接地

图11-36　固定设备接地端子位置

(2)储罐。储罐内各金属构件必须与罐体等电位连接并接地。在罐顶取样操作平台上，操作口的两侧应各设一组接地端子，为取样绳索、检尺等工具接地用，使用导电性绳索的取样器的接地方式如图11-37所示，在取样器端可使用焊接以可靠接地。金属取样器及检尺工具为了防止形成孤立导体也必须可靠接地，操作平台上设置的接地端子应避开气体排放口。

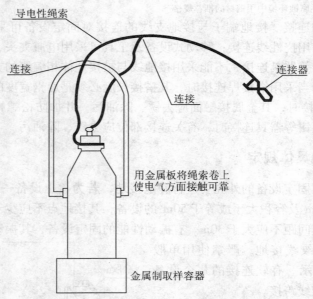

导电性绳索

连接

连接

连接器

用金属板将绳索卷上使电气方面接触可靠

金属制取样容器

图11-37　使用导电性绳索的采样器的接地示意图

为防止静电感应而带静电，浮顶储罐的浮顶应与储罐本体(外壁)之间进行跨接。一般是采用$25mm^2$的铜芯软绞线，沿斜梯敷设至罐壁，连接点不应少于两处。防风雨密封的储罐壁一侧的端头应使用导电性橡胶材料制造。浮顶的一侧应用$10mm^2$的铜绞线每隔3m跨接一次，做法如图11-38及图11-39所示。设置于罐顶的挡雨板应采用截面为$6\sim10mm^2$的铜芯软绞线与顶板连接。当储罐内壁涂漆时，漆的导电性能应高于被储液体的，其体积电阻率应在$10^8\Omega\cdot m$以下。

258

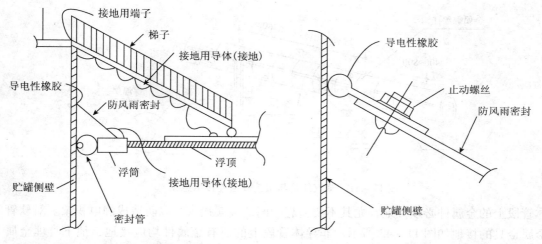

图 11-38　浮顶与储罐本体跨接　　　　　图 11-39　防风雨密封与储罐侧壁的跨接

为了防止人体带电，上罐前采用人体触摸接地的方式进行人体放电。上罐入口端的接地体可另设金属棒，横装在入口处，挡住人员登罐，必须推开金属棒完成放电后才可上罐。另一种方式是可利用一段扶梯（约 1m 长），不涂防腐涂料，供人体放电用，金属棒的安装示意见图 11-40 所示。

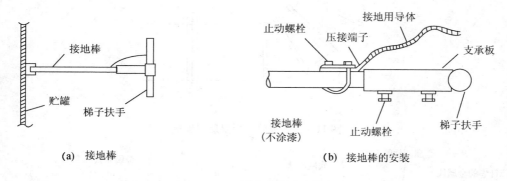

(a)　接地棒　　　　　　　　　　(b)　接地棒的安装

图 11-40　用接地棒消除静电

（3）管道系统。油库内管线带的静电接地一般要单独设计，管线必须要设接地点的：

① 接入泵过滤器、缓和器等设备处是静电量的变化所在，设接地点；

② 管线的分岔处一般考虑为接地点；

③ 平行的管线直管段一般 80~100m 的间隔处支架上设有管线支座，也是接地点。

④ 长距离无分支管道应每隔 100m 接地一次。当平行管道净距小于 100mm 时，应每隔 20m 加跨接线。当管道交叉且净距小于 100mm 时，应加跨接线。当金属法兰采用金属螺栓或卡子紧固时，一般可不必另装静电连接线，但应保证至少有两个螺栓或卡子间具有良好的导电接触面。工艺管道的加热伴管，应在伴管进汽口、回水口处与工艺管道等电位连接，与其工艺管道的连接如图 11-41 所示。

⑤ 风管及保温层的保护罩当采用薄金属板制作时，应咬口并利用机械固定的螺栓等电位连接，如图 11-42 所示。金属配管中间的非导体管段，除需做特殊防静电处理外，两端的金属管应分别与接地干线相连，或用截面不小于 6mm² 的铜芯软绞线跨接后接地。强调非

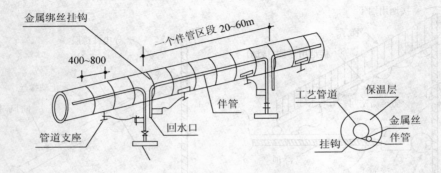

图 11 –41 蒸汽伴管与工艺管道连接示意图

导体管段上的金属件必须接地，尤其不要遗忘中间的金属接头，以防造成静电积聚。对软管上金属金具的接地如图 11 –43 所示。非导体管段上的所有金属件均应接地，地下直埋金属管道可不做静电接地。

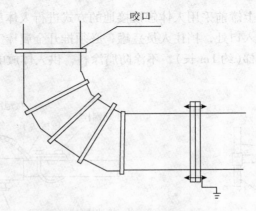

图 11 –42　风管、保温层罩连接

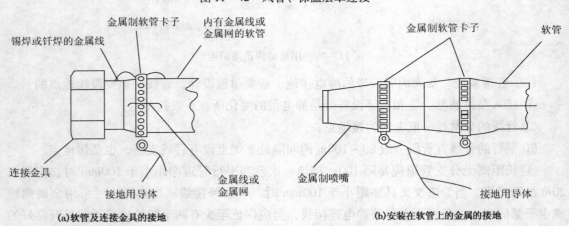

图 11 –43　软管连接金具的接地

（4）铁路栈台与罐车。栈台区域内的金属管道、设备、构筑物、铁路钢轨等应等电位连接并接地，还应构成接地网。区域内铁路钢轨的两端应接地，为防止外部杂散电流引入，铁轨在区域内外部交接处应进行绝缘隔离，轨端的跨接通常的做法如图 11 –44 所示。

260

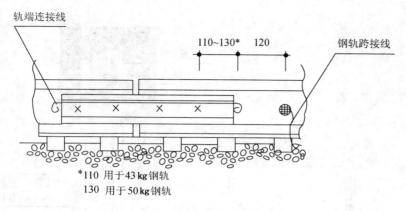

*110 用于 43 kg 钢轨
130 用于 50 kg 钢轨

图 11-44　轨端跨接示意图

　　每根钢轨间应是良好的电气通路，平行钢轨之间应跨接，每个鹤位处宜跨接一次并接地。跨接线可用 $1 \times 111 - 14.9 \mathrm{mm}^2$ 镀锌钢绞线，接地线可用双根 $\phi 5 \mathrm{m}$ 镀锌铁线，并用塞钉铆进钢轨，轨道接地示意如图 11-45 所示。在操作平台梯子入口处，应设置人体静电接地金属棒。每个鹤管平台处应设置接地端子，并设置带有专用夹的接地线。用于与槽车相连，接地端子宜用接地线与接地干线直接相连，使用专用线接入接地网，一般的接法如图 11-45 所示。罐车及储罐用带有接地夹的软金属线与接地端子连接。金属注液管与固定管道、钢架等应进行等电位连接并接地，其静电接地电阻应小于 $10^6 \Omega$。非金属注液软管宜采用防静电材料制作。

　　罐车的罐体、车体应与注液管系统以及栈台钢架等电位连接。如图 11-46 所示。在装卸作业前，应用专用接地线与平台接地端子连接，装卸完毕将顶盖盖好后方可拆除。

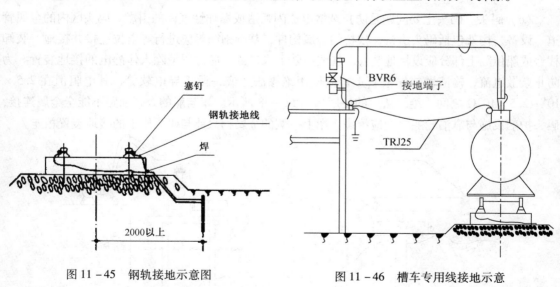

图 11-45　钢轨接地示意图　　　　　　图 11-46　槽车专用线接地示意

　　（5）汽车站台与罐车。汽车罐车与火车罐车基本状况和操作要求是一致的。站台区域内的金属管道、设备、构筑物等应进行等电位连接并接地。对于汽车罐车可能更多注意软管注送问题。使用防静电软管，对于嵌有金属物的软管应慎重使用，在使用中注意其电阻变化，两端及中间的金属连接件、镶嵌的金属件相互连接并接地，确保其导电性连接，保证管路的电阻在 $10^6 \Omega$ 以下，如图 11-47 所示。

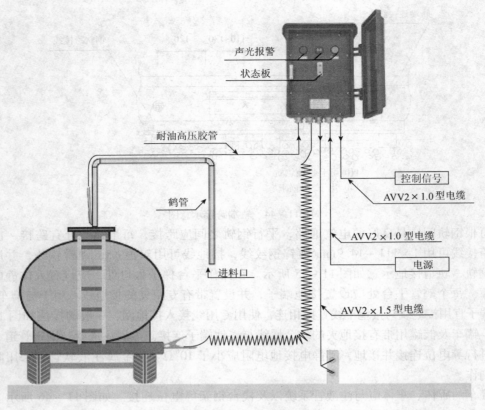

图 11 - 47　汽车罐车接地示意图

（6）码头。码头主要问题是防止杂散电流闪弧造成爆炸性气体的引燃。码头区内的金属管道、设备，构架包括码头引桥，栈桥的金属构件，基础钢筋等应进行等电位连接并接地。装卸栈台或船位陆上部分应设接地装置。在船位陆上入口处，应设置消除人体静电的接地装置。为防止杂散电流，输液臂或输液管上，应使用绝缘法兰或一段不导电软管，其电阻值在 $2.5 \times 10^4 \sim 2.5 \times 10^6 \Omega$ 之间，绝缘法兰的使用如图 11 - 48 所示。岸与船的人行通路不能全金属连接，码头护舷设施与靠泊轮船之间应绝缘。岸上一侧的金属物只能与码头岸上的接地装置相连。

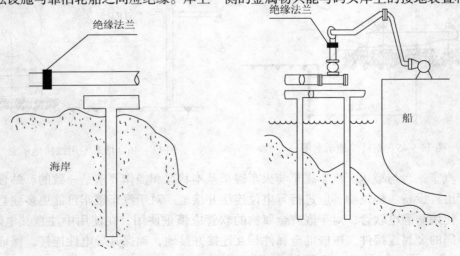

图 11 - 48　绝缘法兰使用示意图

（7）计算机房与电子仪表室的静电接地。计算机房与电子仪表室的静电接地应符合国标《电子计算机房设计规范》GB 50174—93 的规定。人在室内活动，接触带电粒子或感应都能使人体带电，人体电容值一般在 $100 \sim 150$pF 的范围内变化，人体的电阻值在 $10^3 \sim 10^6 \Omega$ 范围内，人体的充电电流一般在 10^{-9}A 范围内。人体带电易产生静电的位置如图 11-49 所示。在有低压动力电源的场所，为了防止人体触电，要控制可能通过人体的电流，通过人体的电流要小于 5mA。因此，防静电材料阻值不是越低越好。另外，服装、鞋帽等接触物因素，地板、墙壁、温湿度环境因素也需考虑静电接地。

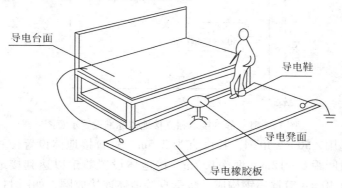

图 11-49　人体静电接地环境示意图

11.6.3　静电接地操作流程

（1）判断是否需要专用静电接地。如果设备针对性地具备了防雷、电气保护、防杂散电流、电磁屏蔽等，则不需要再进行静电接地。阴极保护的管段不可以再作接地，否则将破坏阴极保护。内外表面导电的埋地管道可不进行静电接地，其余未进行接地保护的架空埋地防腐处理管道都必须进行专设防静电保护。非导体管段上所有金属件均应接地。

（2）选取静电接地点。管道进出装置处、分支处、弯管、阀门法兰处均是主要静电接地点。主要静电接地点确认后，如遇长距离无分支的管道，应在间隔以内 100m 重复接地一次。静电接地点的选取综合考虑易于检修、防腐防锈、不易受损、不妨碍操作、便于连接接地干线。一个管段内接地点少于 3 处，每处接地引线对地阻值要求 $<10\Omega$；一个管段内接地点多余 3 处（含 3 处），每处接地引线对地阻值要求 $<30\Omega$。重复接地要求如图 11-50 所示。

（3）选取静电接地端子连接方法。将金属接触面除锈去污，采用搭接焊连接方法，搭接长度为扁钢长度 2 倍或圆钢直径 6 倍。如果使用钛钢或不锈钢管，则搭接前需垫钛板或不锈钢板过渡。螺栓连接：金属接触面除锈去污，采用 M10 以上螺栓，加防松螺帽或放松垫片，接触面涂电力复合脂。

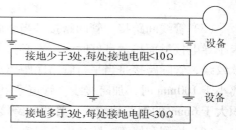

图 11-50　重复接地要求示意图

（4）接地体选用。如果具备自然接地体或其他保护接地体可充分利用。静电接地体不可用三相四线制的中性线、直流回路专用接地线。静电接地可共用防雷接地，但雷电引流线不可共用。仅供静电接地保护的独立接地体设置如图 11-51 所示，接地体由水平接地体和垂直接地体构成，构建成接地干线网络并将引流线接于其上。

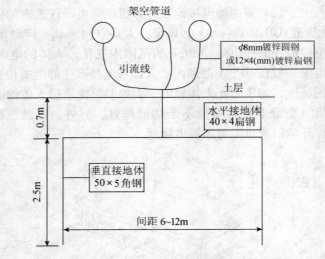

图 11 –51 静电接地独立接地体标准设置示意图

垂直接地体选用∠50 × 5 角钢，长度宜为 2.5m。垂直接地体设置位置与间距土质情况和经验决定，一般间距 6 ～ 12m，埋深 0.7m。接地体设置数量以达到接地电阻阻值要求为准。水平接地体由 40 × 4 镀锌扁钢构成，将垂直接地体连接成网，如图 11 – 52 所示。

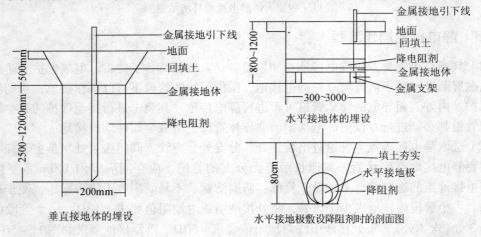

图 11 – 52 接地体埋设示意图

（5）管线间跨接。管间跨接是当金属法兰用金属螺栓或卡子紧固时，有两颗以上螺栓或卡子导电接触面接触良好时，可不必另装静电连接线。跨接线采用截面积大于 6mm² 的铜芯软绞线，管际跨接是当平行管道净距离小于 100mm 时，每隔 20m 加跨接线。交叉管道净距离小于 100mm 时，加跨接线，管道净距离大于 100mm 时按独立管线处理。跨接线采用截面积大于 6mm² 的铜芯软绞线，管线间跨接静电接地要求如图 11 – 53 所示。

（6）检测和修正。防静电装置完工后需检测验收：测量使用仪器仪表须按照各自操作规程和测量要求进行。抽取整体管道中点附近的两个接地点的中点作为测量点，防静电接地电阻值读数应小于 100Ω。如果读数不满足要求，则需要进行修正。如该测量点阻值过大则该点重复接地；该点阻值略大于标准则增大两端接地点导电截面积，填写静电防护装置安装验收有关表格并存档。绘制管线简图，标明接地点位置与各接地点阻值。检测整体阻值后，将每个检测点原始记录填写在《接地电阻值测量记录》，静电接地布置如图 11 – 54 所示。

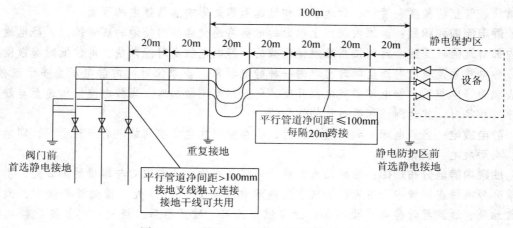

图 11-53　管线间跨接静电接地要求示意图

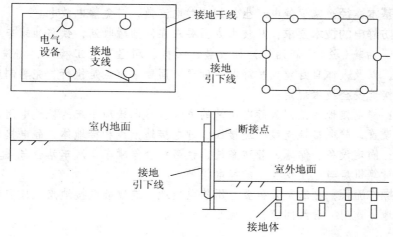

图 11-54　静电接地布置示意图

本 章 小 结

　　静电概念： 静电(electrostatic)就是物体表面过剩和不足的静止电荷，当正电荷和负电荷在局部范围内失去平衡，通过电子和离子的转移而形成的一种具有电能的电荷，并留存于物体表面。

　　静电放电(electrostatic discharge，ESD)是指带有不同静电电势的物体或表面之间的静电电荷转移，其表现形式为接触放电和电场击穿放电。

　　静电产生的主要方式有接触、摩擦、冲流、冷冻、电解、压电、温差等。产生的物理过程是：静电感应和接触可造成电荷转移；双电层形成使得电荷分离。

　　静电产生的原理： 静电产生的原理是建立在双电层理论基础上。

　　油品静电的产生： 油库油品"储运灌加"过程中，不可避免地发生搅拌、沉降、过滤、摇晃、冲击、喷射、飞溅、发泡，以及流动等接触、摩擦、分离的相对运动而产生、积聚静电。

　　影响油品静电的因素： 油品的导电性、油品的含水量、油品的流动状态、油流速度、管线材质、管壁粗糙度、管径、管道长度和过滤器都是影响油品静电的因素。

静电流散和积累： 油罐内液面上积聚的电荷将通过油品向接地的四壁流散，静电通过介质内部对地流散是随着时间按指数规律衰减的，静电电位高时流散快，电位低时流散慢。

静电积累是与静电产生同时出现的一种静电现象。当单位时间内静电产生多于流散时，就表现为静电积累。静电积累使电位升高，促使静电流散加速。当静电流散加速至与静电产生速度相等时，就达到该积累过程的饱和值。

静电放电： 当静电积累到一定程度时，会在空间放电。空间放电有三种形式，即电晕放电、刷形放电、火花放电。

油罐内静电分布规律： 油罐顶有支柱的油罐最高静电位在中心与罐壁的1/2处；拱顶油罐最高静电位在油罐中心位置；油罐车最高静电位在1/2~3/4处；输油管系统中，油品在通过油泵、过滤器时静电产生增加；油品通过油泵、过滤器后，经过一定长度后静电有所下降。

防静电的基本途径： 减少静电产生，加速静电流散，避免静电放电。

油库作业防静电的技术要求： 从技术方面要求在储油罐收油，铁路油罐车装卸油，汽车油罐车装卸油，油轮（驳）装卸油，油桶灌装，采样、测温与人工检尺，清洗、擦拭设备、器具等作业中，以及人体自身重点防静电。管理方面要求重点是执行、完善制度。

油库静电接地安全技术规定：

一般规定： 静电接地的范围、静电接地的方式、静电接地系统的接地电阻、静电接地端子和接地板的设置、静电接地支线和连接线、静电接地干线和接地体、静电接地间的连接。

具体规定： 固定设备、储罐、管道系统、铁路栈台与罐车、汽车站台与罐车、码头、人体静电接地、计算机房与电子仪表室的静电接地。

静电接地操作流程： 判断是否需要专用静电接地、选取静电接地点、选取静电接地端子连接方法、接地体选用、管线间跨接、检测和修正。

习　题

一、选择题

1. 地毯中夹入少量的金属纤维是为了（　　）。

A. 避免人走动时产生静电　　　　　　　　B. 将人走动时产生的静电及时导走

C. 增大地毯的强度和韧性　　　　　　　　D. 对地毯起装饰作用

2. 在寒冷的冬季，人们在晚上脱衣服时，有时可以看到火花四溅，并伴有"噼啪"的声音，这是因为（　　）。

A. 衣服由于摩擦而产生了静电　　　　　　B. 人体本身是带电体

C. 因为空气中含有带电粒子，在衣服上放电所致　　D. 以上说法均不正确

3. 下列哪些措施在技术上应用了静电（　　）。

A. 精密仪器外包有一层金属外壳　　　　　B. 家用电器如洗衣机接有地线

C. 油罐车拖有接地的铁链　　　　　　　　D. 以上都不是

4. 下列哪些做法属于防止静电危害的措施（　　　）。

A. 印刷厂要保持适当的湿度　　　　　　　B. 油罐车拖有接地的铁链

C. 有些门把手用金属做成　　　　　　　　D. 静电喷漆中使雾状油漆带上负电

5. 下列说法正确的是(   )。

A. 静电复印中的硒鼓上字迹的像实际上是曝光的地方

B. 飞机着陆时，为了防止乘客下飞机时被电击，飞机起落架上都使用特制的接地轮胎或接地线

C. 在易产生静电的工厂里，只要保持车间环境干燥才可以防止静电危害

D. 建筑物防雷击的有效措施是利用尖端放电原理，通过避雷针将建筑物与大地相接，这样，当带电积雨云靠近避雷针时，避雷针与云块之间会缓慢放电，因而难以形成高压，故能起到保护作用

6. 如图所示，是静电除尘的原理示意图，关于静电除尘的原理，下列说法正确的是(   )。

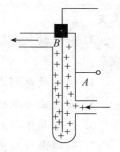

A. 金属管 A 接高压电源的正极，金属丝 B 接负极

B. A 附近的空气分子被强电场电离为电子和正离子

C. 正离子向 A 运动过程中被烟气中的煤粉俘获，使煤粉带正电，吸附到 A 上，排出的烟就清洁了

D. 电子向 A 极运动过程中，遇到烟气中的煤粉带负电，吸附 A 上排出的烟就清洁了

7. 为了防止静电的危害，应尽快把静电导走，下列措施中是为了防止静电危害的有(   )。

A. 油罐车后面装一条拖地铁链　　　　　　B. 电工钳柄上套有一绝缘胶套

C. 飞机轮上拾地线　　　　　　　　　　　D. 印染车间里保持适当的湿度

8. 防静电系统必须有独立可靠的接地装置，接地电阻一般应小于(   )。

A. 10Ω　　　　　B. 20Ω　　　　　C. 30Ω　　　　　D. 40Ω

9. 防静电工作区的环境相对湿度以不低于(   )为宜。

A. 40%　　　　　B. 45%　　　　　C. 50%　　　　　D. 55%

10. 防静电工作区的操作人员配带防静电腕带时，腕带接地系统电阻的大小应考虑到人身安全，一般取(   )。

A. $10^3 \sim 10^5 \Omega$　　　B. $10^5 \sim 10^7 \Omega$　　　C. $10^4 \sim 10^6 \Omega$　　　D. $10^6 \sim 10^8 \Omega$

11. 静电电压能够由(   )情况产生?

A. 摩擦　　　　　B. 感应　　　　　C. 电容改变　　　　　D. 湿度变化

12. 静电敏感度等级是根据对 ESSD 造成损伤的静电电压的不同所划分的静电电压级别，共分为(   )个级别。

A. 2　　　　　B. 3　　　　　C. 4　　　　　D. 5

13. 防静电中的环境要求对温湿度要求分三级，其中 A 级的要求是(   )。

A. $18 \sim 28℃$，40% ~65%　　　　　　B. $21 \sim 25℃$，40% ~65%

C. $18 \sim 28℃$，30% ~75%　　　　　　D. $21 \sim 25℃$，30% ~75%

14. 防静电中的环境要求对静电电压的要求是绝对值应小于(   )。

A. 150V　　　　　B. 200V　　　　　C. 250V　　　　　D. 300V

15. 油罐接地连线必须设置断接卡，断接卡必须用不小于(   )的螺栓连接。

A. M10　　　　　　B. M8　　　　　　C. M6　　　　　　D. M4

16. 铁路罐车装油速度宜满足式( )关系。

A. $VD \leqslant 0.8$　　　B. $VD \leqslant 0.5$　　　C. $VD \geqslant 0.8$　　　D. $VD \geqslant 0.5$

17. 轻质油品安全静止电导率应大于( )。

A. 50PS/m　　　B. 30PS/m　　　C. 19PS/m　　　D. 10PS/m

二、填空题

1. 静电起电包括_____、_____、_____、_____、_____、_____等多种起电过程。

2. 液体在_____、_____、_____、_____、_____、_____、_____、_____等过程中，可能产生十分危险的静电，严重者会由静电火花引起爆炸或火灾。

3. 静电放电一般是因带电物体产生的静电场_____时而产生的电离现象。

4. 静电放电形式一般包括以下几种：_____。

5. 安全油面电位值为_____。

6. 静电导体与大地间的总泄漏电阻值在通常情况下均不大于_____。

7. 储罐内壁应使用防静电防腐涂料，涂料体电阻率应低于_____。

8. 铁路罐车装油完毕，宜静置不少于_____后，再进行采样，测温、检尺、拆除接地线等。

9. 防静电接地装置的接地电阻，不宜大于_____Ω。

10. 铁路装卸油设施钢轨、输油管线、鹤管、钢栈桥等应作_____以上等电位跨接并接地，其接地电阻值不应大于____Ω。跨接线的截面面积不应小于_____。

11. 金属油罐的阻火器、呼吸阀、量油孔、人孔、透光孔等金属附件必须保持_____。

12. 铁路装卸油品设备(包括钢轨、管路、鹤管、栈桥等)应作电气连接并接地，冲击接地电阻应不大于_____Ω。

13. 《液体石油产品静电安全规程》GB 13348—92 第4.7.1条规定，当气体爆炸危险场所的等级属_____区和_____区时，作业人员应穿防静电工作服、防静电工作鞋、袜，且应配置导电地面。

14. 根据《建筑物防雷设计规范》GB 50057—94 与《石油与石油设施雷电安全规范》GB 15599—1995中规定，法兰、阀门的连接处应设金属跨接线，其跨接接触电阻值不大于_____Ω。当法兰用_____根以上螺栓连接时，法兰可不用金属线跨接，但必须构成电气通路，其法兰间的电阻值不大于_____Ω。

15. 《液体石油产品静电安全规程》GB 13348—92 中第5.1.3条规定，轻质油品的进油出油口必须接近_____。

16. 《液体石油产品静电安全规程》GB 13348—92 中第5.1.4条规定，对于电导率低于50pS/m的液体石油产品，在注入口未侵没前，初始流速不应大于_____，可逐步提高流速，但最大流速不应超过_____。如果采用其他有效防静电措施，可不受上述限制。

17. 浮顶油罐的浮顶与罐体必须用两根截面不小于_____mm² 的软铜绞线作电气连接，浮顶连线的 4 个接点的接触电阻不得大于_____。

18. 叙述油罐区防静电检查检测内容。

19. 什么是静电？

20. 为什么要避免静电对人体的危害？如何避免？

21. 静电对油库主要损害有哪些形式？

22. 静电对油品损害有哪些特点？

第 12 章 油库防雷电和电气安全接地

本章从雷电的形成，雷电的雷击形式及危害谈起，分析油库遭受雷击的条件，利用防雷装置对油库雷电采取接闪引雷、电离消雷、等电位防雷和雷电波阻侵等技术措施。地面油罐的防雷，地下油罐的防雷和洞库油罐的防雷是油库的重点。

电气安全防护从接地概念和接地电阻测试入手，了解电气安全方面的触电原因和触电急救方法。对直接接触电击采取绝缘、屏护和间距等防护技术，对间接接触电击的防护通常是保护接地和保护接零。

学习油库防雷的重要性、使用性质、发生雷电事故的可能性和后果，学会防雷措施和要求。电气安全主要措施的各种接地，通过接地保护和接零保护，防护触电对人体的危害，掌握常规触电防护技术，这是保证用电安全的有效途径。

12.1 油库雷电形成与危害

油库防雷电示意图如图 12-1 所示。

12.1.1 雷电的形成

"水滴分裂理论"是目前解释雷电形成的根据。在雷雨季节，地面上的水分受热变成蒸汽上升，相遇冷空气后凝成水滴，形成积云。云中水滴受强气流摩擦产生电荷，小水滴被气流带走，形成带负电的云，大水滴形成带正电的云。在大地表面与云层之间和云层之间静电感应出异性电荷，当电场强度达到一定值时，即发生雷云与大地间或雷云间的放电，如图 12-2 所示。

雷云放电理论建立在"长间隙放电"上，雷云对地放电为四个阶段，即云中放电、对地先导、定向闪击和回闪。雷云形成前，先是云内放电和云间放电频繁，云中放电造成云中电荷的重新分布和电场畸变，当云中电荷密集处的电场强度达到 25~30kV/cm 时，云团向地就会先导放电，跳跃式逐步向下延伸。当先放电距地 50s 左右，诱发来自地面上最突出的部分的迎面先导，当对地先导和地面的迎面先导会合时，就形成了从云团到地面的强烈电离通道，放电接着转为定向闪击。定向闪击沿最短路径进行，紧接着回闪，这时出现极大的电流，开始雷击。在主放电中电离通道发生猛烈的电荷中和，放出能量，引发强烈的闪光和雷鸣，如图 12-3 所示。

12.1.2 雷电的雷击形式及危害

雷电的雷击主要形式有三种：直击雷、感应雷和球形雷。

（1）直击雷。直击雷是雷云与大地之间的放电。直击雷的破坏作用主要是：电效应破坏、热效应破坏和机械效应破坏。

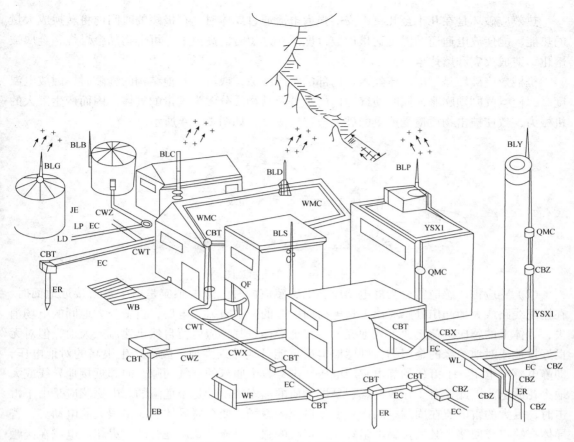

图 12 - 1 油库防雷电设置示意图

ER—整体接地棒；QR—接地中心；BLY—烟囱避雷针；CBZ—螺栓型直流连接器；EB—分节型接地棒；

BLD—斜屋避雷针；CBT—螺栓型交叉连接器；EG—接地棒端盖；BLP—平屋避雷针；CBX—螺栓型十字连接器；

EC—接地线（圆截面、扁截面）；BLC—侧墙避雷针；CWZ—熔焊型直线连接器；YSX1—避雷带（圆截面、扁截面）；

BLS—山墙避雷针；CWT—熔焊型交叉连接器；WB—网板；BLG—罐顶避雷针；CWX—熔焊型十字连接器；

WL—汇流板；BLB—罐壁避雷针；WF—室外分线中心；WMC—屋面支架；QMC—墙面支架；

BK—抱箍连接件；BX—伸缩补偿件；JE—接地耳；LP—连接片；LD—连接端子

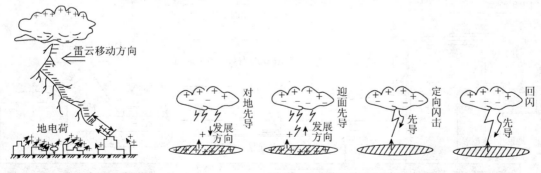

图 12 - 2 雷云成因示意图　　　　图 12 - 3 雷云放电过程示意图

电效应破坏是在雷电放电时，能产生数万伏甚至数十万伏的冲击电压，足以烧毁电力系统的电机、变压器、断路器等电力线路和设备，引起绝缘击穿而发生短路，导致可燃、易燃、易爆物品着火爆炸。

热效应破坏是在几十至几百千安的强大电流通过导体时,在极短的时间内将转换成大量的热能,能使放电通道的温度达摄氏数万度。在这短时的高温下,可燃物品会燃烧,金属被熔化,造成火灾和爆炸事故。

机械效应破坏是雷电流流经木材内部的纤维缝隙,或流经其他结构的缝隙时,因放电温度高,使空气剧烈膨胀,同时使缝隙内的水分及其物质分解为大量的气体,因而产生巨大的机械力,致使被击物质遭受严重的破坏或造成爆炸,如图12-4所示。

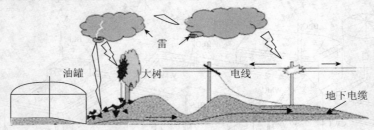

图12-4　直击雷示意图

(2) 感应雷。感应雷分为静电感应和电磁感应两种。静电感应是由于雷云接近地面时,在输配线路或大地凸出处感应出大量电荷而引起的。在雷云放电后,雷云与大地间的电场消失,导体上的感应电荷迅速流入地壳。对接地导体,其感应电荷自然迅速流入大地,但对无良好接地或对地绝缘的金属物,则感应电荷不能迅速导入大地,因而产生很高的对地电压,即静电感应电压。上万伏的静电感应电压,击穿数十厘米的空气间隙,向邻近接地导线或大地火花放电。因此,对于存放易燃、易爆物质的油库来说,是很危险的。电磁感应是由于雷击时,巨大的雷电流在周围空间产生变化迅速的磁场,使金属导体感应出很大的电动势,若导体有缺口或回路上某处接触电阻较大,很大的感应电流在缺口处会产生火花放电或在接触电阻大的部位产生局部过热,从而引燃周围可燃物,如图12-5所示。

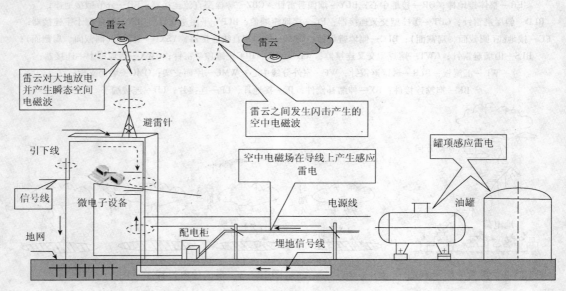

图12-5　感应雷击示意图

(3) 球形雷。球形雷是雷电发生时形成的发红光或白光的火球,球形雷很少见。其直径约为20cm左右,最大的可达10m,其运动速度约为2m/s。球形雷是由特殊的带电气体形成的，在雷雨季节，球形雷可从油罐的排气管、呼吸阀、采样孔、检尺孔等通道侵入罐内。

（4）雷电侵入波。雷电侵入波是雷击时，在架空线路或金属通道上产生的冲击电压沿线路或管道的两个方向迅速传播的雷电波。雷电侵入波在架空线路中以 300km/s 的速度传播，在电缆中以 150km/s 的速度传播。冲击波、强烈的电磁辐射，并由此伴随而产生的电效应、热效应或机械力等一系列的破坏作用，损坏放电通道上的建筑物、输电线、室外电气设备、击死击伤人等造成局部财产损失和人伤亡。

12.1.3 遭受雷击的条件

（1）地质条件。湿地、河床、池沼、苇塘，以及地下水位高、金属矿床等地点，由于土壤电阻率小易于积聚电荷，容易遭雷击。

（2）地形条件。海洋潮湿空气从我国东南进入大陆，经日光曝晒天气闷热，遇到山体气流上升而出现雷雨，山的东坡、南坡遭受雷击多于西坡、北坡；因山中峡谷较窄，不易受日光曝晒和对流，缺乏形成雷的条件，雷击少于山中平地；靠山、临水地区的低洼湿地易遭雷击；山口、风口或河谷等雷暴走廊与风向一致时，容易遭受雷击。

（3）地物条件。空旷地中的独立建筑物，建筑物中的高耸建筑和特别潮湿的建筑；房旁大树、接收天线、山区电力线路及转角、铁路集中地；屋顶为金属结构、地下有金属管道、建筑物内有大型金属设备的容易遭受雷击。

（4）建筑物条件。主要取决于建筑的坡度、形式和长度。平顶、坡度不大于 1/10 时的檐角、女儿墙和屋檐；坡度大于 1/10 而小于 1/2 时的屋角、屋脊、檐角和屋檐；屋脊长度大于 30m 的山墙；坡度大于 1/2 的屋角、屋脊和屋檐；坡度大于 4/5 时的屋脊等都容易遭受雷击。

（5）地理条件。湿热地区比干冷地区雷暴多，低纬比高纬的频数多，从赤道向南、北雷暴频数递减。全国雷暴趋势是华南＞西南＞长江流域＞华北＞东北＞西北。雷击密度是山区大于平原，平原大于沙漠，陆地大于湖海。

（6）时间条件。雷电活动集中在夏季；每天活动时间陆上多在午后到傍晚，海上夜雷雨多于日雷雨；山谷、盆地常多夜雷雨。

12.2 油库雷电防护装置

油库雷电防护如图 12-6 所示，其防护装置按其基本原理可归纳为：

（1）预设雷电放电通道。将发展方向不明的雷云引至放电通道，使雷电电荷导入地下，保护周围建筑、设备和设施的引雷装置。

（2）预设离子发生器。当雷云与大地所形成的静电场电压达到一定值时，空气被电离，形成空气离子，离子发生器源源不断地提供离子流与雷云电荷中和，避免直接雷击或减弱其强度的消雷装置。

（3）将金属导电体进行电气连接并接地。反击雷电产生的静电和电磁效应的等电位装置。

（4）切断雷电通路装置。当雷击架空电力线路时，切断引入室内的线路，将雷电电流导入地下，保护室内设备。

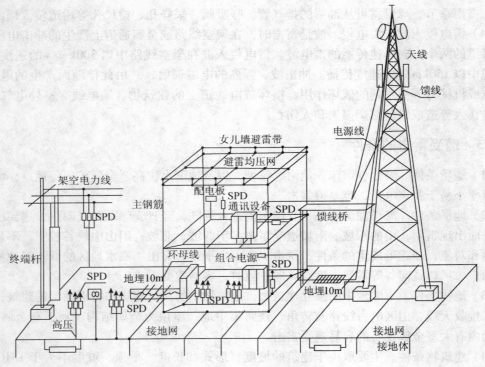

图 12-6 雷电防护装置示意图

图中标注：天线、馈线、电源线、女儿墙避雷带、避雷均压网、配电板、SPD、通讯设备、SPD、馈线桥、主钢筋、架空电力线、SPD、终端杆、环母线、组合电源、SPD、地埋10m、SPD、地埋10m、高压、SPD、接地网、接地网、接地体、雷电云

12.2.1 接闪引雷

接闪引雷装置中的接闪器是专用来直接接受雷击的金属体。通过避雷针、避雷线、避雷网等装置部件把雷电迅速流散到大地中去。如图 12-7 所示，接闪的金属杆叫做避雷针，接闪的金属线叫做避雷线或架空地线，接闪的金属带、金属网叫做避雷带、避雷网，所有接闪器都经过接地引线与接地体相联。

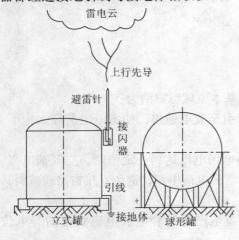

图 12-7 接闪引雷装置示意图

图中标注：雷电云、上行先导、避雷针、接闪器、引线、立式罐、接地体、球形罐

（1）避雷针。避雷针的作用是将雷云放电的通路由原来可能向被保护物体发展的方向，吸引到避雷针本身，由它及与它相联的引下线和接地装置将雷电流泄放到大地中去，使被保护物体免受直接雷击。避雷针是用镀锌圆钢或镀锌焊接钢管制成，长度在 1.5m 以上时，圆钢直径不得小于 10mm，钢管直径不得小于 20mm，管壁厚度不得小于 2.75mm。当长度在 3m 以上时，可将粗细不同的几节钢管焊接起来使用。避雷针下端经引下线与接地装置焊接相联。若采用圆钢，引下线的直径不得小于 8mm。若采用扁钢，其厚度不得小于 4mm，截面积不得小于 48mm²。

避雷针保护范围，一般采用"滚球法"来确定。所谓"滚球法"就是选择一个半径 r_s 为的"滚球半径"球体，沿需要防护的部位滚动，如果球体只接触到避雷针（线）或避雷针与地面，不触及需要保护的部位，则该部位就在避雷针的

274

保护范围之内，如图 12-8 所示。

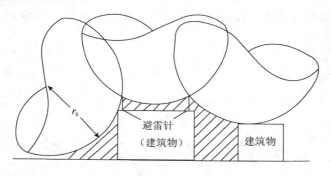

图 12-8　"滚球法"避雷针的保护范围

对山地和坡地，由于地形、地质、气象及雷电活动的复杂性，避雷针的保护范围会降低。

（2）避雷线。避雷线一般用截面不小于 35mm² 的镀锌钢铰线，架设在架空线或建筑物的上面，以保护架空线或建筑物免遭直接雷击。由于避雷线既是架空的又是接地的，也称为架空地线。其作用原理与避雷针相同，只是保护范围小一些。单根避雷线的保护示意如图 12-9。范围为：

当避雷线高度 $h \geqslant 2h_r$ 时，无保护范围。

当 $h_r < h < 2h_r$ 时，保护范围最高点的高度 $h_0 = 2h_r - h$。

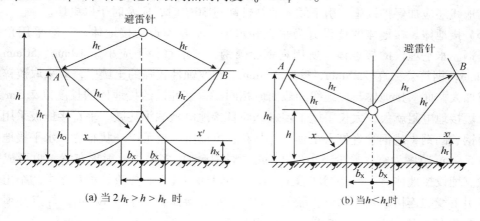

(a) 当 $2h_r > h > h_r$ 时　　　　(b) 当 $h < h_r$ 时

图 12-9　单根避雷线保护范围示意图

在确定架空避雷线的高度时，应考虑弧垂。在无法确定弧垂的情况下，等高支柱间的档距小于 120m 时，其避雷线中点的弧垂宜选用 2m；档距为 120~150m 时宜选用 3m。

（3）避雷网和避雷带。主要用来保护高层建筑物免遭直击雷击和感应雷击。避雷网和避雷带宜采用圆钢和扁钢，优先采用圆钢。圆钢直径不小于 9mm，扁钢截面不小于 49mm²，其厚度不小于 4mm。装设烟囱上采用避雷环时，其圆钢直径不小于 12mm，扁钢截面不小于 100mm²，其厚度不小于 4mm。

（4）引下线。引下线上接接闪器，下接接地装置，一般采用圆钢或扁钢，圆钢直径大于 8mm；扁钢截面大于 48mm²，厚度 4mm 以上，为了避免很快腐蚀，最好不要采用钢铰线做引下线，同时应满足机械强度、耐腐蚀和热稳定要求。

引下线沿建（构）筑物外墙敷设，并经最短路线接地，一个建（构）筑物的引下线一般不少于两根。对于暗装的引下线，其截面积应加大一级，如图 12 - 10 所示。

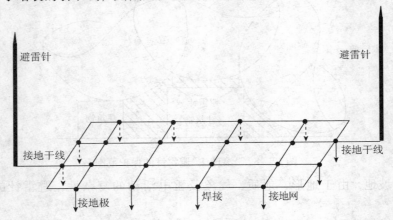

图 12 - 10　引下线、避雷网示意图

建（构）筑物的金属构件（如油罐壁等）也可作为引下线，但所有的金属构件均应连成电气通路。引下线应避开建（构）筑物的出入口和行人较易接触的地点，以避免接触电压的危险。采用多根引下线时，为了便于测量接地电阻以及检查引下线和接地线的状况，宜在各引下线距地面为 1.8m 处设置断接卡。在易受机械损失的地方，则对地面 1.7m 至地下 0.3m 的一段接地线还应加保护设施。引下线截面锈蚀超过 30% 时，应及时予以更换。

（5）接地体。接地体的埋设分为垂直和水平，垂直埋设的接地体，一般采用角钢、钢管、圆钢。水平埋设的接地体，所用扁钢、圆钢，圆钢直径不应小于 10mm、50mm，厚度大于 4mm；钢管公称直径 25mm，壁厚 3.5mm。在腐蚀性较强的土壤中，应采取镀锌等防腐措施或加大截面。接地体与接地线的截面应相同。垂直埋设的接地体的长度以 2.5m 左右为宜，太短接地电阻就大，太长了施工困难，而且接地电阻减小甚微。垂直接地极采用一根或多根角钢、圆钢，或钢管直打入土壤中，其布置可成排，也可以环状布置。水平接地体的埋深在 0.5 ~ 1m 范围为宜，最少不小于 0.5m。水平接地体多采用放射形布置，也可成排或环形布置。埋设接地体时，须将周围填土夯实，不得回填砖石、焦渣、炉灰之类的杂土。接地装置等引下线的连接必须可靠，一般采用焊接，其焊接面积不小于 10cm²，焊点必须做防腐处理，如图 12 - 11 所示。

为了减小相邻接地体的屏蔽效应，两接地体之间的距离应为 5m。当受到地形限制时，可适当缩小，但不应小于垂直接地体的长度。一般表层土壤电阻率很低，只需将扁钢或圆钢放一条或数条水平埋设构成水平接地体就可达到所需的接地电阻值，但遇到土质很差、土壤电阻率很高的孵石或岩石地带，很难打入垂直接地极，此时，可利用很少屑土或剔凿一层 30 ~ 40mm 的岩石槽，铺上水平接地体。

为了便于经常检测接地电阻值，也可采用螺栓连接，但连接必须可靠。除独立避雷针外，在接地电阻满足要求的前提下，避雷接地装置可以和其他接地装置共用。

12.2.2　电离消雷

消雷器是利用金属针状电极的尖端放电原理设计的电离消雷装置。当雷电出现在消雷器

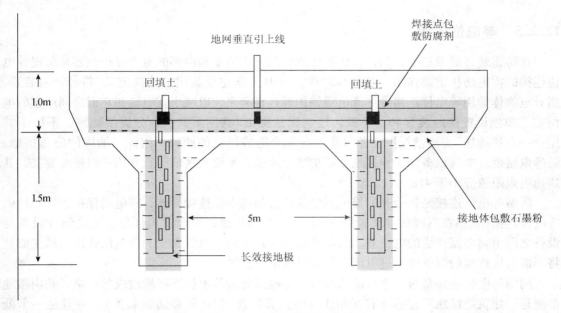

图 12－11　接地体埋设剖面图

及被保护设备上空时，消雷器及附近大地均感应出与雷云电荷极性相反的电荷。安有许多针状电极的离子化装置，使大地的大量电荷在雷云电场作用下，由针状电极发射出去，向雷云方向运动，使雷云被中和，雷电场减弱，从而防止了被保护物遭受雷击。

消雷器的功能是使雷电冲击放电的微秒·千安级瞬变过程转化为秒·安级的缓慢放电过程，因而使被保护物上可能出现的感应过电压降低到无危害的水平，达到"防雷消灾"的目的。

消雷器的地面保护半径范围一般为塔高的 5 倍，即保护角为 80°。对于油库等重要设施，应适当减小其保护范围，以增加安全系数。

消雷器主要是由塔体、塔头（电离装置）、连接线及接地装置三部分组成。塔体采用热浸镀锌防腐铁塔，在塔的适当高度设一休息平台，在距塔顶 1m 左右处设有工作台，供施工人员安装消雷器用。塔头主要由底座 13 根（或 19 根）5m 长的半导体针杆组成。连接导线的用途是用来连接消雷装置和接地装置。因为导线上所流过的电流不大，只需考虑其机械强度，一般用 20mm × 10mm 截面的橡皮铜芯电缆作为连接线。接地装置一般可利用塔基的自然接地，为防万一当接地电阻达不到 10Ω 时，可采用专用防雷接地装置来减少接地电阻，如图 12－12 所示。

消雷器与避雷针的区别在于消雷器的顶端带有许多"尖端电极的电离装置"，而避雷针是一根"金属棒"，顶部没有尖端的电极；消雷器有位于地表层内的"地电流收集装置"，而避雷针虽也有"接地装置"，但都位于地面表层，所以避雷针不一定能完全排除多余的电流。

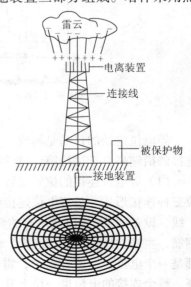

图 12－12　电离消雷装雷示意图

12.2.3　等电位防雷

在防雷装置的设置上人们往往比较注意外部防雷装置和内部的电涌保护，容易忽视等电位连接的雷电防护重要作用。违背 GB 50057—94 对等电位提出的连接定义"将分开的装置、诸导电物体等用等电位连接导体或电涌保护器连接起来，以减小雷电流在它们之间产生的电位差。"单独设置接地装置和引下线，还错误地提出"共网不共线，分类接地网，不串不共用，一点接地法"，给被保护设备以及人身安全造成潜在的威胁。因此，油库的防雷接地、防静电接地、电气设备的工作接地、保护接地及信息系统的接地等宜共用一组接地装置，其接地电阻阻值应小于 4Ω。

防雷等电位连接是将分开的导电装置各部分用等电位连接导体，或电涌保护器（SPD）做等电位连接（包括在内部防雷装置中）。其目的是减小建筑物金属构件与设备之间或设备与设备之间由雷电流产生的电位差。防雷等电位连接区别于电气安全的等电位连接，最主要是将不能直接连接的带电体通过电涌保护器做等电位连接。

网络等电位连接是对一个系统的外露各导电部分做等电位连接所组成的网络。共用接地系统是一建筑物接地装置的所有互相连接的金属装置（包括外部防雷装置），并且是一个低电感的网形接地系统。接地基准点是某一系统的等电位连接网络与共用接地系统之间惟一的连接点。

油库中由计算机、通信设备、控制系统等信息系统的等电位连接，其系统的外露导电部分应建立等电位连接网络，原则上一个等电位连接网络不需要连到大地，但通常所考虑的所有等电位连接网络都会通大地连接。信息系统与建筑物共用接地系统的等电位连接有星形结构的单点接地和网形结构的多点接地，如图 12－13 所示。

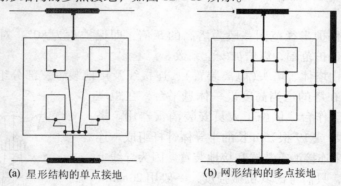

(a) 星形结构的单点接地　　　　(b) 网形结构的多点接地

图 12－13　信息系统的等电位接地

等电位连接的目的是构成一个等电位的空间，使金属导体两者之间没有电位差。等电位连接的措施来自于法拉第做过的实验。

（1）等电位连接的位置设置。从电气安全的角度提出总等电位、局部等电位和辅助等电位三种连接形式。总等电位连接（main equipotential bonding）是指在建筑物的进线处将 PE 的干线，设备的 PE 线以及所有的金属管路，建筑内所有的金属煤气管、采暖管以及建筑物的钢筋、主筋、地基都连接起来，包括设备的外壳等，一旦连接好之后，设备如果漏电，因为都是一个电位，即使有雷击，雷击之后产生大的电流流过接地体，在接地体产生电压的升高，整个连接的电位也一块上升，不会有电位差的作用，如图 12－14 所示。在图中一个总等电位连接的端子板，相应的几根保护线（也就是 PE 线），用接地线接接地极，埋在土壤的接地极，通常用镀锌钢管等焊接成若干根接地极，金属的一些管路，某个外露的导电部分，通过这样的等电位连接，就可以起到防止触电的效果。

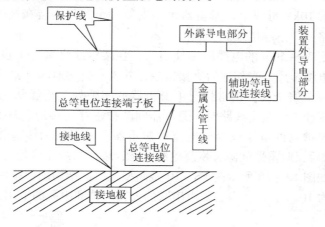

图 12 – 14　总等电位连接图

局部等电位连接(local equipotential bonding)是指在高层建筑物内装设电子设备，使用"共网不共线"，即使用一根设备专用引下线接至共用接地装置(网)。

辅助等电位连接(supplementery equipotential bonding)是指总等电位连接之外，还要进行辅助等电位连接，辅助等电位连接在局部，即使是一个建筑内用电的小单元内部，也要进行连接。例如，工作室的各种电器，把这些电器的所有外壳和所有的金属管路之间采取等电位连接，这时一旦漏电，也不会形成电位差。

(2)等电位连接的材料要求。IEC 60536—2 要求等电位连接导体材料具有耐受由于设备内部故障电流可能引起的最高热效应及最大动应力，具有足够低的阻抗，以避免各部分间显著的电位差；能耐受可预见的机械应力、热效应及环境效应(含腐蚀效应)；可移动的导体连接件(铰链和滑片等)不应是两部分间惟一的保护连接件；在预计移开设备某一部件时，不应切断其余部件的保护联结，这些部件的电源事先已切断的除外；当耦合器或插头插座能控制保护联结和向设备组件供电的所有导体开断时，保护联结应在供电导体断路(或接通)之后(或之前)切断(或接通)；保护联结导体应宜于识别。

(3)等电位连接的方法。等电位连接可使用焊接、螺栓连接和熔接三种方法。当使用螺栓连接时要考虑螺栓松动的问题，一般应用铜鼻将连接线焊牢后栓紧。

(4)等电位连接的材料选择。连接材料一般推荐使用铜材，是因其导电性能和强度都比较好，使用多股铜线的弯曲也比较方便。但使用铜材与建筑物内结构钢筋连接时，可能会因铜的电位(+0.35V)与铁的电位(-0.44V)不同而形成原电池，产生电化学腐蚀。因此在土壤中(基础钢筋处)连接要避免使用裸铜线，最好使用同一金属(钢材)为宜。

(5)等电位连接导体的尺寸。等电位连接导体的尺寸与其所在位置与估算流过的雷电流的量相关。为了满足等电位连接基本要求，IEC 标准规定直击雷引下线的最小截面(mm^2)为：铜16、铝25、铁50。等电位连接端子板(母排)的最小截面不小于 $50mm^2$(铜或镀锌钢板)。

12.2.4　雷电波阻侵

雷电侵入波的防御一般采用避雷器，油库常用阀型避雷器。为了防止直击雷或感应雷的高电位沿架空线引入室内，使室内电气设备产生过压现象而损坏，其原理示意如图 12–15 所示。在油库一般要求变电所、各洞口进户线、变压器、泵房等均应设避雷器。避雷器装设在输电线路进线处或 10kV 母线上，避雷器每相安装一个，且安装在被保护设备的引入端，其上端接在架空线路上，下端接地。

如有条件可采用 30～50m 的电缆段埋地引入，在架空线终端杆上也可装设避雷器。避雷器的接地线应与电缆金属外壳相连后直接接地，并连入公共地网。避雷器的安装相当于并联在电气设备上的一个安全阀，正常情况下避雷器的间隙处于绝缘状态，不影响系统的运行。当因雷击有高压冲击波袭击线路时，避雷器间隙被击穿而接地，从而强行切断冲击波。这时，能够进入被保护物的电压仅为雷电流过避雷器及其引线和接地装置产生的所谓"残压"。雷电流通过以后，避雷器间隙又恢复绝缘状态，以便系统正常运行。

（1）避雷器。如图 12–16 所示为 FS–10 型阀型避雷器结构图，是保护小容量变配电装置的，其额定电压为 10kV。瓷套内主要由串联的火花间隙和串联的电阻阀片组成。

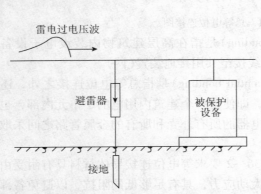

图 12–15　避雷器阻侵雷电波原理示意图　　　图 12–16　FS–10 型避雷器

阀型避雷器安装之前应对其进行电气试验，检验所选避雷器的额定电压与安装地点的电压是否相符；瓷套表面有无破损、裂纹，是否脱釉，瓷套与法兰盘连接处的接缝胶合和密封是否良好；将避雷器向不同方向轻轻摇动，内部有无松动响声。此外，避雷器应垂直安装，并尽量靠近所保护的设备，如果带电部分与地面距离小于 3m，应装设遮栏。避雷器的接地引下线连接应牢固可靠，但不宜拉得过紧，且应尽量短一些。接地引下线应有便于断开的接线卡，以便测量接地电阻，不得穿入导磁性的金属管内。

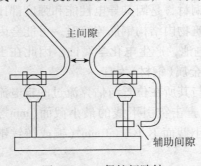

图 12–17　保护间隙结构原理示意图

（2）保护间隙。这是一种简单的过电压保护元件，将它并联在被保护的设备处，当雷电波袭击时，间隙先行击穿，把雷电引入大地，从而避免了被保护设备因高幅值的过电压而击穿。保护间隙的原理结构如图 12–17 所示，保护间隙主要由镀铸圆钢制成的主间隙和辅助间隙组成。主间隙做成角形，水平安装，以便灭弧。为了防止主间隙被外来的物体短路而引起误动作，在主间隙的下方串联有辅助间隙。因为保护间隙灭弧能力弱，一般要求与自动重合闸装置配合使用，以提高供电的可靠性，只适用于无重要负荷的线路上。

（3）低压避雷器。额定电压为 220V、380V、500V 的低压避雷器是用来保护相应电压等级的交流电机、电度表或配电变压器低压侧的绝缘，以免雷击损害。

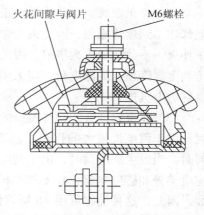

低压避雷器结构如图 12－18 所示，主要是由火花间隙与阀片串联组成。在正常情况下，火花间隙使线路与地隔开；在过电压发生时，火花间隙即放电，过电压被限制在一定的幅值之下，此时过电流通过阀片接地。低压避雷器整个工作部分均予以密封，保证产品性能稳定。避雷器的外壳有接线螺栓供安装使用。

防雷电侵入波的接地电阻一般不得大于 30Ω，其中，阀型避雷器的接地电阻不得大于 10Ω。

图 12－18　低压避雷器结构示意图

（4）阻火器。阻火器（也称防火器）是固定油罐附件之一，是油罐的安全防火装置，大多装在机械呼吸阀和液压安全阀下面（内浮顶油罐通气管上，加油站地下油罐通气管上有时也安装）。阻火器的作用是当火焰或火星进入呼吸阀或安全阀并通过阻火器时，阻火器内高热容量金属制成的丝网或皱纹板阻火层迅速吸收燃烧物体的热量而使之熄灭，阻止油罐着火。

阻火器在正常使用中，要求每半年检查一次，清洗堵塞的阻火层，更换变形或腐蚀的阻火层。重新安装阻火层后要保证密封处不漏气。国内外石油储运系统的防雷措施，特别强调安装油罐阻火器。阻火器是防雷不可缺少的安全设备，阻火器能阻止因雷击产生的火花进入油罐，防止油罐的爆炸和燃烧。

12.3　油库储油罐防雷

油库储油罐按材料可分为金属油罐和非金属油罐；按结构可分为固定顶金属油罐和浮顶金属油罐；按安装位置又可分为地面油罐、地下覆土罐和油库油罐。不同类型油罐其自身防雷能力是不同的。

12.3.1　地面油罐的防雷

（1）固定顶金属油罐。这类油罐是使用较多的油罐类型。国家标准《石油库设计规范》中规定"装有阻火器的固定顶钢油罐当顶板厚度大于或等于 4mm 时，可不装设避雷针（线）"。但要有良好的接地装置。因为油罐都是焊接的，罐体本身处于电气连接，雷电直击在油罐上时，雷电流能沿罐体通过接地装置导入大地。就是遭受感应雷时，罐体产生的感应电流也不会因其不连续而产生火花。对于钢板厚度小于 4mm 的油罐，为了防直止雷击穿油罐钢板引起事故，应装设保护范围覆盖整个油罐的避雷针（线）。

油罐的呼吸阀和阻火器是油罐防雷设备的关键设备，很多油库的雷击着火事故都是由于没有安装呼吸阀和阻火器而造成的。因此，平时要注意阻火器的维护与保养，使其能正常发挥阻火作用。有避雷针的油罐要注意避雷针对球形雷和雷电绕击不起作用，维护好油罐附件，使其经常处于完好状态，才不致遭受雷电的危害。

（2）浮顶油罐。浮顶油罐在正常情况下很少有油气逸出，因此浮顶上面的油气很少，一般都达不到爆炸极限，即使雷击着火，也只发生在密封装置损坏之处，故着火范围有限，易于扑灭，不致造成重大事故，因此可以不装设避雷针（线）。但为了防止感应雷和导走油品传到金属罐顶上的静电荷，应采用两根截面不小于25mm²的软铜绞线将金属罐顶与罐体进行良好的电气连接。

（3）非金属油罐。这种类型的油罐体内部的钢筋很难做到电气的可靠闭合，当遭受雷击时，由于雷电机械力的作用，油罐会遭到破坏，故应装设独立避雷针（线）来防止直击雷。同时，当发生感应雷时，由于钢筋很难全部做到电气上的连接，这样在钢筋上产生强大的感应电动势和感应电流，在不连续的钢筋间会发生放电火花，点燃油蒸气，引起爆炸着火事故。因此，这种油罐可用 ϕ8 圆钢做成不大于 6×6m 的网格铺盖在罐顶上并接地。对于油罐的金属附件和罐体外裸露的金属件，应作好电气连接并接地。

12.3.2 地下油罐的防雷

地下覆土油罐是将油罐置于覆土的保护体内，由于受到土壤的屏蔽作用，当雷电击中罐顶土层时，土壤可将雷电流疏散导入大地。因此，国内外有关规范都规定"凡覆土厚度在0.5m 以上的油罐，都可不考虑防雷措施"。但其呼吸阀、阻火器、量油孔、采光孔等附件一般都没有覆土层保护，所以对这些附件应作好电气连接并接地。

12.3.3 洞库油罐的防雷

洞库油罐是被设置在人工开挖的罐室内，罐室顶部自然防护层厚度要求应有3cm 厚，所以其自然防护能力强，对罐体不存在防雷要求。但是，洞库油罐的金属呼吸管与金属通风管通过坑道引出暴露在洞外，当直击雷或感应雷的高电位通过这些管线引到洞内时，有可能就在某一间隙处放电引燃油气而造成爆炸火灾事故。因此，露在洞外的金属呼吸管与金属通风管应装设独立避雷针保护，其保护范围应高出管口2m 以上，避雷针的尖端应设在爆炸危险空间以外（尖端高出油气管顶4m），避雷针的位置应距管道3m 以上。

除了上述有避雷针防雷外，还应采取下列防高电位引入洞内的措施：进入洞内的金属管线，从洞口算起，当其洞外埋地长度超过50m 时，可不设接地装置；当其洞外部分不埋或埋地长度小于50m 时，应在洞外作两次接地，接地点间距小于100m，接地电阻小于20Ω。这样，可使地面和管沟管线受到雷击或雷电感应产生的高电位在引入洞内之前大大降低，避免在洞内引起雷害事故。

雷击时，还可能沿低压架空线路将高电位引入洞库造成事故，因此，要求电力和通信线路采用铠装电缆埋地引入洞内。由架空线路转换为电缆埋地引入洞内时，由洞口至转换处的距离不应小于50m。电缆与架空线的连接处应装设阀型避雷器。避雷器、电缆外皮和瓷铁脚应作电气连接并接地，接地电阻不宜大于10Ω。

12.4 油库电气安全防护

图 12-19 为接地示意图。

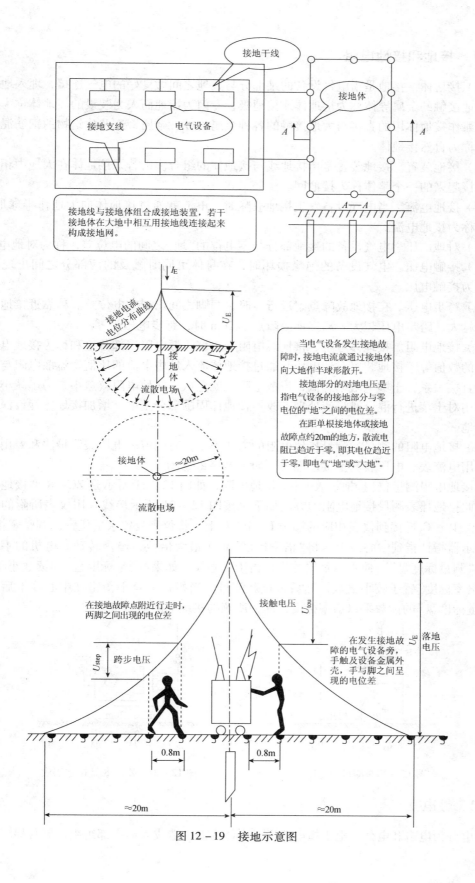

接地线与接地体组合成接地装置,若干接地体在大地中相互用接地线连接起来构成接地网。

当电气设备发生接地故障时,接地电流就通过接地体向大地作半球形散开。

接地部分的对地电压是指电气设备的接地部分与零电位的"地"之间的电位差。

在距单根接地体或接地故障点约20m的地方,散流电阻已趋近于零,即其电位趋近于零,即电气"地"或"大地"。

图 12 – 19 接地示意图

12.4.1 接地和接地电阻

（1）接地体。接地是指电气设备的某部分与大地之间做良好的电气连接，埋入地中并直接与大地接触的金属导体称为接地体或接地极，专门为接地而人为装设的接地体称为人工接地体，兼作接地体用的直接与大地接触的各种金属构件、金属管道及建筑物的钢筋混凝土基础等，称为自然接地体。

（2）接地装置。接地装置是指接地线与接地体的组合。由若干接地体在大地中相互用接地线连接起来的一个整体称为接地网。

（3）接地电流。当电气设备发生接地故障时，电流就通过接地体向大地作半球形散开，该电流称为接地电流。

（4）对地电压。电气设备的接地部分与零电位的"地"之间的电位差，称为对地电压。

（5）接触电压。电气设备的绝缘损坏时，在身体可同时触及的两部分之间出现的电位差，称为接触电压。

（6）跨步电压。在接地故障点附近行走时，两脚之间出现的电位差。越靠近接地故障点或跨步越大，跨步电压越大。离接地故障点达 20m 时，跨步电压为零。

（7）接地电阻。接地体电阻、接地线电阻和土壤流散电阻三部分之和称为接地电阻。接地电阻的数值等于接地装置对地电压与通过接地体流入地中电流的比值。流散电阻与土壤的电阻有直接关系，土壤电阻率愈低，流散电阻也就愈低，接地电阻就愈小。为了减小接地电阻可采用对土壤进行混合或浸渍处理，改换接地体周围部分土壤，增加接地体埋设深度，外引式接地。

（8）接地电阻的测量。测量接地电阻的方法很多，有电流表电压表测量法和专用仪器测量法。用电流表、电压表测量接地电阻，如图 12-20 所示。

用接地电阻测量仪（接地摇表）测量接地电阻，如图 12-21 所示是 ZC-8 型接地摇表外形。用此接地摇表测量接地电阻的方法如下：按图 12-21 所示接线，用仪表所附的导线分别将 E′、P′、C′连接到仪表相应的端子 E、P、C 上。将仪表放置水平位置，调整零指示器，使零指示器指针指到中心线上。将"倍率标度"置于最大倍数，慢慢转动发电机的手柄，同时旋动"测量标度盘"，使零指示器的指针指于中心线。如果"测量标度盘"的读数小于 1 时，应将"倍率标度"置于较小倍数，然后再重新测量。当指针完全平衡指在中心线上后，将此时"测量标度盘"的读数乘以倍率标度，即为所测的接地电阻值。

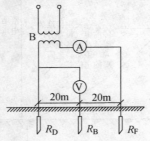

图 12-20　测接地电阻

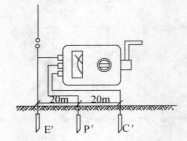

图 12-21　ZC-8 型接地摇表

12.4.2 触电

触电分为电击和电伤。电击指电流通过人体内部，造成人体内部组织、器官损坏，以致

284

死亡的一种现象。电击在人体内部，人体表皮往往不留痕迹。电伤指是由电流的热效应、化学效应等对人体造成的伤害，对人体外部组织造成的局部伤害，而且往往在肌体上留下伤疤。电危及人体生命安全的直接因素是电流，而不是电压，而且电流对人体的电击伤害的严重程度与通过人体的电流大小、频率、持续时间、流经途径和人体的健康状况有关。

（1）电流的大小。一般认为 30mA 以下是安全电流。

（2）人体电阻抗和安全电压。据测量人体表皮 0.05~0.2mm 厚的角质层电阻抗最大，约为 1000~10000Ω，但是，若皮肤潮湿、出汗、有损伤或带有导电性粉尘，人体电阻会下降到 800~1000Ω。在考虑电气安全问题时，人体的电阻只能按 800~1000Ω 计算。

安全电压是指人体不戴任何防护设备时，触及带电体不受电击或电伤。一般手持灯具和局部照明应采用 36V 安全电压；潮湿和易触及带电体的场所的照明，电源电压应不大于 24V；特别潮湿的场所、导电良好的地面、锅炉或金属容器内使用的照明灯具应采用 12V。

（3）触电时间。人的心脏在每一收缩扩张周期中间约有 0.1~0.2s，称为易损伤期。当电流在这一瞬间通过时，引起心室颤动的可能性最大，危险性也最大。

（4）电流途径。电流途径从人体的左手到右手、左手到脚，右手到脚等，其中电流经左手到脚的流通是最不利的一种情况，因为这一通道的电流最易损伤心脏。

（5）电流频率。电流频率不同，对人体伤害也不同。据测试 15~100Hz 的交流电流对人体的伤害最严重。

（6）人体状况。人体不同，对电流的敏感程度也不一样，一般地说，儿童较成年人敏感，女性较男性敏感。患有心脏病者，触电后的死亡可能性就更大。

按照人体触及带电体的方式和电流通过人体的途径，触电主要分为四种情况：

① 单相触电。单相触电是指人体在地面或其他接地导体上，人体某一部分触及一相带电体的触电事故。大部分触电事故都是单相触电事故，单相触电的危险程度与电网运行方式有关。图 12-22(a)为电源中性点接地运行方式时，单相的触电电流途径。图 12-22(b)为中性点不接地的单相触电情况。一般情况下，中性点接地电网里的单相触电比不接地电网里的危险性大。

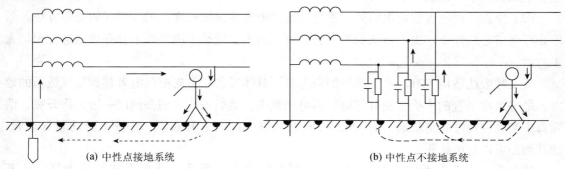

(a) 中性点接地系统   (b) 中性点不接地系统

图 12-22　单相触电示意图

② 两相触电。两相触电是指人体两处同时触及两相带电体，如图 12-23 所示是人体两相触电的示意图。两相触电加在人体上的电压为电源的线电压，所以两相触电的危险性最大。

③ 跨步电压触电。带电体着地时，电流流过周围土壤，产生电压降，人体接近着地点时，两脚之间形成跨步电压，如图 12-24 所示。跨步电压在一定程度上引起触电事故，为了防止跨步电压触电，应远离接地体 20m 之外，此时跨步电压为零。

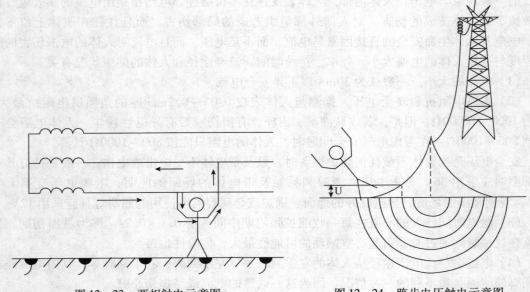

图 12-23　两相触电示意图　　　　　　图 12-24　跨步电压触电示意图

④ 接触电压触电。人体接触因绝缘损坏而发生接地故障的电气设备的外壳或与其连接的导体时，所造成的触电称为接触电压触电。

12.4.3　触电急救

（1）脱离电源。一旦发生触电事故抢救者必须保持冷静，首先应使触电者迅速脱离电源，触电时间越长对触电者的伤害就越大。根据具体情况并采取不同的方法，如断开电源开关、拔去电源插头或熔断器插件等；用干燥的绝缘物拨开电源线或用干燥的衣服垫住，将触电者拉开等。在高空发生触电事故时，触电者有被摔下的危险，一定要采取紧急措施，使触电者不致被摔下时造成二次伤害。

（2）急救。触电者脱离电源后，根据其受到电流伤害的程度，采取不同的施救方法。若停止呼吸或心跳停止，决不可认为触电者已死亡而不去抢救，应立即争分夺秒地进行现场人工急救。

人工呼吸法适用于有心跳无呼吸的触电者，具体方法：首先把触电者移到空气流通的地方，最好放在平直的木板上使其仰卧，不可用枕头。然后把伤者的头侧向一边，掰开嘴，清除口中杂物，使呼吸道畅通，如图 12-25（a）所示。同时解开衣领，松开上身的紧身衣服，使其胸部可以自由扩张。

施救者位于触电者的一边，用一只手紧捏触电者的鼻孔，并用手掌的外缘部压住其额部，扶正头部使鼻孔朝天，另一只手托在触电者的颈部略向上抬，以便接受吹气。救者作深呼吸，然后紧贴触电者的口腔，对口吹气约 2s。同时观察其胸部有否扩张，以决定吹气是否有效和是否合适，如图 12-25（b）所示。吹气完毕后，立即离开触电者的口腔，并放松其鼻孔，使触电者胸部自然回复，时间约 3s，以利其呼气，如图 12-25（c）所示。此步骤不断进行，每分钟约反复 12 次，如果触电者张口有困难，可用口对准其鼻孔吹气。

286

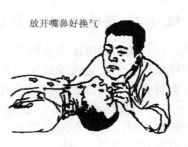

(a)保持呼吸道畅通　　　　　　(b)吹气　　　　　　(c)换气

图 12 – 25　人工呼吸

　　人工胸外心脏挤压法，适用于心跳停止或不规则的颤动的触电者，具体方法：使触电者仰卧，姿势与人工口对口呼吸法相同，但后背着地处应结实。挽救者骑在触电者的腰部，抢救者两手相叠，用掌跟置于触电者胸骨下端部位，即中指指尖置于其颈部凹陷的边缘，"当胸一手掌"，掌跟所在的位置即为正确压区，如图 12 – 26 所示。然后自上而下直线均衡地用力向脊柱方向挤压，使其胸部下陷 3 ~ 4cm 左右，可以压迫心脏使其达到排血的作用，如图 12 – 27 所示。使挤压到位的手掌突然放松，但手掌不要离开胸壁，依靠胸部的弹性自动回复原状，使心脏自然扩张，大静脉中的血液就能回流到心脏中来。

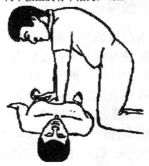

图 12 – 28　手掌按压的位置　　　　图 12 – 27　人工胸外心脏挤法示意图

　　上述步骤连续进行，每分钟约 60 次。挤压时定位要准确，压力要适中，不要用力过猛，避免造成骨折气胸、血胸等危险。但也不能用力过小，达不到挤压目的。如果触电者心跳和呼吸均已停止，两种方法可同时使用，如图 12 – 28 所示，抢救工作决不能中断，直到触电者恢复正常，或等到医务人员来。

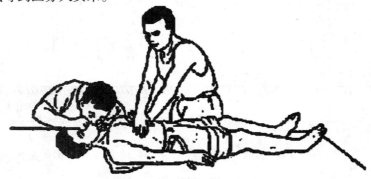

图 12 – 28　人工胸外心脏挤法与口对口呼吸法操作示意图

12.4.4 直接接触电击防护

直接接触电击是指触及了正常情况下就带电的带电体而引发的触电事故，最典型的是插座板坏了，里边火线插座的金属部分带电所产生的触电。基本防护原则应使危险的带电体不会被有意或无意触及，即采取绝缘、屏护和间距。

（1）用绝缘的防护。绝缘是指用绝缘物将带电体封闭起来，用来防止与带电部分有任何接触。带电部分必须全部用绝缘覆盖，利用绝缘物来约束电流的路径，绝缘覆盖层应只有采取破坏性手段才能除去。电气设备的绝缘必须符合该设备的有关标准，没有标准规定的设备，其绝缘必须能长期耐受在运行中可能受到的机械、化学、电气及热的影响。一般不能将油漆、清漆、喷漆及其他类似物料单独地用作直接接触防护。

（2）用遮栏和外护物的屏护。屏护是指采用遮栏、护罩、护盖、箱匣隔绝带电体。通过遮栏护罩或者一些能够起到隔绝带电体的物体，在人和带电体之间产生隔离，防止与带电部分有任何接触。

（3）用间距防护。间距是指带电体与地面之间，或与其他设备之间，与带电体之间必要的安全距离。例如，电压比较高的时候，如果靠得比较近容易产生放电。在带电体与地面，或者与设备之间，或者带电体之间保持距离，就可以起到安全防护的作用。如车辆行走的道路上方的电源线就必须考虑车辆通过的时候不能被刮蹭。

12.4.5 间接接触电击防护

间接接触电击是指触及了正常情况下不带电、非故障情况下意外带电物体所引发的触电事故。防止间接接触电击的防护通常是保护接地和保护接零。

保护接地和保护接零，即 IT 系统和 TT 系统、TN 系统，都是描述系统结构和保护方式的。前一个字母描述系统结构，即 I 表示系统与大地不直接相连，不直接相连有两种形式，一种是绝缘，另一种是经阻抗接地；T 代表整个系统与大地是直接相连，叫做电力系统直接接点，这点通常是中性点，通过系统与大地之间的相连方式反映系统结构。

TT 和 TN 系统中，后一个字母说明系统保护方式，用电设备外壳接什么保护，因为间接接触电击的金属外壳必须接地保护才能防止触电，T 代表外壳接地，N 代表外壳接零。

（1）保护接地。中性点或者整个系统与大地之间没有直接连接的为 IT 系统，其保护原理如图 12-29 所示。

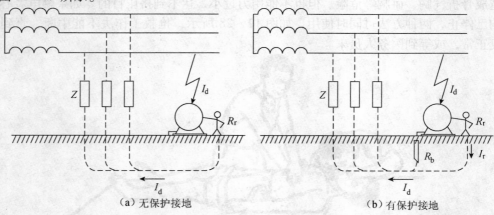

（a）无保护接地　　　　　　　（b）有保护接地

图 12-29　保护接地示意图

∵ R_E 与 R_P（人体电阻）呈并联关系，且 $R_E // R_P \approx R_E$，

∴ $R_E \ll |Z|$，

∴ U_P（人体电压）上升，在安全范围内。

　　IT 系统的保护接地如图 12-30 所示，一旦设备漏电，漏电电流只有通过人体，流入到地，形成回路。漏电电流对系统虽然不大，但对人体来讲是有危险的，很容易达到几十毫安，因此就要在漏电的地方接地。接地电阻通常不大于 4Ω，人体电阻为 1000～3000Ω，电流一旦漏电，流到外壳上之后，主要走 4Ω 的通路，经过并联分流人就安全了。这时，电源不需要切断，它能够保持供电的连续，不会因为有漏电切断电源，允许带故障 2 个小时。

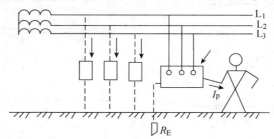

图 12-30　IT 系统保护接地示意图

　　TT 系统是一条线通过接地体与大地直接相连，即 TT 系统是指设备外壳及配电网均直接接地，如图 12-31 所示。图中假设 L3 相漏电，电流就通过人体流入大地，这时电流从中线回来，遇到人体电阻和系统的工作接地，工作接地的电阻通常是不大于 4Ω。整个回路中，人体按 1000Ω 考虑，低压系统电压按 220V 计算，在人体和这个工作绝缘电阻上要产生电压去分压，由于谁的电阻大串联分压就分得多，从人体危险电压 220V 和人体电阻 1000Ω 考虑，即会产生 220mA 的电流，显然是危险的，因此一定要接保护。

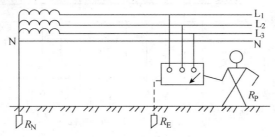

图 12-31　TT 系统示意图

　　在 TT 系统里接了保护之后，一旦漏电同样是 220V 电压，它遇到的外边电阻设备为 4Ω，人体为 4Ω，一共是 8Ω，根据分压的道理，各分一半，即保护接地的电阻要分 110V 电压，人身上也要分 110V 电压，除以 1kΩ 是 110mA 的电流，还是危险的，不足以保护人体，仍然在危险范围里，所以要把 R_E 保护接地电阻降得很低，如降成 1Ω，220V 就会遇到 5Ω，平均 44V/Ω，即人体上有 44V，44V 就对应 44mA，单靠 TT 系统外壳的保护接地，不足以保证安全。因此，TT 系统必须配合使用漏电保护装置或过电流保护装置，并优先使用前者，漏电保护装置要采用迅速切断电源来保证安全。

　　（2）保护接零。在 TN 系统中，N 代表系统之中的用电设备外壳接零保护，即电气设备的外壳有引线接到了零线，这点叫做中性点，也叫零点，零点引出的线叫零线，外壳接了零线，于是这个系统也叫做保护接零。如图 12-32 所示。

TN 系统几乎是国内企业中普遍使用的系统，TN 系统前面的 T 代表系统接地，后面的 N 代表设备的外壳接零，假设 L3 项漏电了，由于接了接零保护，接零的一个支线进入零线，然后回到电源，回到电源之后形成了一个回路，这条回路中没有任何明显的电阻，线路的电阻是毫欧数量级，因此整个回路的电流就非常大，形成单相短路，TN 系统如图 12 – 33 所示。这个电流一定会促使线路上的保护元件，如熔断器，或过流脱扣装置等跳开，切断电源，从而实现断电保护，而且靠的是迅速切断电源。与 IT 系统的工作方式不同，IT 系统不切断电，而 TN 系统会迅速切断电源。

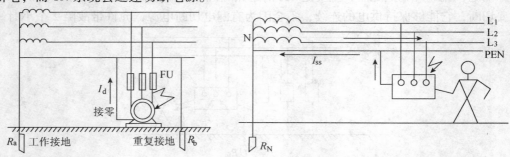

图 12 – 32　保护接零示意　　　　　图 12 – 33　TN 系统示意图

TN 系统派生出了三种系统，即 TN – C、TN – S 和 TN – C – S 系统。

（3）TN – C 系统。此系统一共四条线，三相电源火线(L)和零线(PEN)，PE 代表着保护线，N 代表着零线，或者叫做工作零线，保护线和工作零线合称 PEN，因此该系统是三相四线，这个系统在国内用得很多，如图 12 – 34 所示。

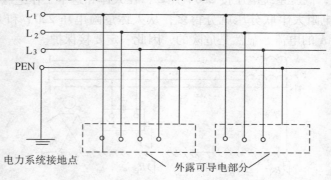

图 12 – 34　TN – C 系统示意图

这个系统在特定情况下会有问题，如在爆炸危险场所、火灾危险场所，由于零线共用，正常工作的时候，这条零线上就会有工作电流，就会使得零线上出现不等位，导致这条线不是一个等位体，线上的电阻尽管是毫欧数量级，电流流过就产生电压降。不同的设备所连接的点不同，设备外壳点的电位相等，而两个设备外壳之间不等位，设备跟大地之间也不等位，电流流过这些不等位的部分再接地的时候，这段路径上有压降，设备的外壳又不可能去控制它的泄漏电流，尽管这条线上不等位可能只是 2～3V 左右，对人没有危害，但是它会形成电流，就有可能产生意想不到的高温，在易爆危险场所有可能形成易燃源。这就是 TN – C 系统的缺陷。

（4）TN – S 系统。此系统是在 TN – C 系统基础上派生的，要消除 TN – C 系统的缺陷，就要专门做一条线，让设备的外壳接到这条平时不让它有工作电流的线上，而不往有工作电流的线去接，这条线单纯用，叫做 PE，上面的是 N，于是这个系统中共用线分离变成了两线，整个系统变成了 5 根线，这就是 TN – S 系统，代表着两根零线，工作与保护分开了，就使得电气设备的外壳所接到那条线上永远是一个等位体，只要没有漏电发生，外壳之间相互等位，外壳和中心点等位，也和大地等位，就不会有电流相互流动，这样的系统是最干净的系统，特别是对于干扰比较敏感的设备，一定要用 S 系统，受到的干扰就很少，TN – S 系统如图 12 – 35 所示。

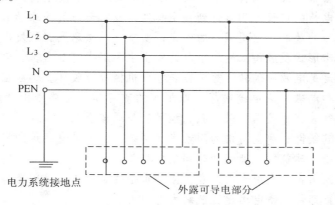

图 12 – 35 TN – S 系统示意图

（5）TN – C – S 系统。此系统介于 TN – C 系统和 TN – S 系统之间，前面开始是 4 根线，到中间分成 5 根了，它的优点也介于两者之间，TN – C – S 系统如下图 12 – 36 所示。

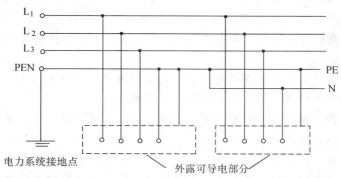

图 12 – 36 TN – C – S 系统示意图

保护接零适用于低压中性点直接接地的三相四线配电网。此系统中，凡因绝缘损坏而可能呈现危险对地电压的金属部分均应接零。在 TN 系统中，TN – S 系统保护的方式最好，特别是在爆炸、火灾危险场所，必须要用 TN – S 系统。在 TN – S 系统中，一定要保持 PE 和 N 线之间的绝缘，也就是这两条线之间不要连起来，一旦这两条线连起来，就会丧失初衷目的，因为电流在返回的时候应当走工作零线，而连起来就会走保护线回去，保护线就出现电流了，PE 线和 N 线的作用就会消失。

（6）TN – S、TN – C – S 系统、TN – C 系统的应用。TN – S 系统在正常工作条件下，外露导电部分和保护导体呈零，是最"干净"的系统。可用于爆炸、火灾危险性较大或安全要求高的场所，宜用于独立附设变电站的车间，也适用于科研院所、计算机中心、通信局站等。TN – C – S 系统宜用于厂内设有总变电站，厂内低压配电的场所及民用楼房。TN – C 系统可用于爆炸、火灾危险性不大，用电设备较少、用电线路简单且安全条件较好的场所。

本 章 小 结

油库雷电的形成： 依据"水滴分裂理论"，水蒸气上升过程遇到上部冷空气团或热气团，在其前峰交界面上形成云。云中水滴受强气流吹袭时，分裂成大小水滴，小水滴被气流带走，形成带负电的雷云，大水滴留下来形成带正电的雷云。随着电荷的积累，雷云的电位逐渐升高，当带不同电荷的雷云互相接近到一定程度，或雷云与石油库储罐等凸出物接近到一定程度时，发生激烈的放电并出现强烈的闪光，使空气受热急剧膨胀发出雷鸣。

油库雷电的雷击形式及危害： 油库雷电的雷击主要形式有直击雷、感应雷和球形雷。直击雷的破坏作用主要是电效应破坏、热效应破坏和机械效应破坏。感应雷的破坏作用主要是静电感应电压破坏和电磁感应电流破坏。球形雷的破坏作用主要是由特殊的带电气体形成的，可从油罐的排气管、呼吸阀、采样孔、检尺孔等通道侵入罐内。

油库遭受雷击的条件： 遭受雷击的因素多而复杂，但也具有一定的规律。遭受雷击主要与地质、地形、地物、建筑物、地理和时间条件相关。

接闪引雷： 接闪引雷是利用专用来直接接受雷击的金属体的接闪器装置中的避雷针、避雷线、避雷网等装置部件把雷电迅速流散到大地中去。

电离消雷： 电离消雷是利用金属针状电极的尖端放电原理设计的消雷器装置，使雷电冲击放电的微秒·千安级瞬变过程转化为秒·安级的缓慢放电过程，因而使被保护物上可能出现的感应过电压降低到无危害的水平，达到"防雷消灾"的目的。

等电位防雷： 等电位防雷是将分开的导电装置各部分用等电位连接导体或电涌保护器（SPD）做等电位连接。与电气安全等电位连接的区别在于不能直接连接的带电体通过电涌保护器做等电位连接。

雷电波阻侵： 为了防止直击雷或感应雷的高电位沿架空线引入室内，使室内电气设备产生过压而损坏。对雷电侵入波的防御一般采用避雷器。

地面油罐的防雷： 地面油罐包括固定顶金属油罐、浮顶油罐和非金属油罐。金属油罐都是焊接的，罐体本身处于电气连接，雷电直击在油罐上时，雷电流能沿罐体通过接地装置导入大地。遭受感应雷时，罐体产生的感应电流不会因其不连续而产生火花。由于非金属油罐体内部的钢筋很难做到电气的可靠闭合，当遭受雷击时，雷电机械力的作用，油罐会遭到破坏，故应装设独立避雷针（线）来防止直击雷。感应雷会使钢筋上产生强大的感应电动势和电流，在不连续的钢筋间会发生放电火花，点燃油蒸气，引起爆炸着火事故。

地下油罐的防雷： 地下覆土油罐是将油罐置于覆土的保护体内，由于受到土壤的屏蔽作用，当雷电击中罐顶土层时，土壤可将雷电流疏散导入大地。

洞库油罐的防雷： 洞内油罐无须防雷，露在洞外的金属呼吸管与金属通风管应装设独立避雷针保护。

接地和接地电阻： 接地是指电气设备的某部分与大地之间做良好的电气连接。接地体，接地装置，接地电流，对地电压，接触电压，跨步电压，接地电阻和接地电阻的测量。

触电： 电危及人体生命安全的直接因素是电流，而不是电压，而且电流对人体的电击伤害的严重程度与通过人体的电流大小、频率、持续时间、流经途径和人体的健康情况有关。

按照人体触及带电体的方式和电流通过人体的途径，触电可分为单相触电、两相触电、跨步电压触电和接触电压触电。

292

触电急救： 首先脱离电源，急救方法有人工呼吸法、人工胸外心脏挤压法和人工胸外心脏挤压与口对口呼吸组合法。

直接接触电击防护： 直接接触电击是指触及了正常情况下就带电的带电体而引发的触电事故，基本防护原则应使危险的带电体不会被有意或无意触及，即采取绝缘、屏护和间距。

间接接触电击防护： 间接接触电击是指触及了正常情况下不带电、非故障情况下意外带电物体所引发的触电事故，防止间接接触电击的防护通常是保护接地和保护接零。

习　题

一、选择题

1. 风云雷电发生在（　　　）

A. 对流层　　　　　　B. 平流层　　　　　　C. 逃逸层

2. 我国境内连续不断雷鸣最长时间为（　　　）。

A. 23min　　　　　　B. 33min　　　　　　C. 43min

3. 80年代青岛黄岛油库大火是由于（　　　）引起的。

A. 雷击　　　　　　B. 泄漏　　　　　　C. 人为破环

4. 雷暴天气时，你认为以下家中哪种物品最可能易遭受雷击损害？（　　　）

A. 电视机　　　　　　B. 电冰箱　　　　　　C. 电话

5. 下列需要安装防雷装置的场所有（　　　）

A. 易燃易爆物资储存场所　　　　　B. 电力设施

C. 一类防雷建筑物　　　　　　　　D. 计算机信息系统

6. 防雷装置实行（　　　）制度。

A. 定期检测　　　　　B. 不定期抽测　　　　C. 5年一次检测

7. 接闪器包括：（　　　）。

A. 避雷针

B. 避雷带（线）、避雷网

C. 用作接闪器的金属属面和金属物件等

8. 埋于土壤中的人工接地体所采用的圆钢直径不应小于（　　　）mm。

A. 10　　　　　　　　B. 12　　　　　　　　C. 14

7. 平屋面或坡度不大于1/10地屋面，易受雷击的部位有（　　　）。

A. 檐角　　　　B. 女儿墙　　　　C. 屋檐　　　　D. 屋角　　　　E. 屋脊

8. 进出建筑物的各种金属管道及电气设备的接地装置，（　　　）在进出处与防雷装置连接。

A. 不宜　　　　　　B. 不应　　　　　　C. 宜　　　　　　D. 应

9. 对于弱电设备的防雷，主要以（　　　）为主。

A. 接闪　　　　　　B. 屏蔽　　　　　　C. 均压　　　　　　D. 等电位

10. 采用多根引下线时，宜在各引下线上距地面（　　　）m之间装设断接卡。

A. 0.5～2.0　　　B. 0.4～1.8　　　C. 0.3～1.8　　　D. 0.2～1.5

11. 加油站爆炸与火灾危险区应是（　　　）区，防雷类别为二类。

A. 1　　　　　　　B. 2　　　　　　　C. 3　　　　　　　D. 4

12. 在独立避雷针、架空避雷线(网)的支柱上，严禁悬挂(   )等。

A. 电话线　　　　　B. 广播线　　　　　C. 电视接收天线　D. 低压架空线。

13. 信号防雷要掌握的几种参数有：(   )。

A. 频率性

B. 连接方式(接口)线位和线序的排列

C. 信号线的长度

D. 电压

14. 通信信息设备防雷接地方式有：(   )。

A. 交流接地　　　B. 直流接地　　　C. 防雷接地　　　D. 器安全接地

E. 静电接地　　　F. 逻辑接地

15. 工作接地是指(   )。

A. 在电气设备检修时，工人采取的临时接地

B. 在电力系统电气装置中，为运行需要所设的接地

C. 电气装置的金属外壳、配电装置的构架和线路杆塔等，由于绝缘损坏有可能带电，为防止其危及人身和设备安全而设的接地

D. 为防止静电对易燃油、天然气储罐和管道等的危险作用而设的接地

16. 接地装置是指(   )。

A. 埋入地中并直接与大地接触的金属导体

B. 电气装置、设施的接地端子与接地极网连接用的金属导电部分

C. 垂直接地极

D. A 与 B 的总和

17. 接地电阻是指(   )。

A. 接地极或自然接地极的对地电阻

B. 接地网的对地电阻

C. 接地装置的对地电阻

D. 接地极或自然接地极的对地电阻和接地线电阻的总和

18. 接触电压是指(   )。

A. 接地短路电流流过接地装置时，在人接触设备外壳或构架时，在人体手和脚间的电位差

B. 接地短路电流流过接地装置时，在地面上离设备水平距离0.8m处与设备外壳或架构间的电位差

C. 接地短路电流流过接地装置时，在地面上离设备水平距离0.8m处与墙壁离地面的垂直距离1.5m处两点间的电位差

D. 接地短路电流流过接地装置时，在地面上离设备水平距离0.8m处与设备外壳、架构或墙壁离地面的垂直距离1.8m处两点间的电位差

19. 跨步电压是指(   )。

A. 接地短路电流流过接地装置时，地面上水平距离0.8m的两点间的电位差

B. 接地短路电流流过接地装置时，接地网外的地面上水平距离0.8m处对接地网边沿接地极的电位差

C. 接地短路电流流过接地装置时，人体两脚间的电位差

D. 接地短路电流流过接地装置，且人体跨于接地网外与接地网间时两脚间的电位差

20. 在接地线引进建筑物的入口处应设标志。明敷的接地线表面应涂15～100mm宽度相等的专用颜色的条纹来表示。正确的是(　　　)。

A. 黄色条纹

B. 黄色和红色相间的条纹

C. 红色和绿色相间的条纹

D. 绿色和黄色相间的条纹

二、填空题

1. 现代防雷工程技术的保护对象有三方面：建筑(或构筑物)、_____和_____。

2. 我国的雷电活动，_____季最活跃，_____季最少。全球分布是赤道附近最活跃，随纬度升高而减少，极地最少。

3. 雷电危害可分成_____、_____、雷电波侵入三种。

4. 等电位连接的目的在于减少需要防雷的空间内各金属系统之间的_____。

5. 外部防雷主要是指利用_____、引下线和接地体将雷电流引入地下泄放的技术措施。使用外部防雷装置一般可将雷电流的_____泄放。

6. SPD 叫做_____，用以限制瞬态过电压和引导电涌电流的器具。

7. 弱电系统配电方式应采用_____制接线方式。

8. 防雷装置实行定期检测制度。防雷装置检测为_____年一次，对爆炸危险环境的防雷装置可以_____年检测一次。

9. 防雷装置指接闪器、_____、接地装置、_____及其他连接导体的总和。

10. 避雷针保护范围的计算采用_____。

11. 一般防直击雷的接闪装置是_____。

12. 在信息网络防雷接地要采取_____接地形式。

13. 如果人体遭遇雷击后，身体没有出现_____色斑纹，有可能是假死，必须就地组织抢救。最有效的措施是迅速进行人工呼吸和_____按摩。

14. 金属油罐必须设_____型防雷接地，其接地点不应少于_____处，其间弧形距离不应大于_____m，接地体距罐壁的距离应大于_____m。

三、名词解释

1. 中性线(N)

2. 保护线(PE)

3. PEN 线

4. 接地线

5. 等电位连接

6. 总等电位连接

7. 辅助等电位连接

8. LPZOA 区

9. 雷击点

10. 共用接地系统

11. 接地体

12. 直击雷

13. 等电位连接导体

14. 接地基准点

15. 接闪器

16. 引下线

17. 接地装置

18. 防雷装置

19. 雷电波侵入

20. 过电压保护

四、简答题

1. 现代防雷技术主要采取哪些措施？

2. 在高土壤电阻率地区，降低接地电阻通常采用哪些方法？

3. 绘图说明低压配电 TN 系统中 TN－S、TN－C、TN－C－S 的异同点？

4. 雷电的特点和危害有哪些？

5. 常用的防雷装置及其保护对象是什么？

参 考 文 献

吴云主编. 油库电气控制技术读本. 北京：化学工业出版社，2008.

王祥主编. 油库电气安全防爆技术. 北京：中国电力出版社，2006.

杨艺主编. 油库电气实用技术. 北京：中国电力出版社，2003.

范继义主编. 油库安全工程技术. 北京：中国石化出版社，2008.

杨柳春主编. 高职院校职业技能鉴定培训教程－维修电工. 北京：中国石化出版社，2009.

杨柳春主编. 电机维修技术实训指导. 北京：化学工业出版社 2001.